《中国工程物理研究院科技丛书》第 080 号

跟踪引导计算与瞄准偏置理论

游安清　张家如　著

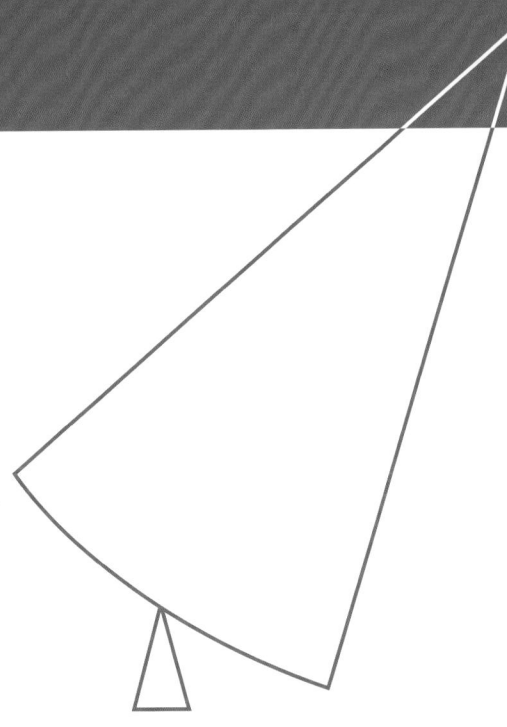

西南交通大学出版社
·成　都·

图书在版编目（CIP）数据

跟踪引导计算与瞄准偏置理论 / 游安清，张家如著. —成都：西南交通大学出版社，2022.8
（中国工程物理研究院科技丛书：第 080 号）
ISBN 978-7-5643-8866-9

Ⅰ. ①跟… Ⅱ. ①游… ②张… Ⅲ. ①光电跟踪观测法 Ⅳ. ①P128

中国版本图书馆 CIP 数据核字（2022）第 151663 号

中国工程物理研究院科技丛书：第 080 号
Genzong Yindao Jisuan yu Miaozhun Pianzhi Lilun
跟踪引导计算与瞄准偏置理论

游安清　张家如 / 著

责任编辑 / 何明飞
封面设计 / 曹天擎

西南交通大学出版社出版发行
（四川省成都市金牛区二环路北一段 111 号西南交通大学创新大厦 21 楼　610031）
发行部电话　028-87600564　028-87600533
网址　http://www.xnjdcbs.com
印刷：四川玖艺呈现印刷有限公司

成品尺寸　185 mm×260 mm
印张　16.25　　字数　306 千
版次　2022 年 8 月第 1 版　　印次　2022 年 8 月第 1 次

书号　ISBN 978-7-5643-8866-9
定价　160.00 元

图书如有印装质量问题　本社负责退换
版权所有　盗版必究　举报电话：028-87600562

《中国工程物理研究院科技丛书》
第八届编审委员会

学术顾问：杜祥琬　彭先觉　孙承纬

编委会主任：孙昌璞

副　主　任：汪小琳　晏成立

委　　　员（以姓氏拼音为序）：

　　白　彬　陈　军　陈泉根　杜宏伟　傅立斌　高妍琦
　　谷渝秋　何建国　何宴标　李海波　李　明　李正宏
　　罗民兴　马弘舸　彭述明　帅茂兵　苏　伟　唐　淳
　　田保林　王桂吉　夏志辉　向　洵　肖世富　杨李茗
　　应阳君　曾　超　曾桥石　祝文军

秘　　　书：刘玉娜

科技丛书编辑部

　　负 责 人：杨　蒿

　　本册编辑：刘玉娜

《中国工程物理研究院科技丛书》
出版说明

中国工程物理研究院建院 50 年来，坚持理论研究、科学实验和工程设计密切结合的科研方向，完成了国家下达的各项国防科技任务。通过完成任务，在许多专业领域里，不论是在基础理论方面，还是在实验测试技术和工程应用技术方面，都有重要发展和创新，积累了丰富的知识经验，造就了一大批优秀科技人才。

为了扩大科技交流与合作，促进我院事业的继承与发展，系统地总结我院 50 年来在各个专业领域里集体积累起来的经验，吸收国内外最新科技成果，形成一套系列科技丛书，无疑是一件十分有意义的事情。

这套丛书将部分地反映中国工程物理研究院科技工作的成果，内容涉及本院过去开设过的二十几个主要学科。现在和今后开设的新学科，也将编著出书，续入本丛书中。

这套丛书自 1989 年开始出版，在今后一段时期还将继续编辑出版。我院早些年零散编著出版的专业书籍，经编委会审定后，也纳入本丛书系列。

谨以这套丛书献给 50 年来为我国国防现代化而献身的人们！

《中国工程物理研究院科技丛书》
编审委员会
2008 年 5 月 8 日修改

《中国工程物理研究院科技丛书》
公开出版书目

001	高能炸药及相关物性能		
	董海山　周芬芬　主编	科学出版社	1989年11月
002	光学高速摄影测试技术		
	谭显祥　编著	科学出版社	1990年02月
003	凝聚炸药起爆动力学		
	章冠人　陈大年　编著	国防工业出版社	1991年09月
004	线性代数方程组的迭代解法		
	胡家赣　著	科学出版社	1991年12月
005	映象与混沌		
	陈式刚　编著	国防工业出版社	1992年06月
006	再入遥测技术（上册）		
	谢铭勋　编著	国防工业出版社	1992年06月
007	再入遥测技术（下册）		
	谢铭勋　编著	国防工业出版社	1992年12月
008	高温辐射物理与量子辐射理论		
	李世昌　著	国防工业出版社	1992年10月
009	粘性消去法和差分格式的粘性		
	郭柏灵　著	科学出版社	1993年03月
010	无损检测技术及其应用		
	张俊哲　等　著	科学出版社	1993年05月
011	半导体材料的辐射效应		
	曹建中　等　著	科学出版社	1993年05月

012	炸药热分析		
	楚士晋 著	科学出版社	1993年12月
013	脉冲辐射场诊断技术		
	刘庆兆 等 著	科学出版社	1994年12月
014	放射性核素活度测量的方法和技术		
	古当长 著	科学出版社	1994年12月
015	二维非定常流和激波		
	王继海 著	科学出版社	1994年12月
016	抛物型方程差分方法引论		
	李德元 陈光南 著	科学出版社	1995年12月
017	特种结构分析		
	刘新民 韦日演 编著	国防工业出版社	1995年12月
018	理论爆轰物理		
	孙锦山 朱建士 著	国防工业出版社	1995年12月
019	可靠性维修性可用性评估手册		
	潘吉安 编著	国防工业出版社	1995年12月
020	脉冲辐射场测量数据处理与误差分析		
	陈元金 编著	国防工业出版社	1997年01月
021	近代成象技术与图象处理		
	吴世法 编著	国防工业出版社	1997年03月
022	一维流体力学差分方法		
	水鸿寿 著	国防工业出版社	1998年02月
023	抗辐射电子学——辐射效应及加固原理		
	赖祖武 等 编著	国防工业出版社	1998年07月
024	金属的环境氢脆及其试验技术		
	周德惠 谭云 编著	国防工业出版社	1998年12月
025	实验核物理测量中的粒子分辨		
	段绍节 编著	国防工业出版社	1999年06月
026	实验物态方程导引（第二版）		
	经福谦 著	科学出版社	1999年09月
027	无穷维动力系统		
	郭柏灵 著	国防工业出版社	2000年01月

028	真空吸取器设计及应用技术		
	单景德　编著	国防工业出版社	2000年01月
029	再入飞行器天线		
	金显盛　著	国防工业出版社	2000年03月
030	应用爆轰物理		
	孙承纬　卫玉章　周之奎　著	国防工业出版社	2000年12月
031	混沌的控制、同步与利用		
	王光瑞　于熙龄　陈式刚　编著	国防工业出版社	2000年12月
032	激光干涉测速技术		
	胡绍楼　著	国防工业出版社	2000年12月
033	气体炮原理及技术		
	王金贵　编著	国防工业出版社	2000年12月
034	一维不定常流与冲击波		
	李维新　编著	国防工业出版社	2001年05月
035	X射线与真空紫外辐射源及其计量技术		
	孙景文　编著	国防工业出版社	2001年08月
036	含能材料热谱集		
	董海山　胡荣祖　姚朴　张孝仪编著	国防工业出版社	2001年10月
037	材料中的氦及氚渗透		
	王佩璇　宋家树　编著	国防工业出版社	2002年04月
038	高温等离子体X射线谱学		
	孙景文　编著	国防工业出版社	2003年01月
039	激光核聚变靶物理基础		
	张钧　常铁强　著	国防工业出版社	2004年06月
040	系统可靠性工程		
	金碧辉　主编	国防工业出版社	2004年06月
041	核材料特征谱的测量和分析技术		
	田东风　龚健　伍钧　胡思得　编著	国防工业出版社	2004年06月
042	高能激光系统		
	苏毅　万敏　编著	国防工业出版社	2004年06月
043	近可积无穷维动力系统		
	郭柏灵　高平　陈瀚林　著	国防工业出版社	2004年06月

044	半导体器件和集成电路的辐射效应		
	陈盘训　著	国防工业出版社	2004年06月
045	高功率脉冲技术		
	刘锡三　编著	国防工业出版社	2004年08月
046	热电池		
	陆瑞生　刘效疆　编著	国防工业出版社	2004年08月
047	原子结构、碰撞与光谱理论		
	方泉玉　颜君　著	国防工业出版社	2006年01月
048	非牛顿流动力系统		
	郭柏灵　林国广　尚亚东　著	国防工业出版社	2006年02月
049	动高压原理与技术		
	经福谦　陈俊祥　主编	国防工业出版社	2006年03月
050	直线感应电子加速器		
	邓建军　主编	国防工业出版社	2006年10月
051	中子核反应激发函数		
	田东风　孙伟力　编著	国防工业出版社	2006年11月
052	实验冲击波物理导引		
	谭华　著	国防工业出版社	2007年03月
053	核军备控制核查技术概论		
	刘成安　伍钧　编著	国防工业出版社	2007年03月
054	强流粒子束及其应用		
	刘锡三　著	国防工业出版社	2007年05月
055	氚和氚的工程技术		
	蒋国强　罗德礼　陆光达　孙灵霞　编著	国防工业出版社	2007年11月
056	中子学宏观实验		
	段绍节　编著	国防工业出版社	2008年05月
057	高功率微波发生器原理		
	丁武　著	国防工业出版社	2008年05月
058	等离子体中辐射输运和辐射流体力学		
	彭惠民　编著	国防工业出版社	2008年08月
059	非平衡统计力学		
	陈式刚　编著	科学出版社	2010年02月

060	高能硝胺炸药的热分解		
	舒远杰 著	国防工业出版社	2010年06月
061	电磁脉冲导论		
	王泰春 贺云汉 王玉芝 著	国防工业出版社	2011年03月
062	高功率超宽带电磁脉冲技术		
	孟凡宝 主编	国防工业出版社	2011年11月
063	分数阶偏微分方程及其数值解		
	郭柏灵 蒲学科 黄凤辉 著	科学出版社	2011年11月
064	快中子临界装置和脉冲堆实验物理		
	贺仁辅 邓门才 编著	国防工业出版社	2012年02月
065	激光惯性约束聚变诊断学		
	温树槐 丁永坤 等 编著	国防工业出版社	2012年04月
066	强激光场中的原子、分子与团簇		
	刘杰 夏勤智 傅立斌 著	科学出版社	2014年02月
067	螺旋波动力学及其控制		
	王光瑞 袁国勇 著	科学出版社	2014年11月
068	氚化学与工艺学		
	彭述明 王和义 主编	国防工业出版社	2015年04月
069	微纳米含能材料		
	曾贵玉 聂福德 等 著	国防工业出版社	2015年05月
070	迭代方法和预处理技术（上册）		
	谷同祥 安恒斌 刘兴平 徐小文 编著	科学出版社	2016年01月
071	迭代方法和预处理技术（下册）		
	谷同祥 徐小文 刘兴平 安恒斌 杭旭登 编著		
		科学出版社	2016年01月
072	放射性测量及其应用		
	蒙大桥 杨明太 主编	国防工业出版社	2018年01月
073	核军备控制核查技术导论		
	刘恭梁 解东 朱剑钰 编著	中国原子能出版社	2018年01月
074	实验冲击波物理		
	谭华 著	国防工业出版社	2018年05月

075	粒子输运问题的蒙特卡罗模拟方法与应用（上册）		
	邓力　李刚　著	科学出版社	2019年06月
076	核能未来与Z箍缩驱动聚变裂变混合堆		
	彭先觉　刘成安　师学明　著	国防工业出版社	2019年12月
077	海水提铀		
	汪小琳　文君　著	科学出版社	2020年12月
078	装药化爆安全性		
	刘仓理　等　编著	科学出版社	2021年01月
079	炸药晶态控制与表征		
	黄明　段晓惠　编著	西北工业大学出版社	2020年11月
080	跟踪引导计算与瞄准偏置理论		
	游安清　张家如　著	西南交通大学出版社	2022年08月

前 言

目标观测与跟踪,是光电技术应用中常见的作业任务,小到体育直播中的目标追踪,大到宇宙中的天文观测。科学技术的进步,使光电跟瞄系统的视场越做越小,在提高跟踪精度的同时,也降低了目标搜索能力。为了解决小视场精密跟踪与大范围目标搜索之间的矛盾,发展出了目标跟踪引导技术,即通过雷达等外部设备向光电跟瞄系统提供目标可能存在的小范围区域。根据跟瞄平台、观测目标、应用场景的不同,跟踪引导计算的方法各不相同,形成了很多计算模型,进而构成一个技术分支。同时,随着激光技术的日益兴起和向深层次发掘,发展出卫星激光通信、激光测距等一批尖端科学技术,它们利用激光的相干性和单色性,能在很远距离上实现两点间保强度的光信息传输。但由于端点目标的速度可能很快,而距离又很远,光往返传播时间内目标运动显著,所以,看到的目标位置其实是它的历史时刻位置,如果朝此位置发射测距激光或通信激光,可能会落空,因此,必须根据目标未来时刻位置对发射轴施加瞄准偏置量。如何计算跟踪引导数据和如何计算瞄准偏置量,是本书要论述的两个重点,为光电跟瞄和激光技术应用提供一定的支撑。

关于目标位置计算,国内外不少文献有论述,但把目标位置进一步转化成跟踪引导数据,还有若干计算环节,尤其对于不同形态的跟瞄系统、不同类型的目标、不同运动特性的承载平台,都需要建立相应的计算模型。本书针对大部分常见的跟踪引导需求,进行了系统的归纳总结和数学建模,通过理论提炼,对不同模型进行归化和统一,使研习者更容易理解这些模型的本质和内在联系。关于瞄准偏置,由于是光学工程领域的新兴技术和精密层面应用,相关论著很少,本书以作者二十余年的工作积累为基础,尝试给予系统介绍,为从业者认知和理解瞄准偏置理论提供参考。

内容上,本书紧密围绕光电系统目标跟踪引导数据计算方法和光束瞄准偏置理论展开论述,努力建立一套统一的数学模型和计算方法,化繁为简,使计算过程有规可循。此外,作者在长年工作中积累的一些可能有益的计算模型也录入书中,以与读者分享和共同学习。

本书的目的是为国防科学技术筑一块基石，使后人在相关技术研究上起点更高、节省时间。全书以实用为导向，尽量通俗易懂，避免深奥晦涩的专业知识，以抛砖引玉为主，避免过多的细节展开，使后人既得门而入，又有继续探讨的空间。

游安清副研究员负责编写了本书第 1～9 章和第 13 章，张家如研究员和游安清共同编写了第 10～12 章，游安清对全书进行统稿和编排。

感谢首席专家苏毅，张凯、张卫、李新阳、曹永刚研究员对本书写作的技术指导，感谢田俊林、潘文武、杨浩副研究员对相关技术内容的审查，感谢李朝凤、姚宇翔等同志对全书的校对。

本书引用或摘录了一些百度、知乎、程序员开发网等互联网站上的内容，纯粹是为了传播知识、分享人类文明成果，绝无故意侵权之意，如部分内容不慎涉及版权争议，谨此致歉，并求谅解，并对原作者表示衷心感谢和敬意。

为了兼顾零基础研习者的需求，本书对所介绍的很多数学模型或计算方法准备了相应的算法源程序，有的是作者自己开发的，有的是从网上收集整理的，作者加入了尽可能多的注释以资理解，形成源码集，力争做到能用、实用、好用。读者如果需要，可以联系作者免费索取，邮箱：anqingyou@163.com。

作 者

2020 年 8 月于绵阳

目 录

绪　论 / 001

第 1 章　时　间 / 005

1.1　时间与历法 …………………………………………005
1.2　天球与春分点 ………………………………………006
1.3　回归年与恒星年 ……………………………………008
1.4　太阳日与恒星日 ……………………………………010
1.5　真太阳时与平太阳时 ………………………………011
1.6　UT、UTC、GMT ……………………………………013
1.7　TAI、TDT、TDB ……………………………………014
1.8　GPS 时间 ……………………………………………015
1.9　闰　秒 ………………………………………………016
1.10　儒略日 ………………………………………………018
1.11　恒星时 ………………………………………………020
1.12　贝塞尔年 ……………………………………………021

第 2 章　坐标与转换 / 023

2.1　常用坐标系 …………………………………………023
2.2　坐标旋转矩阵 ………………………………………027
2.3　常用坐标转换模型 …………………………………031
2.4　相关知识 ……………………………………………043

第 3 章　近程目标跟踪引导 / 052

　　3.1　基于 GPS 数据的引导计算 …………………………………………052
　　3.2　基于地固坐标的引导计算 ……………………………………………053
　　3.3　基于告警数据的引导计算 ……………………………………………054
　　3.4　关于东天南地平系的理解 ……………………………………………056

第 4 章　日月星辰的位置计算 / 060

　　4.1　岁差、章动、极移 ……………………………………………………060
　　4.2　自　行 …………………………………………………………………066
　　4.3　光行差 …………………………………………………………………067
　　4.4　视　差 …………………………………………………………………068
　　4.5　光线引力弯曲 …………………………………………………………071
　　4.6　大气折射弯曲 …………………………………………………………071
　　4.7　视位置、观测位置 ……………………………………………………072
　　4.8　恒星视位置计算 ………………………………………………………073
　　4.9　月球位置计算 …………………………………………………………076
　　4.10　太阳位置计算 …………………………………………………………083
　　4.11　行星位置计算 …………………………………………………………087

第 5 章　卫星轨道计算 / 097

　　5.1　卫星轨道与六根数 ……………………………………………………097
　　5.2　二体运动卫星位置计算 ………………………………………………108
　　5.3　摄动运动卫星位置计算 ………………………………………………111
　　5.4　卫星观测的引导数据计算 ……………………………………………118
　　5.5　覆盖与观测分析 ………………………………………………………119

第 6 章　蒙气差计算 / 121

　　6.1　蒙气差 …………………………………………………………………121
　　6.2　蒙气色差 ………………………………………………………………126

第 7 章　不同构型的跟瞄系统 / 129

　　7.1　三种跟瞄系统构型 ················129
　　7.2　三种系统的工作原理 ··············131
　　7.3　由直角坐标计算引导数据 ··········132
　　7.4　由 AE 计算引导数据 ··············134
　　7.5　角度、零位、方向与范围 ··········135
　　7.6　其他形态的跟瞄系统 ··············136
　　7.7　跟踪角速度与盲区成因分析 ········137

第 8 章　动平台与跨平台跟踪引导 / 140

　　8.1　平台系与观测系 ··················140
　　8.2　动平台上的跟踪引导计算 ··········142
　　8.3　实时恒星跟踪引导 ················145
　　8.4　观测系姿态矩阵的标定 ············146
　　8.5　跨平台跟踪引导 ··················147
　　8.6　跟踪引导计算模型小结 ············151

第 9 章　弹道测量计算 / 154

　　9.1　根据预设弹道计算引导数据 ········154
　　9.2　根据测量数据计算结果弹道 ········156
　　9.3　交会测量计算 ····················157

第 10 章　瞄准偏置理论与计算方法 / 161

　　10.1　瞄准偏置形成的原因 ·············161
　　10.2　典型瞄准偏置及其估算 ···········162
　　10.3　瞄准偏置精确计算 ···············166
　　10.4　关于远程点目标偏置的几点讨论 ···175
　　10.5　不同构型系统的偏置计算 ·········181
　　10.6　分孔径体系瞄准偏置计算 ·········183
　　10.7　分孔径偏置中 dt 的计算 ·········185
　　10.8　三种偏置执行模式及比较 ·········187
　　10.9　偏置影响因素分析 ···············189

第 11 章　偏置旋转关系 / 195

11.1　两个坐标系 ································· 195
11.2　五个引理 ································· 196
11.3　偏置旋转角 ································ 199
11.4　偏置旋转关系式 ···························· 201
11.5　斜入射光束的偏置特性 ························ 203

第 12 章　偏置标定方法 / 210

12.1　偏置标定的原理与基本方法 ···················· 210
12.2　偏置标定新方法研究 ·························· 216

第 13 章　其他相关计算理论 / 220

13.1　超定方程的求解 ···························· 220
13.2　最小二乘拟合 ······························ 224
13.3　鲁棒拟合 ································· 228
13.4　矢量点乘与叉乘 ···························· 229

参考文献 / 233

绪 论

目标观测与跟踪，在光电技术领域是一个常见技术问题，如安防和军事中的目标追踪、航天中的卫星定轨、天文中的宇宙观测等。科学技术的进步，使目标观测与跟踪的手段越来越先进，精度越来越高，从普通路边摄像头对行人、车辆的监控，到天文望远镜对太空目标的超高精密跟踪，从早期的无线电测距，到现代的高精度激光测距，几乎每个领域都有一套相应的解决方案。

作为常用的观测设备之一，光电经纬仪、天文望远镜等光电跟瞄系统在这些应用领域发挥着重要作用，但它们的视场角一般都很小，如几个角分或几个角秒。由此，带来了一个传统问题：每一瞬间对空间的覆盖范围很小，导致在全空域中搜索、发现目标的效率很低，这是小视场跟瞄系统必然的短板。克服这个短板的方法是利用外部手段来解决，即采用前级引导的方式大幅缩小目标可能存在的区域，解决小视场精密跟瞄与大范围全域搜索之间的矛盾。

这种前级引导可以称为跟踪引导，使用的方法有很多，比如雷达，覆盖范围大、作用距离远，适合目标粗定位。但雷达的定位精度相对较低，不足以独立完成对目标的高精度瞄准，只能作为前级搜索和预警用。通过雷达获得目标的粗位置后，再传给后级小视场光电跟瞄系统精密跟踪与确认目标，最终实现对目标的高精度定位与识别。

如果只是着眼于光电跟瞄系统的设计与研发，也可以不用雷达实现前级引导，而是直接在目标上挂载一个GPS定位器，主动输出目标位置给光电系统，辅助检验其探测跟瞄性能。这种带GPS的配试目标可以称为合作目标，对辅助改进光电跟瞄系统的性能极为有用。这时，前级引导问题就变成了一个数学计算的问题：根据目标的GPS位置和光电跟瞄系统所在的位置，计算目标相对跟瞄系统的视方向，包括目标方位角、俯仰角等，这些计算结果称为跟踪引导数据，用以输入跟瞄系统实施小范围搜索、发现和捕获目标。

由于实际的光电跟瞄系统的构型多种多样（有地平式、双俯仰式、三轴式等），目标的初始数据源也可能多种多样（不一定非得是GPS，如天上的日月星辰就不可能有GPS），于是，跟踪引导计算技术可以形成一个方法体系，而不是一个单一的数学模型。不同类型的目标，如飞机、导弹、卫星、日月星辰等，其跟踪引导数据计算方法不尽相同。如果跟瞄系统不是在地面上静止不动，而是在运动平台上的，如车上、船上、飞机上，那么，跟踪引导数据的计算方法也有所不同。对此，本书将进行比较系统地介绍和汇总。为了阐述这些不同情形的引导数据计算方法，先介绍作为计算基础的一些相关时间和空间术语及坐标转换方法。所有这些，共同构成本书的前半部分内容。

以光电跟瞄为基础，近年发展出一些比较尖端的应用技术，如激光通信、卫星激光测距（Satellite Laser Ranging，SLR）等，通过向卫星发射测距或通信激光，可以获得高精度的卫星位置和良好的通信信号对接。

SLR和LLR（Lunar Laser Ranging，月球激光测距）一样，都是采用短脉冲激光装置和先进的光学接收器以及定时电子装置，来测量卫星和月球上反射面天线到地面跟踪站的双向飞行时间，由此计算出距离。这些激光测距活动在国际激光测距服务组织（International Laser Ranging Service，ILRS）下进行。目前，全球卫星激光测距网络由40多个站点组成。在过去30年中，这个网络已经发展成为研究地球、海洋、大气系统的强大数据来源。SLR和LLR数据的衍生产品包括地面站的精确地心位置及运动、卫星轨道、地球重力场分布及其变化、地球方向参数、精确月历、板块运动、地壳形变、地球自转监测等，在长期气候变化的建模和评估方面也具有独一无二的优势。此外，SLR还为星载雷达测高任务提供精确的轨道确定方法，也为广义相对论的支撑提供一种特殊的检验方式。

SLR和卫星光通信中，由于激光的相干性和单色性，光束发散角很小。这样，到达卫星再返回地面站的光信号会更强，这对提升测距距离和光通信质量都至关重要。另外，由于卫星的速度很快（数千米每秒），而卫星又比较远，光往返传播时间内卫星运动量显著，所以，如果朝观测到的卫星位置发射测距或通信激光，可能会落空。于是，引入一个"瞄准偏置量"的概念，它是指为了使光束正确到达目标，必须使光束发射轴相对观测轴朝目标运动方向偏移一定角度，这一操作叫瞄准偏置。不过，这不是一个行业通用术语，仅是本书中的叫法而已。本书的后半部分内容就围绕瞄准偏置理论及其计算方法展开。

因为瞄准偏置是一个高精度层面的问题，一般在几十微弧度以内（1 μrad=0.000 057°），加之不同构型的跟瞄系统实施瞄准偏置的方法也不同，所以瞄准偏置是一个比跟踪引导更复杂、更精细的问题。不过，本书将证明它们在数学本质上是一致的，都是计算空间一个点相对跟瞄系统的方向角。高精度的瞄准偏置不仅依赖偏置计算模型的正确性，还依赖模型参数的标定方法，这是本书关于瞄准偏置理论的阐述重点。

另外，围绕跟踪引导和瞄准偏置技术，一些相关计算模型与计算方法也在本书中做了一些附带性介绍，包括弹道测量计算方法、蒙气差计算方法、数据拟合方法等。

第1章 时 间

因为本书后文涉及天文计算中惯性系与地固系之间转换方法的计算，而这些计算中要频繁用到历元、春分点、儒略日、恒星时等参数，所以本章对这些必需的时空术语及计算方法做一简要介绍。

1.1 时间与历法

时间，是一个很难定义的抽象概念，但它实在太普遍，几乎深入人们生活的每一个细节，以至于人们对它习以为常，几乎不会去想它因何而存在，或者是否真的存在，只管对着手机和钟表，井然有序地安排每天的工作和生活。时间更多的是通过计量来间接表征它的存在，如一年365天，一天24小时，一小时60分，等等。然而，时间的计量与精确刻划也是一个复杂的系统工程，为此，天文学家大伤脑筋、大费周章，只是其复杂度普通人感觉不到而已。比如，人们常说"一年365天"，但什么是"一年"，却极少去想；人们也说"早上8点上班"，但从来不会去想"0点"是怎么产生的。

总的来讲，时间包含"时刻"和"时间间隔"两层含义。所谓时刻，是指某一事件发生的瞬间，也称历元。时间间隔则是指某一过程所经历的始末时刻之差。要准确刻划时间，必须建立一套参考基准，天文学认为，一个可观测的、连续的、周期性的、复现稳定的现象或运动都可以作为时间刻划的基准，最典型的就是用四季交替与周而复始来定义年，这也是人们刻划时间最古老的基准。

刻划时间的方法，称为历法（注意不是律法，它与法律事务毫无关系），如规定年有多少个月，一月有多少天，一天有多少个时辰，什么时候是一月，春季从什么时候开始，什么时候月圆，什么时候日食等，都是历法所涵盖的内容。阴历、阳历、公历、农历等，都属于历法的范畴。历法自诞生之日，就与天文学紧密相连。比如，人们观测太阳回归，定义了一年四季；人们观测日出日落，定义了一日时辰。

儒略历：是由罗马共和国主宰官儒略·恺撒颁令于公元前45年1月1日起执行的一种历法。儒略历中，一年被分为12个月，大小月交替；四年一闰，平年365日，闰年

366日，闰年二月底多一个闰日，年平均长度为365.25日。

格里历：由于儒略历在实际使用过程中累积的误差越来越大，1582年教皇格里高利十三世颁令推行格里历，即公历，是世界现行通用的日历。

格里历与儒略历大致一样，但格里历特别规定：能被100整除，但不能被400整除的世纪年（如1900年）不算闰年。如此，每400年中，格里历仅有97个闰年，比儒略历少3个。

格里历的年平均长度为365.2425日，接近平太阳回归年的365.242 199 074日，即约每3300年误差一日；而儒略历的年均长度为365.25日，约每128年就误差一日。到1582年，儒略历的春分日与地球公转到春分点的实际日已相差10天。因此，格里历颁行时，将儒略历1582年10月4日的次日，定为格里历1582年10月15日，即跳过了10天。

1.2 天球与春分点

天球：以任意点（如日心、地心、站心、观测者的眼球等）为球心，任意长为半径的一假想球体，如图1-1所示。其目的是将宇宙天体沿观测视线投影到球面上，以便研究天体的相对位置及分布。

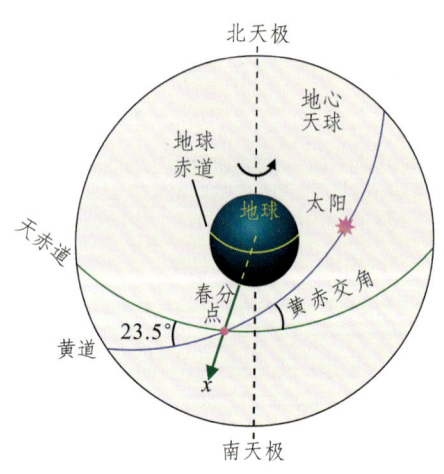

图1-1 天球、春分点与黄赤交角

注意：天球的球心是任意点，并非必须是日心或地心。

天赤道（celestial equator）：过天球中心且平行于地球自转轴的一条直线称为天轴。天轴与天球的两个交点称为天极（南天极和北天极）。天球上垂直于天轴的大圆，称为天赤道（可以理解为天球的腰围），天赤道与地球赤道面平行。

黄道（ecliptic）：是从地球上看太阳一年"走过"的路线。其实是由于地球绕太阳公转产生的，站在地球上看，就像太阳在黄道上绕地球在转。由于地球自转轴与公转面（即黄道面）并不垂直，所以赤道面与黄道面并不平行，两者之间有一个夹角，称为黄赤交角，约23.5°。

古人划分节气，把太阳在黄道圆周上的0～360°位置等分成24个点，相邻两点间隔15°，组成一个节气，全年24个节气。每6个节气组成一个季节，共4个季节，分别是（春季）立春、雨水、惊蛰、春分、清明、谷雨，（夏季）立夏、小满、芒种、夏至、小暑、大暑，（秋季）立秋、处暑、白露、秋分、寒露、霜降，（冬季）立冬、小雪、大雪、冬至、小寒、大寒。节气顺字歌：春雨惊春清谷天，夏满芒夏暑相连，秋处露秋寒霜降，冬雪雪冬小大寒。

春分点（vernal equinox）：在地球上看，太阳沿黄道运动，黄道与天赤道在天球上有两个交点，其中太阳由南向北穿过天赤道的点，称为春分点；由北向南穿过天赤道的点，称为秋分点，如图1-2所示。简单地说，春分和秋分就是太阳直射地球赤道的两个时刻；相对地，冬至和夏至则是太阳在地球南半球最南端和北半球最北端的时刻。太阳分别在每年3月21日前后和9月23日前后通过春分点和秋分点。春分是北半球春天的中点（分者，半也），春分发生在每年3月19日至22日中的某一时刻。

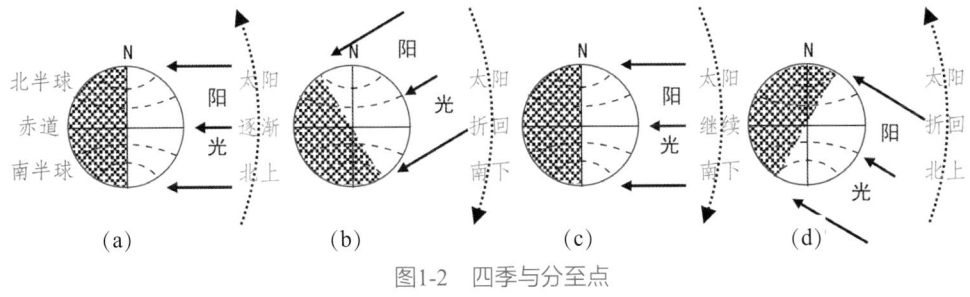

图1-2 四季与分至点

"春分"在历法上（尤其是中国农历中）指一个节气，在天文学上是指太阳沿黄道穿过天赤道的那一时刻。"春分点"有时指这一时刻，有时也指这一时刻太阳在天球上留下的投影点。春分点是天文学时间与空间坐标描述中最重要的术语之一，刚接触天文学的人因受农历节气的影响，很不容易理解春分点作为一个空间点的含义，需要慢慢领悟。

黄经、黄纬：黄道坐标系中的球坐标。黄道上，自春分点往东数一圈（0～360°），称为黄经；自黄道面往南北半球各0～90°，称为黄纬。

赤经（right ascension）、赤纬（declination）：天球赤道坐标系上的球坐

标，用于刻划天体在天球上的位置，如图1-3所示。赤经在天赤道上从春分点出发往东数，用α表示，取值0～24 h；赤纬是天体方向与天赤道面的夹角，用δ表示，取值$-90°$～$+90°$。比如，某天体某时刻赤经为06 h 45 m 08.917 28 s，赤纬为$-16°42'58.0171''$（负号表示南天球）。

注意：赤经的单位一般是时、分、秒（h、m、s），但有时也会用度表示，两者在天文学中可以互相转换：1 h＝15°，1 m＝15'，1 s＝15''。

注：本书中，字母m在作时间单位时，是指分（minute）；在作长度单位时，是指米（meter），读者注意区分和理解。

赤经、赤纬类似于地球上的地理经度、地理纬度，两者最大的区别在于坐标原点不同、经度的起算点（或称x轴指向）不同，这在第2章有详述。

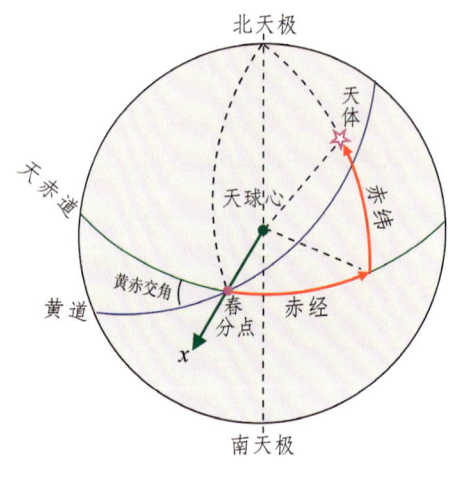

图1-3　赤经与赤纬

1.3　回归年与恒星年

天文学上，"年"有两种：一为恒星年，一为回归年（太阳年）。

恒星年（sidereal year）：地球绕太阳公转，从地心看，以太阳和某一个恒星在同一方向上为起点，到看见太阳再次位于该恒星方向时所经历的时间，为一个恒星年，如图1-4所示。1恒星年等于365.256 4日，或365日6小时9分9.54秒。恒星年是以天球上固定的点（遥远的恒星）为参照物的运动周期，是地球公转的真正周期。但恒星年与四季变化不相合，只在天文学上用。

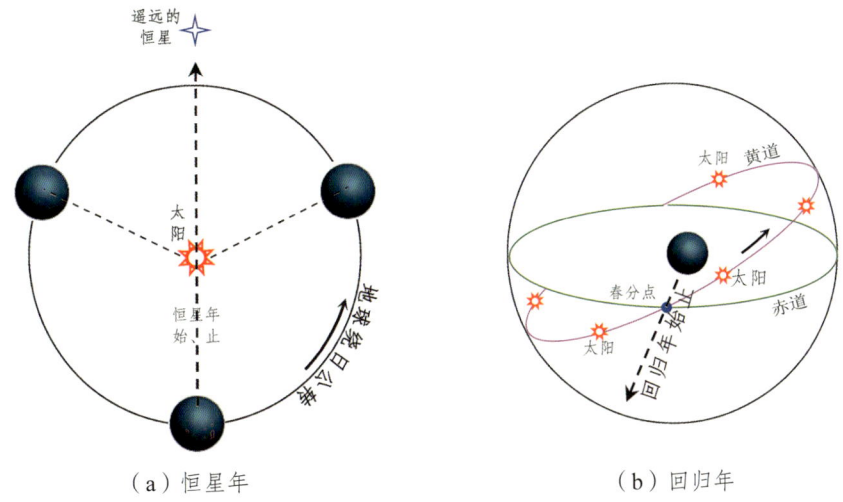

（a）恒星年　　　　　　　　　　（b）回归年

图1-4　恒星年与回归年

回归年（tropical year）：又称太阳年，是指平太阳连续两次通过春分点的时间间隔。1回归年为365.242 2日，即365天5小时48分46秒。我国二十四节气是根据地球绕太阳公转的轨道来划分的，太阳从春分点出发，此刻太阳垂直照射赤道，沿黄道每前进15°为一个节气，运行一周后又回到春分点，即为一回归年。回归年也是四季周期，二十四节气及四季变化都与太阳位置密切相关，所以与四季变化和日常生活相合的是回归年，而不是恒星年。阳历通用的年是回归年，通用的日是平太阳日，也就是人们常说的年和日。

岁差、章动：由于地球内部质量不均匀部分受太阳、月亮及其他天体的引力不均衡，使得地球自转轴在空间指向并不是固定不变的，而是绕黄轴做周期性运动。其中，主要成分是一个长周期运动，称为岁差；叠加在长周期运动上的短周期摆动称为章动，如图1-5所示。

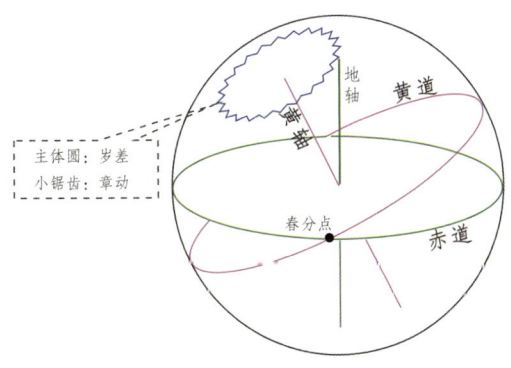

图1-5　岁差与章动

岁差使得春分点（即黄赤交点）在赤道上不断西移，天文学上称为"春分点西移"，速度为每年50.24″，约25 800年移动一整周。计算关系如下：

$$\frac{360°}{50.24''/\text{year}} = \frac{360 \times 3\,600''}{50.24''/\text{year}} = 25\,796 \text{ year}$$

春分点西移使得回归年比恒星年约短20分23秒，计算过程可以这么理解：1恒星年里，太阳在赤道面上的投影点从天赤道上一定点（如某遥远恒星方向对应的点）出发，自西向东沿天赤道转一圈后，再回到这个定点；1回归年里，太阳投影点从春分点出发，自西向东沿天赤道转，再次遇到春分点，由于春分点在这一年里西移了50.24″，"迎接"太阳，所以太阳并没有转够一圈，而是少转了50.24″，自然也少用了Δt时间，所以有计算方法（以转速为等式桥梁）：

$$\frac{360°}{1\text{staryear}} = \frac{360° - 50.24''}{1\text{staryear} - \Delta t}$$

$$\Delta t = 1\text{staryear} - \frac{360° - 50.24''}{360°}\text{staryear} = \frac{50.24''}{360°}\text{staryear}$$

$$= \frac{50.24''}{360°} \times 365.256\,4 \times 24 \text{ h} = 0.339\,8 \text{ h} = 20 \text{ m } 23 \text{ s}$$

1.4 太阳日与恒星日

太阳日：也就是人们平时所说的一天，或一昼夜，或24小时。以太阳的视中心代表太阳，地球上某地子午线（也叫经线）连续两次对准太阳的时间间隔，为一个太阳日。

恒星日：是指地球上某地子午线连续两次对准同一颗遥远恒星的时间间隔。恒星日是以遥远的恒星为参照，是地球自转360°的真正周期，在一块无误差的手表上，表现为23小时56分4秒。

也就是说，每过23小时56分4秒，地球完成自转一圈（即360°，用时1个恒星日）。同时，它也绕太阳公转了约1/365圈，这使得地球上上次对准太阳的子午线并没有再次对准太阳，而是还要再过3分56秒才能对准太阳，这时时间过去了24小时（即1个太阳日），地球总共自转了360.986°或360°59′，此值的由来可计算如下（以转速为等式桥梁）：

$$\frac{360°}{(23 + 56/60 + 4/3\,600)\text{hour}} = \frac{\alpha}{24\text{hour}}$$

$$\alpha = \frac{24 \times 360°}{23 + 56/60 + 4/3\,600} = 360.986° = 360°59'$$

如图1-6所示，当地球位于A处时，太阳、恒星、地球上某点P在同一条直线上（即P点对准太阳和一颗遥远恒星）；当时间过去23小时56分钟4秒后，地球自转一圈，即360°，到达B处，P点再次对准同一颗恒星，此间用时1个恒星日。同时，此间地球绕太阳公转了θ角，使得P点并未对准太阳，而是还要再过3分56秒、当地球到达C处时，P点才再次对准太阳，这时地球已自转360°59'，用时24小时整，即1个太阳日。

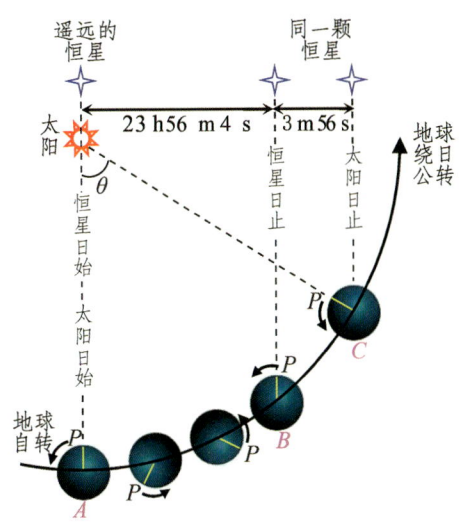

图1-6　恒星日与太阳日

也就是说，太阳日与恒星日相差3分56秒的根本原因就在于地球自转的同时绕太阳公转，而相对遥远的恒星没有公转，所以在恒星上看到地球自转一圈的时间才是地球真正的自转周期，即1个恒星日，或23小时56分4秒。

一年内，地球绕太阳公转刚好抵消掉1个太阳日，所以，一年内所含的恒星日数比太阳日多1天，即对于平年，有366个恒星日，365个太阳日。

1.5　真太阳时与平太阳时

太阳日是依据太阳运动所定义的时间，是太阳直射地球表面同一子午线的周期。可以分为真太阳日和平太阳日。

真太阳日：也称视太阳日，是真实的太阳两次对准同一子午线的时间间隔，可以使用日晷（guǐ [轨]）来测量。但由于以下两点原因，真太阳日的长度每天不同：

（1）地球的轨道是椭圆而非正圆，当地球接近太阳时速度会加快，到达近日点时速度最快;远离太阳时会减慢,到达远日点时速度最慢。

(2)由于黄赤交角的存在,使得太阳在黄道面上的视运动速度矢量向地球赤道面投影时,不同位置处投影速度的大小是不一样的,冬至日和夏至日最快,春分日和秋分日最慢。

由于上述速度的不均匀性,使得真太阳日在一年中不同天内并不等长或均匀,致使其在日常生活中使用很不方便。为此,天文学上假设一想象点,它每年和真太阳同时从春分点出发,也同时回到春分点,不过它是在天赤道上匀速运行,这个假想点称为平太阳("平"在天文学中很多时候都有"假想平均点"的含义)。

平太阳日:就是平太阳两次对准地球上同一子午线的时间间隔,固定为每天24小时(或86 400秒),也是平时钟表上所表现的时间。平太阳日的长度,在一年之中不会因为四季更替或昼夜变化而改变。

1个太阳日分为24个太阳时。

真太阳时:以真太阳日为基准来划分。日晷所表示的时间就是真太阳时,也称视太阳时,简称视时,如图1-7所示。

(a)日晷(真太阳时)　　　　　　(b)钟表(平太阳时)

图1-7　两种太阳时

平太阳时:以平太阳日为基准来划分。钟表所表示的时间就是平太阳时,简称平时。

显然,非均匀的真太阳日长度与均匀的平太阳日长度不同,所以,一天内真太阳时与平太阳时自然也不同,两者之差称为时差。真太阳时比平太阳时提前或滞后几分钟至十几分钟,最多为16分24秒。

日常生活中广泛使用的是平太阳时,人们平常所用的计时也是平太阳时。平太阳时假设地球绕太阳轨道是标准的正圆,一年中每天也是均匀的。

平太阳时具有地方性,常称为地方平太阳时或地方时。北京时间属平太阳时,每天都是24小时。

1.6 UT、UTC、GMT

UT（Universal Time，世界时）：即格林尼治（也译作格林威治）平太阳时，也就是格林尼治天文台这个地方的平太阳时，它是基于天体观测计算出来的时间。UT本身是一个广泛的概念，其下包括UT0、UT1、UT2等。UT0是直接观测得到的，UT1是UT0加上地球极移改正得到的，UT2是UT1加上季节性变化得到的。

UTC（Universal Time Coordinate，世界协调时）是基于原子钟的时间，UTC时间是均匀的。UTC与UT的时间基准相同，步长不同：UTC时间的步长是原子秒，UT时间的步长是平太阳时秒。

为了尽量减小UTC与UT的时间差，UTC引入了闰秒的概念（俗称跳秒）：由国际计量局统一规定在某些年份的年中或年底（或季末）对UTC时间增加或减少1秒，即将最后一分钟置为61秒或59秒，以此保证UTC与UT1之间的差值在0.9秒以内。目前，几乎所有国家均以UTC为基准进行时间的播发。

UTC与UT1之间的精确差异可以在美国国家标准与技术研究所网站上查到，图1-8所示为该网页显示结果的一部分。

Current UT1-UTC values

This table lists the most recent differences between UT1 and UTC. This information is obtained from the United States Naval Observatory (USNO).

Weekly UT1-UTC Values

Date	MJD	UT1-UTC(±5 ms)	UTC(USNO,MC) - UTC(NIST) (±20 ns)
2020-08-27	59088	-191.20 ms	-1.9 ns
2020-08-20	59081	-193.67 ms	-2.2 ns
2020-08-13	59074	-200.38 ms	-0.8 ns
2020-08-06	59067	-203.89 ms	-1.2 ns
2020-07-30	59060	-210.18 ms	-2.1 ns
2020-07-23	59053	-214.69 ms	-1.4 ns
2020-07-16	59046	-223.76 ms	-2.4 ns
2020-07-09	59039	-231.29 ms	-2.0 ns
2020-07-02	59032	-239.49 ms	-1.8 ns

图1-8　UT1与UTC的精确差

GMT（Greenwish Mean Time，格林尼治平时）：UTC的民间称呼，GMT＝UTC。

北京时＝UTC+8 h＝GMT+8 h。

1.7　TAI、TDT、TDB

原子时（International Atomic Time，IAT或TAI）的初始历元规定为1958年1月1日世界时0时，秒长定义为铯133原子基态的两个超精细能级间在零磁场下跃迁辐射9 192 631 770周所持续的时间，是一种均匀的时间计量系统。由于世界时存在不均匀性和历书时的测定精度低，1967年第十三届国际计量大会决定，把在海平面上实现的原子时秒规定为国际单位制中的时间单位，用原子时取代历书时作为基本时间计量系统。原子时由原子钟的读数给出，国际计量局收集各国各实验室原子钟的比对和时号播发资料，进行综合处理，建立国际原子时。目前，国际上大约有100座原子钟。

原子时的起点在1958年1月1日0时0分0秒（UT），即规定在这一瞬间原子时时刻与世界时时刻重合，或者说，1958年1月1日0时0分0秒UT的瞬间即为同年同月同日0时0分0秒的TAI瞬间。除该时刻以外，其他时刻它们都不重合。

随着天文观测技术的不断提升，观测精度大幅提高，更高精度的计时与天文观测必须考虑相对论效应的影响。根据相对论原理，时间和空间密不可分，任何空间变换都离不开时间，任何坐标系都有自己的时间系统，称为该坐标系的坐标时。天文计算中，常用地心坐标系和日心坐标系。地心坐标系所具有的坐标时称为地球力学时，记为TDT（Terrestrial Dynamical Time），后来改称地球时（Terrestrial Time, TT）。日心坐标系习惯上把太阳系质心取为坐标系原点，因此，日心坐标系所具有的坐标时称为质心力学时，记为TDB（Barycentric Dynamical Time）。TDT（TT）与TDB差别极小，仅由相对论效应引起。

国际天文联合会决议，从1984年起，采用力学时代替历书时作为天文历书中的时间引数。力学时TDT与原子时TAI可用下式进行联系

$$TDT = TAI + 32.184 \text{ s} \tag{1-1}$$

力学时与世界时之差记为ΔT

$$\Delta T = TDT - UT1 \tag{1-2}$$

因此，只要得到ΔT，就可以由世界时UT1推算出相应的力学时TDT和原子时TAI。但准确的ΔT值只能通过观测得到，如1997年的ΔT约为63 s，也就是说当年的TDT＝UT1+63 s。

《中国天文年历》中刊登有近年的ΔT值（准至小数点后两位），以及对之后几年的外推估计值（准至小数点后一位）。如果没有天文年历，也可以到相关天文网站上查询。

1.8 GPS 时间

为了精密导航和测量的需要，GPS建立了专用的时间系统，该系统由GPS主控站的原子钟控制，并规定GPS与UTC在1980年1月6日0时相一致，其后随着时间的积累两者之间的差别表现为秒的整倍数，即GPS时间起算的原点定义在1980年1月6日世界协调时0时，启动后不闰秒，以保证时间的连续性。以后随着时间积累，GPS时与UTC时的整秒差通过时间服务部门定期公布，如1989年为5秒，1996年为11秒，2002年为13秒，2019年为18秒。

可以在网站http://leapsecond.com/java/gpsclock.htm上查询地方时、世界时、GPS时和原子时的对应关系，图1-9所示为某天某时该网页显示的内容。

The following are based on your PC clock				
local	2020-09-26 22:06:06	Saturday	day 270	timezone UTC+8
UTC	2020-09-26 14:06:06	Saturday	day 270	MJD 59118.58756
GPS	2020-09-26 14:06:24	week 2124	569184 s	cycle 2 week 0076 day 6
Loran	2020-09-26 14:06:33	GRI 9940	478 s untul	next TOC 14:14:04 UTC
TAI	2020-09-26 14:06:43	Saturday	day 270	10+27 leap seconds=37

Local time is the date/time reported dy your PC (as seen dy your web browser).if your PC clock is accurate to a second then the other time scales displayed above will also be accurate to within one second.
UTC Coordinated Universal Time,popularly known as GMT (Greenwich Mean Time),or Zulu time.Local time difers from UTC by the number of hours of your timezone.
GPS Global Positioning System time, is the atomic time scale implemented by the atomic clocks in the GPS ground control stations and the GPS satellites themselves. GPS time was zero at 0h 6-jan-1980 and since it is not perturbed by leap seconds GPS is now ahead of UTC by 18 seconds.
Loran-C, Long Range Navigation time, is an atomic time scale implemented dy the atomic clocks in Loran-C china transmitter sites. loran time was zero at 0h 1-Jan-1958 and since it is not perturbed by leap seconds it is now ahead of UTC by 27 seconds.
TAI, Temps Atomique Internatinonal, is the international atomic time scale based on a continuous counting of the Slsecond. TAI is currently ahead of UTC by 37 seconds. TAI is always ahead of GPS by 19 seconds.

图1-9 时间查询

注：1．图中UTC与北京时之差（8小时）是常数；TAI与GPS时之差（19秒）也是常数；但UTC与GPS时之差（18秒）、UTC与TAI之差（37秒）都不是常数，会随时间推移而变化。

2．GPS时间与UTC时间是不同的，两者之间有秒差，因为UTC时间有闰秒调整，而GPS时间是连续的；秒差在GPS设备的下行导航电文中有包含，北京时＝UTC+8h＝GPS时–秒差+8 h，但GPS设备输出的GPGGA和GPRMC数据包中已经将GPS时间转换为UTC时间，所以该时间值与北京时只差8小时，不需要再考虑秒差问题。

1.9 闰　秒

闰秒，也称跳秒，是指为了保持协调世界时（UTC）接近世界时（UT），由国际计量局统一规定在某年年底或年中对世界协调时增加或减少1秒的调整操作。

科学上有两种时间计量系统：基于地球自转的天文测量而得出的"世界时"和以原子振荡周期确定的"原子时"。世界时由于地球自转的不均匀性带来时间差异，原子时由原子钟给出，相对恒定不变。这两种时间速率上的差异，约一到两年会差出1秒，大约5 000年后，原子时会比世界时快1小时。由于世界时的不均匀性和长期变慢性，1972年国际计量大会决定，当世界时与原子时相差超过0.9秒时，就在把以原子时钟为基准的世界协调时（UTC）上加上或减去1秒，以尽量接近世界时（UT），这就是闰秒，操作上是把该分钟的UTC时间向前或向后拨1秒，即该分钟有59秒或61秒。

注：UT的步长是根据地球自转算出来的，是不稳定、不均匀的；UTC与TAI的时间步长是一样的，也是均匀的、稳定的，都是原子时钟的秒；闰秒操作使得UTC与TAI的时刻值（即时、分、秒）不一样，差值逐渐增大；闰秒操作使UTC与UT的差值始终保持在0.9秒以内，由于UT与人们的日常作息（日出日落、四季更替等）相合，所以闰秒调整也是为了使UTC时间与人们的日常活动相合。

历年闰秒调整见表1-1。以年中为例，闰秒调整前后的UTC时间分别为：××年6月30日的23时59分59秒、6月30日23时59分60秒、7月1日0时0分0秒，也就是说比一般的时分秒进位多出一个"59分60秒"这个时刻。

自1971年首次增加闰秒以来，至2020年，UTC已经调整了27个闰秒，而自原子时的起点（1958年）至1972年，TAI与UTC已经相差10秒，所以，到2020年为止，TAI比UTC快37秒。

表1-2所示是闰秒调整后历年TAI与UTC的差值。

表1-1　闰秒调整史

实施年份	6月30日 23:59:60	12月31日 23:59:60	实施年份	6月30日 23:59:60	12月31日 23:59:60
1972年	+1秒	+1秒	1975年	—	+1秒
1973年	—	+1秒	1976年	—	+1秒
1974年	—	+1秒	1977年	—	+1秒

续 表

实施年份	6月30日 23:59:60	12月31日 23:59:60	实施年份	6月30日 23:59:60	12月31日 23:59:60
1978年	—	+1秒	1993年	+1秒	—
1979年	—	+1秒	1994年	+1秒	—
1981年	+1秒	—	1995年	—	+1秒
1982年	+1秒	—	1997年	+1秒	—
1983年	+1秒	—	1998年	—	+1秒
1985年	+1秒	—	2005年	—	+1秒
1987年	—	+1秒	2008年	—	+1秒
1989年	—	+1秒	2012年	+1秒	—
1990年	—	+1秒	2015年	+1秒	—
1992年	+1秒	—	2016年	—	+1秒

表1-2 历年TAI与UTC之差

时间	TAI−UTC/s	时间	TAI−UTC/s
1972-1-1	10	1988-1-1	24
1972-7-1	11	1990-1-1	25
1973-1-1	12	1991-1-1	26
1974-1-1	13	1992-7-1	27
1975-1-1	14	1993-7-1	28
1976-1-1	15	1994-7-1	29
1977-1-1	16	1996-1-1	30
1978-1-1	17	1997-7-1	31
1979-1-1	18	1999-1-1	32
1980-1-1	19	2006-1-1	33
1981-7-1	20	2009-1-1	34
1982-7-1	21	2012-7-1	35
1983-7-1	22	2015-7-1	36
1985-7-1	23	2017-1-1	37

闰秒的出现，起到弥补和修正时间的作用，但客观上导致了时间的跳变和不连续性，所以有利有弊，于是有了"废除世界时和闰秒，改用原子时"的呼声。支持者认为，闰秒很混乱，在卫星导航、供电、通信、金融等诸多领域，都可能因为那1秒的跳变而引发系统紊乱，为了应对这种紊乱，全世界需要投入巨大的经济和人力成本。反对者认为，原子时与人们的日常生活不相合，几万年后，原子时的12:00将不再是中午，而是清晨甚至满天星斗的夜晚。2012年，世界无线电通信大会表决决定，暂缓用原子时代替世界时。

总结一下，UTC、UT1、TAI、GPS时、北京时、TDT（TT）、TDB的转换方法：

（1）UTC与UT1的差可在网上查询得到，所以，可以根据UTC算得UT1。

（2）根据前文或互联网站给出的历年闰秒记录表，可以获得（TAI–UTC）的值，比如到2020年，该值为37秒，因此可以根据UTC计算TAI。

（3）北京时与UTC恒差8小时，所以可以根据UTC计算北京时（＝UTC+8 h）。

（4）TAI与GPS时恒差19秒，所以，可以根据TAI计算GPS时（＝TAI–19 s）。

（5）TDT（TT）与TAI恒差32.184秒，所以可以根据TAI计算TT（＝TAI+32.184 s）。

（6）TDB与TDT（TT）之间的差极小，仅由相对论效应引起，一般应用场合中可以换用。

1.10 儒略日

儒略日（Julian Day，JD）：由法国学者Joseph Justus Scaliger发明，是天文学上一种不用年、月、日表示的长期计日法，也是一种积累计日法，数值上等于自公元前4713年1月1日格林尼治正午12时起算的天数。由格林尼治每天正午12时的儒略日整数加上之后不足一天的小数（即把正午时后24小时内的时间折算成小数天）构成。例如，2013年1月2日00:30:00是儒略日2 456 294.520 833（其中2013年1月1日12时对应JD＝2 456 294日，剩下的12小时30分对应JD＝12.5 h/24 h＝0.520 833日）。

儒略日的起算点为公元前4713年1月1日格林尼治正午（世界时12:00时），所以JD 0.×××是指世界时公元前4713年1月1日12:00至1月2日12:00之间的24个小时。

说明：儒略日与儒略历没有任何关系。

儒略日是天文计算中一个常见的重要物理量，可以用公式进行计算，相关文献上有多种方法。

方法一：

$$\begin{cases} a = \left\lfloor \dfrac{14-\text{month}}{12} \right\rfloor \\ y = \text{year} + 4\,800 - a \\ m = \text{month} + 12a - 3 \\ h = \text{hour} + \text{minute}/60 + \sec \text{ond}/3\,600 \\ \text{JD} = 365y + \left\lfloor \dfrac{y}{4} \right\rfloor - \left\lfloor \dfrac{y}{100} \right\rfloor + \left\lfloor \dfrac{y}{400} \right\rfloor + \left\lfloor \dfrac{153m+2}{5} \right\rfloor + \text{day} + h/24 - 32\,045 \end{cases}$$

式中运算符 $\lfloor \ \rfloor$ 表示向下取整。

方法二：

$$\text{JD} = 1\,721\,013.5 + 367\text{year} - \text{int}\left\{\dfrac{7}{4}\left[\text{year} + \text{int}\left(\dfrac{1}{12}(\text{month}+9)\right)\right]\right\} \\ + \text{int}\left(\dfrac{275}{9}\text{month}\right) + \text{day} + h/24$$

式中 int 与 $\lfloor \ \rfloor$ 一样，表示向下取整；h 的算式同方法一，含时分秒的贡献。

方法三（MATLAB代码）：

```
if month<=2
   year=year-1;
   month=month+12;
end
A = fix（year/100）;
B = 2-A+ fix（A/4）;
JD = fix（365.25*（year+4716））+ fix（30.6001*（month+1））+ day + B - 1524.5+ h/24
```

代码中 fix 也是向下取整（相当于C语言中的int）。

经初步验证，上述三种方法的结果相同（至少对19××、20××年的计算结果是相同的），都包含对1、2月和闰年的处理，但细节上有所不同。对更早或更晚的年份（即18××年前和21××年后）是否一致，读者可以自行确认，方法很简单：利用MATLAB或C语言编程，能在年底前后日以及平、闰年2月底前后日，计算结果都保持每天增量1日的计算方法就是正确的。

每年的《中国天文年历》中载有该年每月零日世界时12时的儒略日数，可用于验算自编程序。

约简儒略日：由于儒略日数字位数太多，国际天文学联合会于1973年启用一种约简儒略日（Modified Julian Day，MJD），其定义为 MJD＝JD−2 400 000.5，其中，2 400 000.5是1858年11月17日世界时0时对应的儒略日。MJD 0就等于JD 2 400 000.5。

之所以采用约简儒略日，主要有两方面考虑：

（1）日期的"天"一般习惯以当天0时起算，而不是正午12时。儒略日JD是每天12时为当日起点，MJD改成了以当天0时为该日起点，与人们的日常习惯更相符。

（2）很长时间内，MJD只需要5位数表示，而JD需要7位数。意味着MJD使用更少的存储单元。

J2000.0：是目前天文工作中广泛使用的历元（时刻），J表示它是一个儒略纪元法，而不是一个贝塞尔纪元，J2000.0的历元时刻是儒略日2 451 545.0，或2000年1月1日12时TDB，对应原子时2000年1月1日11:59:27.816 TAI，或世界时2000年1月1日11:58:55.816 UTC。

1.11 恒星时

恒星时是指以恒星日为划分基准的时间计量系统。春分点连续两次上中天（可以简单地理解为对准当地子午线）所经历的时间称为1个恒星日，等于23时56分4.09秒平太阳时，并且以春分点在该地上中天的瞬间作为起点，即该地该恒星日的0时0分0秒时刻。一个恒星日可分为24恒星时，一恒星时分为60恒星分，一恒星分分为60恒星秒。

恒星时以地球自转周期为基础，由于地球的章动，使得春分点在天球上并不固定，而是以18.6年的周期围绕着平均春分点摆动，因此，恒星时又分真恒星时和平恒星时。考虑地球自转不均匀的为真恒星时，不考虑这种不均匀性的为平恒星时。真恒星时通过直接测量获得，平恒星时则忽略了地球的章动。真恒星时与平恒星时之间的差异最大可达0.4秒。

由于地球上不同子午线对准春分点的时刻不同，所以恒星时有地方性。格林尼治天文台的恒星时简称"恒星时"，其他地方的恒星时都称为"地方恒星时"。某地的地方恒星时与格林尼治天文台恒星时之差等于这个地方的经度（格林尼治天文台的经度为0°）。恒星时在数值上等于是春分点和当地子午圈相对天球球心的夹角。

恒星时可分为：真恒星时，也称视恒星时（Greenwich Apparent Sidereal Time，GAST）；平恒星时（Greenwich Mean Sidereal Time，GMST）。

恒星时是天文计算中一个常用的物理量，计算地球表面某个站点观测日月星辰的方向角都要用到恒星时，所以正确计算恒星时非常重要，公式如下

$$\begin{cases} s = S + \lambda \\ S = S_0 + M((1+\mu) \\ M = (\text{UTC})\text{hour} + \text{minute}/60 + \text{second}/3\,600 \\ \mu = 1/365.242\,2 \\ S_0 = 6\text{ h}41\text{m}50\text{ s}.54841 + 8640\,184\text{s}.812866T_u + 0\text{ s}.0931044T_u^2 - 6\text{ s}.2\times10^{-6}T_u^3 \\ T_u = d_u/36525 \end{cases} \tag{1-3}$$

式中：

M——当日当时的世界时（即格林尼治地方时，也等于各地地方时−时区数），含时分秒贡献；

S_0——格林尼治当日0时的恒星时；

S——格林尼治当日M时的恒星时；

λ——当前站点的地理经度（比如绵阳104.7°）；

s——当前站点当日当时的恒星时；

μ——常数，为1/365.2422，分母为一年所含的平太阳日数；

d_u——自2000.1.1.12h起算至当日0时的儒略日数，取值 ± 0.5， ± 1.5， ± 2.5，…

T_u——自2000.1.1.12h起算的儒略世纪数（即百年数）。

用上述公式可以计算当日0时的恒星时S_0、当日M时的恒星时S、地球上经度为λ的地方在当日M时的地方恒星时s。

马文章老师《球面天文学》一书中有多个关于恒星时计算的示例，直接引用于此，以供读者测试验证自己的算法程序：

（1）求1994年7月19日世界时$M=1$ h 23 m 57 s.84的格林尼治平恒星时。结果：$S=21$ h 10 m 25 s.611 2。

（2）求1994年7月19日世界时$M=8$ h 50 m 20 s.13的格林尼治平恒星时。结果：$S=4$ h 38 m 01 s.229 1。

（3）求1994年5月1日北京（$\lambda=7$ h 45 m 25 s.67）地方平时5 h 39 m58 s.34的地方恒星时。结果：$s=20$ h 14 m23 s.835 1。[①]

1.12 贝塞尔年

贝塞尔年（Besselian year）：以太阳赤经等于280°的瞬间为年首的回归年。贝塞

---

① 以上算得的是平恒星时，由平恒星时计算真恒星时的方法在后续章节有详述。

尔年由德国天文学家F.W.贝塞尔首先提出，规定平太阳赤经增加360°所经历的时间为一贝塞尔年，加光行差改正后由平春分点起算的平太阳赤经为18 h40 m（即280°）的瞬间为贝塞尔年首，用年份前加符号"B"、年份后加".0"表示，如B1950.0就是FK4星表所使用的标准历元。1984年以前，星表中所有恒星的位置都归算到同一个贝塞尔年首的平赤道坐标系。1984年后采用儒略年，但贝塞尔年仍然可以使用，两种年的年首（B1950.0和J2000.0）可以互相换算。[①]

J2000.0是2000年1月1日12时TDB（JD＝2 451 545.0）。B1950.0是1949年12月31日22时9分46.866秒（JD＝2 433 282.423 459 05）。很多文献中写的是1949年12月31日22时9分7.2秒，作者认为是按较少的小数位数JD＝2 433 282.423计算的结果。

---

① 标准历元B1950.0与J2000.0的差异并不仅仅是指时间上的差异，还包括两时刻的天球坐标系坐标轴方向的差异，两时刻的春分点和赤道面法向都是不同的，所以在一个历元上描述的物理量（如卫星或行星的轨道根数）要转换到另一个历元上，不只是要做时间平移，还要做岁差、章动、极移改正。

第 2 章 坐标与转换

坐标系与坐标转换几乎是本书所有数学过程的核心。本书涉及的坐标系包括黄道坐标系、赤道坐标系、地惯坐标系、地固坐标系、大地坐标系、站心地固坐标系、站心地平坐标系、固联坐标系、发射坐标系、跟踪坐标系等。这些坐标系的严谨定义请以《球面天文学》和《大地测量学》等教材为准。

多数坐标系都有球坐标和直角坐标两种表达方式,两种方式之间可以相互转换。不同坐标系之间,可以通过"坐标平移"和"坐标旋转"实现相互转换。

2.1 常用坐标系

黄道坐标系:全称"天球黄道坐标系",是天球坐标系的一种。天球是以任意点为球心、任意长为半径的一假想球体。黄道是从地球上看,太阳走过的轨迹。黄道坐标系以黄道为基本圈,以上下两个半球的顶点为极;自北黄极看,以春分点(黄道与天赤道的交点)为经度起算点,逆时针沿黄道一周360°划分,称为黄经,记为λ;天球上的点与天球球心的连线同黄道面的夹角称为黄纬,记为β,从南向北取值–90°~+90°,如图2-1所示。黄道坐标系主要用于研究太阳、月亮及太阳系各大行星在天球上的位置和运动。

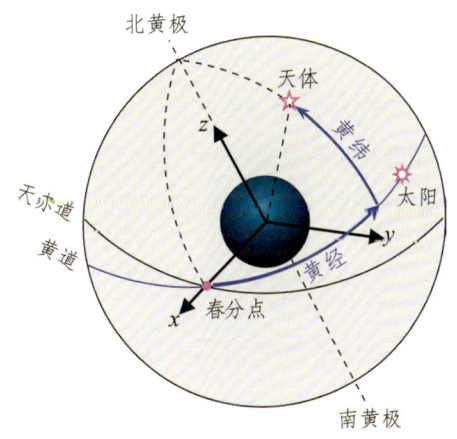

图2-1 黄道坐标系

赤道坐标系：全称"天球赤道坐标系"，也是天球坐标系的一种。天球上与地球赤道面平行的大圆称为天赤道，过球心且与天赤道面垂直的直线称为天轴，天轴与天球的两交点称为南北天极。经过天极的任何大圆称为赤经圈，与天赤道平行的小圆称为赤纬圈。天球上任意一点都是赤经圈与赤纬圈的交点。自北天极看，从春分点出发，沿天赤道逆时针量至某点所在赤经圈，所得夹角为该点赤经，记为α；该点与天球球心连线同赤道面的夹角为该点赤纬，记为δ。α取值$0 \sim 24$ h（对应$0 \sim 360°$），δ取值$-90° \sim +90°$（负值表示在南天球），如图2-2所示。地球自转的赤道面和绕日公转的轨道面并不平行，其间存在黄赤交角。

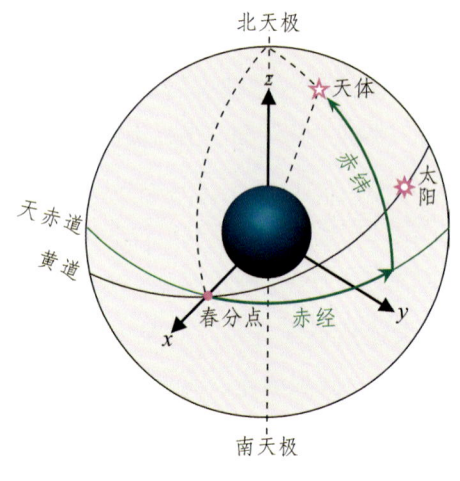

图2-2 赤道坐标系

从直角坐标的角度看：黄道坐标系的x轴由天球球心指向春分点，y轴指向黄道与$90°$黄经圈的交点，z轴指向北黄极；赤道坐标系的x轴也指向春分点，y轴指向天赤道与$90°$赤经圈的交点，z轴指向北天极。不难看出，黄道坐标系与赤道坐标系共用x轴，两者之间存在一个绕x轴的坐标旋转，旋转角度为黄赤交角。

注意：由于岁差和章动的存在，赤道面并非不动的，春分点在空间缓慢移动，因此，黄道直角标系和赤道直角坐标系也是动的（因为它们的x轴要过春分点），进而，只有指定某一具体时刻，它们才是一个确定的坐标系。目前，广泛使用的是J2000.0历元，即2000年1月1日12时TDB。

地惯坐标系（Earth-Centered Inertial，ECI）："地心惯性坐标系"，常简称"地惯系"，本质上就是以地心为球心的特定时刻天球赤道坐标系，是一个惯性坐标系；原点在地心，x轴在赤道面内、指向特定历元的春分点，z轴指向该时刻的天球北极，y轴在天赤道平面内与x、z轴构成右手螺旋关系。由于所采用的历元不同，可以有不同的地惯系，目前广泛使用的是J2000.0历元的地惯系，它以2000年1月1日12时TDB的春分点为x轴方向。

地固坐标系（Earth-Centered Earth-Fixed，ECEF）："地心地固坐标系"，常简称"地固系"，它是一个非惯性系，随地球自转而转动，受岁差和地球章动影响，三轴在空间的指向随时间变化；原点在地心，x轴在赤道面内、指向格林尼治天文台所在经线与赤道的交点，z轴指向地球北极，y轴在赤道平面内与x、z轴构成右手螺旋关系，如图2-3所示。

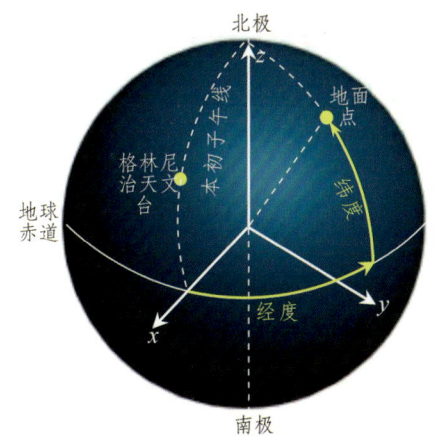

图2-3 地固坐标系与大地坐标

大地坐标系：或叫地理坐标系，是用经度（Longitude）、纬度（Latitude）、海拔（Altitude）表示地球表面某点位置的地固坐标系，即地球表面每个点都用经度、纬度、海拔这三个量来表示位置，如人们常说的GPS位置。经度是格林尼治天文台所在经线和其他各地经线相对球心的夹角，纬度是球心与球面各点连线同赤道面的夹角，海拔是地球表面实际各点相对椭球表面的距离。大地坐标经常简写为LLA（Latitude Longitude Altitude），其分量一般用符号记为经度L、纬度B、海拔H。大地坐标常被称为经纬度海拔或经纬高。

站心地固坐标系：为了坐标转换过程阐述方便而引入的一个中间坐标系，它的三轴与地心地固系平行，只是原点由地心移到了地球表面的观测站点。

注："站心地固坐标系"在一些文献中称为"站心赤道坐标系"，作者认为后一称谓更易使读者产生困惑，故未采用。

站心地平坐标系：简称"地平坐标系"，以地球表面的测站为原点、以测站所在地的水平面为xOy平面来定义。如果指定测站所在地的正东方向为x轴、正北方向为y轴、天顶（头顶天空）方向为z轴，则构成的"东-北-天"地平坐标系，如图2-4所示。

也可以根据应用需要，定义成"东-天-南""南-东-天""北-西-天"甚至"北-东-地"坐标系（"地"代表地底方向，即天顶方向的反方向）。[①,②]

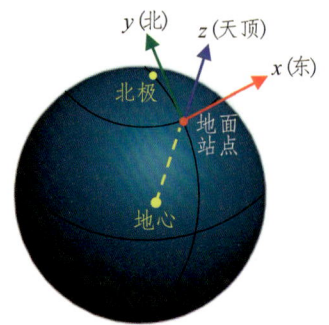

图2-4　站心地平坐标系

地平坐标也可以用球坐标AER表示：空间中一点到坐标原点（即测站）的距离记为R；该点在水平面内投影点与原点的连线同正北方向的夹角称为方位角A，取值[0，360°)，顺时针计，正北为0°，正东为90°，正南、正西分别为180°和270°；该点与原点连线同水平面的夹角称为俯仰角E，取值[−90°，90°]，水平面为0°，水平面以上为正，以下为负。

固联坐标系：或称平台坐标系，是指定义在某个承载平台或设备上的坐标系，其三轴没有统一规定，根据需要定义。例如，一条船，可以定义它的原点为船上某个位置、x轴指向右船舷方向、y轴指向船头方向、z轴指向天顶方向。还有车辆、飞机、卫星、惯导设备等，都可以定义自己的固联坐标系，如图2-5所示。

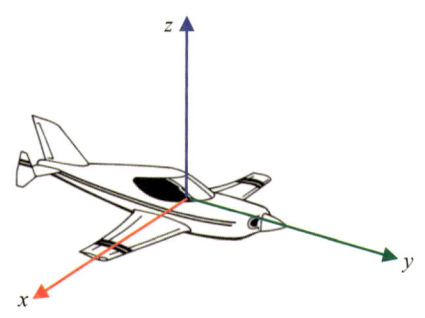

图2-5　固联坐标系

发射坐标系：对于有些应用场合，如炮弹发射，会建立一个"发射坐标系"，它的定义为：以发射架为原点，发射架所在地水平面为zOx面，发射方向的地面投影线为

---

① 地平坐标系的所有这些叫法中，第一个字都是指x轴方向、第二个字是y轴方向、第三个字是z轴方向。
② 本书后面所有的地平坐标系，在没有特别说明时，都是指"东-北-天"坐标系。

x轴，发射架右侧为z轴，天顶为y轴，如图2-6所示。在发射坐标系中，x分量代表前向射程，z分量代表炮弹偏离发射抛物面的距离，y分量代表炮弹飞行的高度。

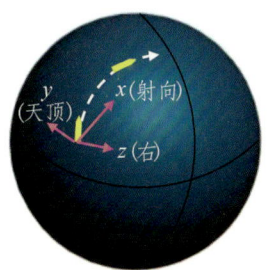

图2-6 发射坐标系

跟踪坐标系：指用一台跟踪设备（如雷达、光电经纬仪等）跟踪目标时，描述目标位置或方向的坐标系，它与设备的结构形式和使用方式有关。本书第3章将对它进行专门论述。

2.2 坐标旋转矩阵

2.2.1 基本旋转矩阵

设三维空间坐标系$Oxyz$，其中一点P的坐标为(x,y,z)，如果将坐标系绕其一轴逆时针（右手螺旋方向）旋转θ角，得到新坐标系$Ox'y'z'$，则P点在新坐标系中的坐标(x',y',z')可由下式计算

$$\begin{pmatrix} x' \\ y' \\ z' \end{pmatrix} = \mathfrak{R}_{axis}(\theta) \begin{pmatrix} x \\ y \\ z \end{pmatrix} \quad (2\text{-}1)$$

其中，脚标$axis=x$或y或z，表示坐标旋转所绕的轴；$\mathfrak{R}_{axis}(\theta)$即为绕该轴旋转$\theta$角的坐标变换矩阵。根据轴的不同，$\mathfrak{R}_{axis}(\theta)$的具体表达式不同，分别是

$$\mathfrak{R}_x(\theta) = \begin{pmatrix} 1 & 0 & 0 \\ 0 & \cos\theta & \sin\theta \\ 0 & -\sin\theta & \cos\theta \end{pmatrix}, \quad \mathfrak{R}_y(\theta) = \begin{pmatrix} \cos\theta & 0 & -\sin\theta \\ 0 & 1 & 0 \\ \sin\theta & 0 & \cos\theta \end{pmatrix}, \quad (2\text{-}2)$$

$$\mathfrak{R}_z(\theta) = \begin{pmatrix} \cos\theta & \sin\theta & 0 \\ -\sin\theta & \cos\theta & 0 \\ 0 & 0 & 1 \end{pmatrix}$$

可以在二维平面内证明式（2-2）（因为三维坐标系绕某轴旋转时，在该轴上的坐

标分量不会变），为此，以 xOy 平面内的旋转（即绕 z 轴的旋转）为例，如图2-7所示，P 点在 xOy 坐标系中与原点 O 的连线矢量长度为 r，该矢量与 x 轴的夹角为 α，根据直角坐标分解，P 点在 xOy 坐标系中的坐标为

$$\begin{cases} x = r\cos\alpha \\ y = r\sin\alpha \end{cases} \tag{2-3}$$

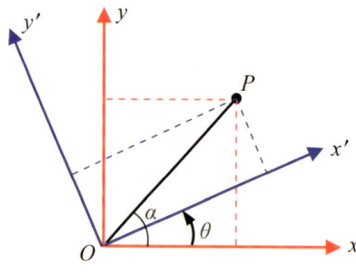

图2-7　坐标旋转示意图

xOy 坐标系逆时针旋转 θ 角后，变成 $x'Oy'$ 坐标系。此时，P 点与原点的连线矢量长度仍为 r，与 x' 轴的夹角变成 $(\alpha-\theta)$，根据直角坐标分解，P 点在 $x'Oy'$ 坐标系中的坐标为

$$\begin{cases} x' = r\cos(\alpha - \theta) \\ y' = r\sin(\alpha - \theta) \end{cases} \tag{2-4}$$

展开得

$$\begin{cases} x' = r\cos\alpha\cos\theta + r\sin\alpha\sin\theta \\ y' = r\sin\alpha\cos\theta - r\cos\alpha\sin\theta \end{cases} \tag{2-5}$$

将式（2-3）代入上式得

$$\begin{cases} x' = x\cos\theta + y\sin\theta \\ y' = y\cos\theta - x\sin\theta \end{cases} \tag{2-6}$$

再加上绕 z 轴旋转时 z 坐标不变，所以三维表达式为

$$\begin{cases} x' = x\cos\theta + y\sin\theta \\ y' = -x\sin\theta + y\cos\theta \\ z' = z \end{cases} \tag{2-7}$$

写成矩阵式为

$$\begin{pmatrix} x' \\ y' \\ z' \end{pmatrix} = \begin{pmatrix} \cos\theta & \sin\theta & 0 \\ -\sin\theta & \cos\theta & 0 \\ 0 & 0 & 1 \end{pmatrix} \begin{pmatrix} x \\ y \\ z \end{pmatrix} \tag{2-8}$$

中间的变换矩阵正是式（2-2）中的 $\mathfrak{R}_z(\theta)$，证毕。$\mathfrak{R}_x(\theta)$、$\mathfrak{R}_y(\theta)$ 的表达式同理可证。

注：不同的文献中对坐标旋转矩阵的定义可能不同，有些文献中习惯按"将坐标系中的物体（包括点、线、图形等）旋转一个角度"的方式来定义旋转矩阵，而本书中习惯按"物体不动，把坐标系旋转一个角度"的方式来定义旋转矩阵。由于运动是相对的，这两种方式定义所得的旋转矩阵刚好相反，即把上面各式中的θ添加一个负号，比如"P点绕z轴旋转θ角"后的新坐标按下式计算

$$\begin{pmatrix} x' \\ y' \\ z' \end{pmatrix} = \begin{pmatrix} \cos\theta & -\sin\theta & 0 \\ \sin\theta & \cos\theta & 0 \\ 0 & 0 & 1 \end{pmatrix} \begin{pmatrix} x \\ y \\ z \end{pmatrix} \qquad (2\text{-}9)$$

此式形式上与式（2-8）非常相似，只是$\sin\theta$前的负号换了位置。

另外，式（2-2）中的三个基本旋转矩阵是按坐标系逆时针旋转θ角定义的，如果是顺时针旋转θ角，则在角度前面加上负号即可。比如，"绕z转顺时针旋转A角"的坐标变换矩阵为

$$\mathfrak{R}_z(-A) = \begin{pmatrix} \cos(-A) & \sin(-A) & 0 \\ -\sin(-A) & \cos(-A) & 0 \\ 0 & 0 & 1 \end{pmatrix} = \begin{pmatrix} \cos A & -\sin A & 0 \\ \sin A & \cos A & 0 \\ 0 & 0 & 1 \end{pmatrix} \qquad (2\text{-}10)$$

它与$\mathfrak{R}_z(A)$的不同之处在于：正弦运算前面的负号挪了位置。

还有，坐标旋转满足可逆性，即如果原坐标系绕轴旋转θ得到了新坐标，那么新坐标系绕该轴旋转$-\theta$将变回原坐标系。也就是说，$\mathfrak{R}^{-1}(A) = \mathfrak{R}(-A)$，如

$$\begin{pmatrix} x' \\ y' \\ z' \end{pmatrix} = \mathfrak{R}_z(A) \begin{pmatrix} x \\ y \\ z \end{pmatrix} \qquad (2\text{-}11)$$

有

$$\begin{pmatrix} x \\ y \\ z \end{pmatrix} = \mathfrak{R}_z^{-1}(A) \begin{pmatrix} x' \\ y' \\ z' \end{pmatrix} = \mathfrak{R}_z(-A) \begin{pmatrix} x' \\ y' \\ z' \end{pmatrix} \qquad (2\text{-}12)$$

2.2.2 旋转矩阵的级联

旋转矩阵级联就是多个旋转矩阵相乘，数学上代表先后绕多个轴旋转。例如，先将坐标系绕x轴旋转α角，再绕新的y轴旋转β角，然后绕新的z轴旋转γ角。注意这里强调了"新"字，而且在级联旋转中，如果因为简述而没有明确表述这字，也默认有这个字。因为在"坐标系旋转"的定义方式中，每次绕轴旋转后，该轴本身不变，但另

两个轴变了位置，再次旋转时，都是指绕新位置的轴再作旋转。

级联旋转的结果就是各个基本旋转矩阵依次左乘，比如刚才所说的三级旋转可以表达为

$$\mathfrak{R} = \mathfrak{R}_z(\gamma)\mathfrak{R}_y(\beta)\mathfrak{R}_x(\alpha) \qquad (2\text{-}13)$$

可见，式（2-13）右侧的矩阵连乘关系中，最先发生的旋转（α）在最右边，然后依次向左排列，最后发生的旋转（γ）在最左侧。

因为矩阵乘法不满足交换律，即一般情况下 $AB \neq BA$，所以级联旋转矩阵的乘法顺序是严格的，不能任意调换，如果调换，则代表不同的旋转组合，也就得到不同的旋转结果。例如，将坐标系"先绕 x 轴旋转 $10°$，再绕 y 轴旋转 $20°$"，则旋转矩阵为

$$\mathfrak{R} = \mathfrak{R}_y(20°)\mathfrak{R}_x(10°) = \begin{pmatrix} \cos 20° & 0 & -\sin 20° \\ 0 & 1 & 0 \\ \sin 20° & 0 & \cos 20° \end{pmatrix} \begin{pmatrix} 1 & 0 & 0 \\ 0 & \cos 10° & \sin 10° \\ 0 & -\sin 10° & \cos 10° \end{pmatrix} = \begin{pmatrix} -0.7209 & 0.6429 & -0.2589 \\ 0 & 0.3736 & 0.9276 \\ 0.6931 & 0.6687 & -0.2693 \end{pmatrix}$$

而"先绕 y 轴旋转 $20°$，再绕 x 轴旋转 $10°$"的旋转矩阵为

$$\mathfrak{R} = \mathfrak{R}_x(10°)\mathfrak{R}_y(20°) = \begin{pmatrix} 1 & 0 & 0 \\ 0 & \cos 10° & \sin 10° \\ 0 & -\sin 10° & \cos 10° \end{pmatrix} \begin{pmatrix} \cos 20° & 0 & -\sin 20° \\ 0 & 1 & 0 \\ \sin 20° & 0 & \cos 20° \end{pmatrix} = \begin{pmatrix} -0.7209 & 0 & -0.6931 \\ 0.6429 & 0.3736 & -0.6687 \\ 0.2589 & -0.9276 & -0.2693 \end{pmatrix}$$

可以看出，这两种级联旋转所得结果是不同的，因此要特别注意级联的顺序。

另外，为了从一个坐标系旋转得到另一个坐标系，可以有无穷种旋转方式，只是不同的旋转方式所使用的旋转次数、旋转顺序、旋转角不同而已。例如，为了从"东-北-天"坐标系变到"北-西-天"坐标系，至少有下面两种方法：

（1）将"东-北-天"坐标系绕 z 轴逆时针旋转 $90°$，这时，原来向东的 x 轴指向了北，原来向北的 y 轴指向了西，z 轴依然指向天顶，这就得到了"北-西-天"坐标系。旋转矩阵为 $\mathfrak{R}_z(90°)$。

（2）先将"东-北-天"坐标系绕 y 轴逆时针旋转 $90°$，这时，x 轴指向了地底，y 轴依然指向北，z 轴指向了东；再绕 x 轴顺时针旋转 $90°$，这时，x 轴仍指向地底，y 轴指向了西，z 轴指向了北；再绕 y 轴顺时针转 $90°$，这时，x 轴指向了北，y 轴仍然指向西，z 轴指向了天顶，也得到了"北-西-天"坐标系。旋转矩阵为 $\mathfrak{R}_y(-90°)\mathfrak{R}_x(-90°)\mathfrak{R}_y(90°)$。

式（2-14）可以证明上面两种旋转方法是等价的

$$\begin{aligned}
&\mathfrak{R}_y(-90°)\mathfrak{R}_x(-90°)\mathfrak{R}_y(90°)\\
&=\begin{pmatrix}\cos(-90°) & 0 & -\sin(-90°)\\ 0 & 1 & 0\\ \sin(-90°) & 0 & \cos(-90°)\end{pmatrix}\begin{pmatrix}1 & 0 & 0\\ 0 & \cos(-90°) & \sin(-90°)\\ 0 & -\sin(-90°) & \cos(-90°)\end{pmatrix}\begin{pmatrix}\cos 90° & 0 & -\sin 90°\\ 0 & 1 & 0\\ \sin 90° & 0 & \cos 90°\end{pmatrix}\\
&=\begin{pmatrix}0 & 0 & 1\\ 0 & 1 & 0\\ -1 & 0 & 0\end{pmatrix}\begin{pmatrix}1 & 0 & 0\\ 0 & 0 & -1\\ 0 & 1 & 0\end{pmatrix}\begin{pmatrix}0 & 0 & -1\\ 0 & 1 & 0\\ 1 & 0 & 0\end{pmatrix}=\begin{pmatrix}0 & 1 & 0\\ 0 & 0 & -1\\ -1 & 0 & 0\end{pmatrix}\begin{pmatrix}0 & 0 & -1\\ 0 & 1 & 0\\ 1 & 0 & 0\end{pmatrix}\quad(2\text{-}14)\\
&=\begin{pmatrix}0 & 1 & 0\\ -1 & 0 & 0\\ 0 & 0 & 1\end{pmatrix}=\begin{pmatrix}\cos 90° & \sin 90° & 0\\ -\sin 90° & \cos 90° & 0\\ 0 & 0 & 1\end{pmatrix}=\mathfrak{R}_z(90°)
\end{aligned}$$

注：本书很多地方都像上式一样给出详细的公式推导、展开、化简过程，而不是直接给出最后一步结果，这样做的目的是使读者能"不仅知其然，而且知其所以然"，而不是还需要自己再行展开、化简、推导、确认一遍。

级联旋转矩阵的逆变换过程要特别注意顺序：最右的会变到最左。例如，级联变换

$$\begin{pmatrix}x'\\ y'\\ z'\end{pmatrix}=\mathfrak{R}_z(\gamma)\mathfrak{R}_y(-\beta)\mathfrak{R}_x(\alpha)\begin{pmatrix}x\\ y\\ z\end{pmatrix}\quad(2\text{-}15)$$

它的逆变换为

$$\begin{pmatrix}x\\ y\\ z\end{pmatrix}=\mathfrak{R}_x(-\alpha)\mathfrak{R}_y(\beta)\mathfrak{R}_z(-\gamma)\begin{pmatrix}x'\\ y'\\ z'\end{pmatrix}\quad(2\text{-}16)$$

即各个角度前变正负号，各个角度的使用顺序也完全相反。

2.3 常用坐标转换模型

2.3.1 大地坐标与地固直角坐标的转换

2.3.1.1 由大地坐标计算地固直角坐标

问题：根据地球表面一点P的大地坐标(L, B, H)（经度、纬度、海拔），求它在地固直角坐标系中的坐标(x, y, z)。

解：根据大地测量学原理，该坐标可以由下式计算

$$\begin{cases} x = (N+H)\cos B \cos L \\ y = (N+H)\cos B \sin L \\ z = [N(1-e^2)+H]\sin B \end{cases} \quad (2\text{-}17)$$

式中，$N = a/\sqrt{1-e^2(\sin B)^2}$，$f=(a-b)/a$，$e=\sqrt{a^2-b^2}/a$，地球赤道半径 a = 6 378.137 km，地球扁率 f = 1/298.257 223 563。

MATLAB中的内置函数lla2ecef（）可以实现此功能，该函数功能是，由纬度（Latitude）、经度（Longitude）、海拔（Altitude）向地心地固（Earth-Centered Earth-Fixed）坐标转换。

2.3.1.2　由地固直角坐标计算大地坐标

由 P 点的地固直角坐标 (x,y,z) 求其大地坐标 (L,B,H)（经度、纬度、海拔）。

解： 由式（2-17）可以看出，经度 L 可以直接由 y/x 求得（注意反正切后对取值作象限调整）；但 N 中含有纬度 B，所以 B 不能直接解出，而要用迭代法求得；有了 B，海拔 H 可直接求得。总的算式为

$$\begin{cases} L = \arctan\dfrac{y}{x} \\ B = \arctan\dfrac{z+Ne^2\sin B}{\sqrt{x^2+y^2}} \\ H = \dfrac{z}{\sin B} - N(1-e^2) \end{cases} \quad (2\text{-}18)$$

B 的迭代初值为 $B = \arctan(z/\sqrt{x^2+y^2})$；$H$ 根据 B 的终值直接求得。[①]

MATLAB中的内置函数ecef2lla（）能实现此功能，该函数是指由地心地固（Earth-Centered Earth-Fixed）坐标向纬度（Latitude）、经度（Longitude）、海拔（Altitude）转换。

2.3.2　地平球坐标与地平直角坐标的转换

2.3.2.1　由地平球坐标计算地平直角坐标

问题： 根据地球表面某测站处地平坐标系内一点 P 的球坐标 A、E、R（方位角 A、俯仰角 E、斜距 R），求该点在该坐标系内的直角坐标 x、y、z。

有两种方法求解：

（1）直接根据坐标分解关系求得。如图2-8所示，很容易看出 P 点的球坐标与直角坐标之间的关系

---

① 按式（2-18）算得的海拔 H 只是根据地球椭球近似理论计算出来的结果，仅供参考，不是实测值，因为地球表面的起伏是不规则的、并非理想椭圆。任意一点的真正海拔，只有通过实测才能得到。

$$\begin{cases} x = R\cos E \sin A \\ y = R\cos E \cos A \\ z = R\sin E \end{cases} \quad (2\text{-}19)$$

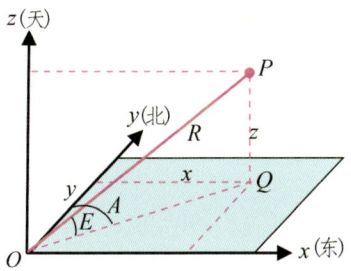

图2-8　地平系直角坐标与球坐标

（2）根据坐标旋转理论求得。想象有这么一个过程：先将地平坐标系绕z轴顺时针旋转A角，使y轴转到穿过Q点的方向（Q是P在水平面的投影），x轴会转到新方向；再绕新x轴逆时针旋转E角，使y轴转到穿过P点的方向。显然，P点在新坐标系中的坐标为(0, R, 0)（意为该点在y轴上离原点距离为R处，在x、z轴上无分量）。根据前面的坐标旋转理论，有下式成立

$$\begin{pmatrix} 0 \\ R \\ 0 \end{pmatrix} = \Re_x(E)\Re_z(-A)\begin{pmatrix} x \\ y \\ z \end{pmatrix} \quad (2\text{-}20)$$

通过逆变换得

$$\begin{pmatrix} x \\ y \\ z \end{pmatrix} = \Re_z(A)\Re_x(-E)\begin{pmatrix} 0 \\ R \\ 0 \end{pmatrix} \quad (2\text{-}21)$$

根据$\cos(-E) = \cos E$、$\sin(-E) = -\sin E$，展开得

$$\begin{aligned}
\begin{pmatrix} x \\ y \\ z \end{pmatrix} &= \begin{pmatrix} \cos A & \sin A & 0 \\ -\sin A & \cos A & 0 \\ 0 & 0 & 1 \end{pmatrix}\begin{pmatrix} 1 & 0 & 0 \\ 0 & \cos E & -\sin E \\ 0 & \sin E & \cos E \end{pmatrix}\begin{pmatrix} 0 \\ R \\ 0 \end{pmatrix} \\
&= \begin{pmatrix} \cos A & \sin A & 0 \\ -\sin A & \cos A & 0 \\ 0 & 0 & 1 \end{pmatrix}\begin{pmatrix} 1 & 0 & 0 \\ 0 & \cos E & -\sin E \\ 0 & \sin E & \cos E \end{pmatrix} R\begin{pmatrix} 0 \\ 1 \\ 0 \end{pmatrix} \\
&= R\begin{pmatrix} \cos A & \sin A & 0 \\ -\sin A & \cos A & 0 \\ 0 & 0 & 1 \end{pmatrix}\begin{pmatrix} 0 \\ \cos E \\ \sin E \end{pmatrix} = R\begin{pmatrix} \cos E \sin A \\ \cos E \cos A \\ \sin E \end{pmatrix}
\end{aligned} \quad (2\text{-}22)$$

此结果显然与式（2-19）相同。

方法（2）看似比方法（1）复杂很多，但它刻划了坐标变换的内在过程，代表的是一种思维方法，对理解本书后面很多内容都有好处。

从一个坐标系变到另一个坐标系，可以有无穷种旋转过程，此处就以地平坐标系为例再次证明这个结论。与上面的方法（2）旋转过程不同，把（2）的第二步改成"再绕新x轴顺时针旋转$90°-E$角，使z轴穿过P点"，结果P点在终坐标系中的坐标为$(0,0,R)$（即P点落在z轴上距离原点R处），根据坐标旋转理论有

$$\begin{pmatrix} 0 \\ 0 \\ R \end{pmatrix} = \Re_x(E-90°)\Re_z(-A)\begin{pmatrix} x \\ y \\ z \end{pmatrix} \qquad (2\text{-}23)$$

逆变换得

$$\begin{pmatrix} x \\ y \\ z \end{pmatrix} = \Re_z(A)\Re_x(90°-E)\begin{pmatrix} 0 \\ 0 \\ R \end{pmatrix}$$

$$= \begin{pmatrix} \cos A & \sin A & 0 \\ -\sin A & \cos A & 0 \\ 0 & 0 & 1 \end{pmatrix} \begin{pmatrix} 1 & 0 & 0 \\ 0 & \cos(90°-E) & \sin(90°-E) \\ 0 & -\sin(90°-E) & \sin(90°-E) \end{pmatrix} R\begin{pmatrix} 0 \\ 0 \\ 1 \end{pmatrix} \qquad (2\text{-}24)$$

$$= R\begin{pmatrix} \cos A & \sin A & 0 \\ -\sin A & \cos A & 0 \\ 0 & 0 & 1 \end{pmatrix} \begin{pmatrix} 1 & 0 & 0 \\ 0 & \sin E & \cos E \\ 0 & -\cos E & \sin E \end{pmatrix} \begin{pmatrix} 0 \\ 0 \\ 1 \end{pmatrix}$$

$$= R\begin{pmatrix} \cos A & \sin A & 0 \\ -\sin A & \cos A & 0 \\ 0 & 0 & 1 \end{pmatrix} \begin{pmatrix} 0 \\ \cos E \\ \sin E \end{pmatrix} = R\begin{pmatrix} \cos E \sin A \\ \cos E \cos A \\ \sin E \end{pmatrix}$$

此结果与式（2-22）相同，从而证明：从一个坐标系旋转成另一个坐标系，旋转过程可以多种多样。

2.3.2.2　由地平直角坐标计算地平球坐标

由P点的地平直角坐标x、y、z求其球坐标A、E、R。根据（2-19）式可直接求解

$$\begin{cases} \tan A = x/y \\ \sin E = z/R \\ R = \sqrt{x^2+y^2+z^2} \end{cases} \qquad (2\text{-}25)$$

其中，斜距R直接求得；俯仰角E代表P点相对水平面的仰角，取值[−90°，90°]，反正弦函数正好取值[−90°，90°]，所以E也可以直接求得；需要细致处理的是方位角A，它自正北起算，顺时针计，取值[0，360°)，而反正切函数取值[−90°，90°]，不能直接作为A的最终结果，而是需要进行象限调整，调整方法可以参考以下

代码（MATLAB代码，%表示注释）：

```
    if abs（y）<0.0001 % 如果y接近于0，不能作除法x/y
        if x>=0 % 如果x为正，为正东方向，方位角＝90度
            A＝90；
        else % 如果x为负，为正西方向，方位角＝270度
            A＝270；
        end
    else % 如果y够大，按tanA＝x/y反正切求方位角A
        A＝rad2deg（atan（x/y））； % 反正切，单位转为度
        if x>=0 && y>0 % 如果在第一象限，A值不用调整
            A＝A；
        elseif x>=0 && y<0 % 如果在第四象限，反正切后需加180度
            A＝A+180；
        elseif x<0 && y<0 % 如果在第三象限，反正切后需加180度
            A＝A+180；
        elseif x<0 && y>0 % 如果在第二象限，反正切后需加360度
            A＝A+360；
        end
    end
```

2.3.3 站心地固坐标与站心地平坐标的转换

2.3.3.1 由站心地固坐标计算站心地平坐标

问题：根据空间一点P在站心地固坐标系中的坐标(x,y,z)，求该点在站心地平坐标系中的坐标(x',y',z')。

解：站心地固系与站心地平系的坐标原点相同，都是测站，但x、y、z轴的方向不同。站心地固系中，x轴平行于地心地固系的x轴（赤道面内自地心指向0°经线方向），y轴平行于地心地固系y轴（赤道面内自地心指向90°经线方向），z轴平行于地心地固系z轴（自地心指向北极方向）。地平坐标系中，x轴在测站当地水平面内指向正东方向，y轴在水平面内指向正北，z轴指向天顶。所以从站心地固系到站心地平系存在这样的坐标旋转过程：设测站所在地的经度为L、纬度为B，先将站心地固坐标系绕z轴逆时针旋转L角，使x轴指向测站所在的经度圈、y轴指向测站处正东方向，再绕y轴逆时针旋转（$90°–B$）角、使z轴后仰指向测站处天顶方向、x轴在测站处水平面内指向正南方向，最后绕z轴逆时针旋转90°，使x轴指向正东、y轴指向正北、z轴依然指向天顶，即得"东-北-天"地平坐标系，如图2-9所示。

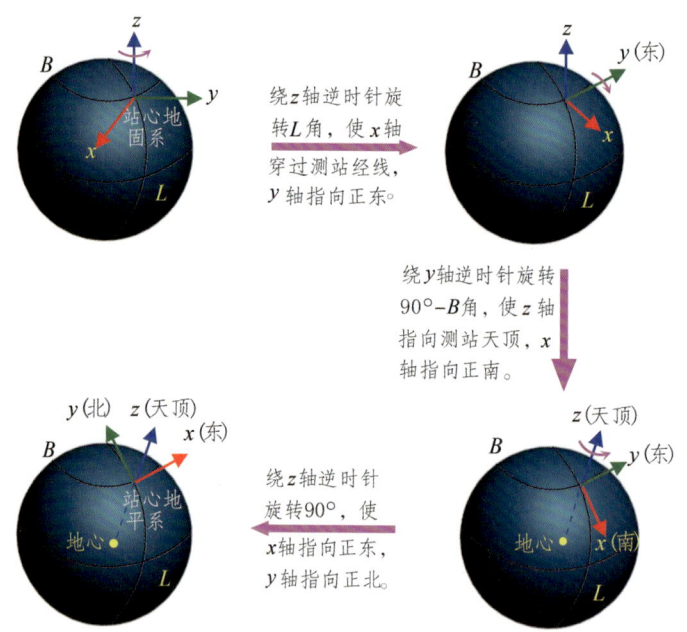

图2-9 站心地固到站心地平的三次旋转

按照上述过程,由P点的站心地固坐标(x,y,z)求其站心地平坐标(x',y',z')的算式为

$$\begin{pmatrix} x' \\ y' \\ z' \end{pmatrix} = \Re_z(90°)\Re_y(90°-B)\Re_z(L) \begin{pmatrix} x \\ y \\ z \end{pmatrix} \quad (2\text{-}26)$$

2.3.3.2 由站心地平坐标计算站心地固坐标

逆向实施上节所述的坐标旋转过程,即得由P点在站心地平坐标系中的坐标(x',y',z')求P点在站心地固坐标系中的坐标(x,y,z)的算式如下

$$\begin{pmatrix} x \\ y \\ z \end{pmatrix} = \Re_z(-L)\Re_y(B-90°)\Re_z(-90°) \begin{pmatrix} x' \\ y' \\ z' \end{pmatrix} \quad (2\text{-}27)$$

2.3.4 地心地固坐标与站心地固坐标的转换

2.3.4.1 由地心地固坐标计算站心地固坐标

问题:已知空间一点P在地心地固坐标系中的坐标(x,y,z),求其在站心地固坐标系中的坐标(x',y',z')。

解:地心地固与站心地固坐标系三轴互相平行,只是原点位置不同:地心地固系的原点在地球球心,站心地固系的原点在地表测站。所以,它们之间的转换不需要坐标旋转,只需要坐标平移,如图2-10所示。

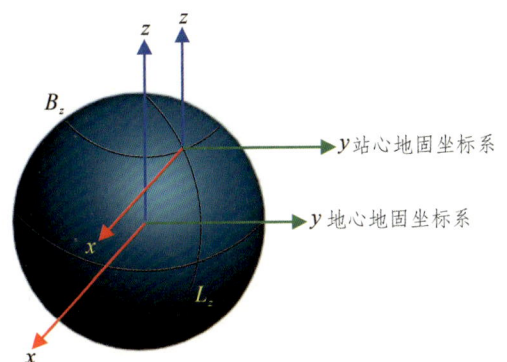

图2-10 地心地固系与站心地固系的关系

设已知测站的地固直角坐标为$(x,y,z)_{zg}$ [或者已知测站的经度L、纬度B、海拔H，由式（2-17）求得$(x,y,z)_{zg}$]，则计算站心地固坐标的过程就是将坐标原点$(0,0,0)$移到测站位置$(x,y,z)_{zg}$上，即

$$\begin{pmatrix} x' \\ y' \\ z' \end{pmatrix} = \begin{pmatrix} x \\ y \\ z \end{pmatrix} - \begin{pmatrix} x \\ y \\ z \end{pmatrix}_{zg} \quad (2-28)$$

2.3.4.2 由站心地固坐标计算地心地固坐标

反向平移上面所述过程，即得由P点在站心地固坐标系中的坐标(x',y',z')计算其在地心地固坐标系中的坐标(x,y,z)的公式如下

$$\begin{pmatrix} x \\ y \\ z \end{pmatrix} = \begin{pmatrix} x' \\ y' \\ z' \end{pmatrix} + \begin{pmatrix} x \\ y \\ z \end{pmatrix}_{zg} \quad (2-29)$$

MATLAB中有多个地心地固坐标与站心地平坐标相互转换的内置函数：

（1）ecef2enu（）：地心地固→东-北-天（east-north-up）地平直角坐标。

（2）enu2ecef（）：东-北-天直角坐标→地心地固。

（3）ecef2ned（）：地心地固→北-东-地（north-east-down）地平直角坐标。

（4）ned2ecef（）：北-东-地直角坐标→地心地固。

（5）ecef2aer（）：地心地固→东-北-天球坐标（azimuth-elevation-range）。

（6）aer2ecef（）：东-北-天球坐标→地心地固。

（7）geodetic2aer（）：大地坐标→东-北-天球坐标。

（8）aer2geodetic（）：东-北-天球坐标→大地坐标。

（9）geodetic2enu（）：大地坐标→东-北-天直角坐标。

（10）enu2geodetic（）：东-北-天直角坐标→大地坐标。

（11）geodetic2ned（）：大地坐标→北-东-地直角坐标。

（12）ned2geodetic（）：北-东-地直角坐标→大地坐标。

这些函数其实组合了"大地坐标⇌地心地固⇌站心地固⇌站心地平直角⇌站心地平球坐标"转换链中的若干环节。读者可以用它们的结果辅助测试自己编写的算法程序。

举一组算例：设地球表面上某测站的经度104°、纬度31°、海拔500 m，有4个目标的位置分别为经度104°±0.1°、纬度31°±0.1°、海拔1 500 m，用上文公式或MATLAB的geodetic2aer（）函数可算得该点相对该测站的地平球坐标见表2-1。

表2-1　地平坐标计算示例

序号	目标大地坐标			目标地平坐标			目标相对测站方位
	经度L	纬度B	海拔H	方位A	俯仰E	斜距R	
1	104°+0.1°	31°+0.1°	1 500 m	40.701°	3.844°	14 666.452 m	东北
2	104°+0.1°	30°−0.1°	1 500 m	139.217°	3.842°	14 672.812 m	东南
3	104°−0.1°	31°+0.1°	1 500 m	319.299°	3.844°	14 666.452 m	西北
4	104°−0.1°	31°−0.1°	1 500 m	220.783°	3.842°	14 672.812 m	西南

注：1. 计算所用测站位置：经度104°，纬度31°，海拔500 m。
　　2. 地平系中，方位角0°~90°为东北方向，90°~180°为东南方向，180°~270°为西南方向，270°~360°为西北方向；0°、90°、180°、270°分别为正北、正东、正南、正西方向。

2.3.5　地惯坐标与地固坐标的转换

2.3.5.1　地惯系与地固系的关系

ECI：地心惯性坐标系，x指向春分点，z指向北极。

ECEF：地心地固坐标系，x指向经度0°、纬度0°点，z指向北极。

"协议"：由于存在极移等现象，地球的自转轴随时间变化，因此瞬时的坐标系各不相同，有微小差别。在计算中，通常采用协议坐标系统一。如J2000.0，即以2000年1月1日12时TDB为标准历元的赤道和春分点定义的。

协议地心惯性坐标系：坐标原点在地球质心，参考平面是J2000.0平赤道面，z轴向北指向平赤道面北极，x轴指向J2000.0平春分点，y轴与x和z轴组成直角右手系。常简称地惯系。

协议地球坐标系：原点在地球质心，正z轴指向协议的平均地极，正x轴指向赤道上的0°经度点，y轴与z轴和x轴构成右手坐标系，常简称为地固系。常用的WGS-84坐标框架就属于协议地球坐标系。地面测站位置与GPS卫星精密星历一般都以协议地球坐标系表示。

地固系与地惯系的相互转换,涉及以下参数:

(1)岁差矩阵:实现标准历元平天球坐标系(即地惯系,如J2000.0 CIS)与观测瞬间平天球坐标系的转换。

(2)章动矩阵:实现测瞬平天球坐标系与真天球坐标系的转换。

(3)地球周日自转矩阵:实现真天球坐标系与瞬时真地球坐标系的转换。

(4)极移矩阵:实现瞬时真地球坐标系与协议地球坐标系(即地固系,如WGS-84)的转换。

它们的转换关系如图2-11所示。

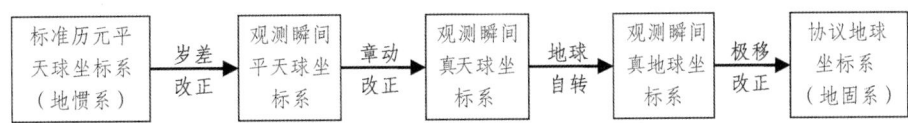

图2-11 地惯系向地固系的转换关系

4个转换矩阵在有些源码文献中取了代号:

(1)CIS2MOD:协议天球赤道坐标转瞬时平天球坐标(改正岁差)。

(2)MOD2TOD:瞬时平天球坐标转瞬时真天球坐标(改正章动)。

(3)TOD2ET:瞬时真天球坐标转瞬时地球坐标(处理地球自转)。

(4)ET2CTS:瞬时地球坐标转协议地球坐标(改正极移)。

相关缩写字母含义:

CIS:Conventional Inertial System,协议天球坐标系。

MOD:Mean Equator and Equinox of Date,平赤道平春分点坐标系。

TOD:True Equator and Equinox of Date,真赤道真春分点坐标系。

ET:Ephemeris Time,瞬时极真地球坐标系。

CTS:Conventional Terrestrial System,协议地球坐标系。

2.3.5.2 由地惯坐标计算地固坐标

问题:已知空间一点P在地心地惯坐标系中的坐标(x,y,z),求其在地心地固坐标系中的坐标(x',y',z')。

解:根据上节理论可得地惯转地固的算式为

$$\begin{pmatrix} x' \\ y' \\ z' \end{pmatrix} = \boldsymbol{T} \times \boldsymbol{G} \times \boldsymbol{N} \times \boldsymbol{P} \times \begin{pmatrix} x \\ y \\ z \end{pmatrix} \quad (2-30)$$

式中,$\boldsymbol{P}$、$\boldsymbol{N}$、$\boldsymbol{G}$、$\boldsymbol{T}$都是3×3矩阵,分别代表岁差改正矩阵、章动改正矩阵、地球自

转矩阵、极移改正矩阵，也就是上节的CIS2MOD、MOD2TOD、TOD2ET、ET2CTS。

岁差矩阵P由下式确定

$$P = \Re_z(-z)\Re_y(\theta)\Re_z(-\zeta) \tag{2-31}$$

z、θ、ζ为纽康3个岁差参量（两坐标系间的3个旋转角），由下式计算

$$\begin{cases} \zeta = 2306''.2181T + 0''.30188T^2 + 0''.017998T^3 \\ \theta = 2004''.3109T + 0''.42665T^2 - 0''.041833T^3 \\ z = 2306''.2181T + 1''.09468T^2 + 0''.018203T^3 \end{cases} \tag{2-32}$$

式中，$T =$ (TDB $-$ 2 451 545.0)/36 525，即观测时刻TDB相对J2000.0起算的儒略世纪数。

章动矩阵N由下式计算

$$N = \Re_x(-\varepsilon_0 - \Delta\varepsilon)\Re_z(-\Delta\psi)\Re_x(\varepsilon_0) \tag{2-33}$$

式中，$\Delta\psi$为黄经章动，$\Delta\varepsilon$为交角章动，由IAU1980章动序列（106项）计算得到。平黄赤交角ε_0在IAU1976岁差常数中为

$$\varepsilon_0 = 84381''.448 - 46''.8150T - 0''.00059T^2 + 0''.001813T^3 \tag{2-34}$$

T的含义同式（2-32）。真黄赤交角由平黄赤交角加交角章动算得

$$\varepsilon = \varepsilon_0 + \Delta\varepsilon \tag{2-35}$$

地球自转矩阵G由下式计算

$$G = \Re_z(S_G) \tag{2-36}$$

式中，S_G为真恒星时（GAST），它由平恒星时（GMST）、黄经章动$\Delta\psi$、黄赤交角ε算得

$$\text{GAST} = \text{GMST} + \Delta\psi \cdot \cos(\varepsilon) \tag{2-37}$$

式中，平恒星时(GMST)由1.11节算法给出（即该算法中的S）。

极移矩阵T由下式计算

$$T = \Re_y(-X_p)\Re_x(-Y_p) \tag{2-38}$$

式中，(X_p, Y_p)为地球极移量，由IERS公报给出，值很小，基本都在1″以内，在无法获得其值的情况下，可以按0处理。

从式（2-30）可以看出，从地惯系到地固系的坐标转换，就是4个级联矩阵乘法，主要工作在于4个矩阵的计算上。[①]

[①] 2003年后，采用新的IAU2000（MHB2000模型），它是基于新的非刚体地球章动转换函数和REN2000刚体地球章动序列构建的，并考虑了所有的海洋、大气潮汐的影响，其精度为0.2 mas。与此前分开计算岁差和章动影响的IAU1976岁差模型与IAU1980章动理论不同，IAU2000中一并计算岁差和章动的影响，也就是说，前面的岁差改正矩阵P和章动改正矩阵N不再分开计算。但目前比较容易查到的文献还是以分开计算居多。

2.3.5.3 由地固坐标计算地惯坐标

把上节的转换过程反过来，即得由地固系坐标(x',y',z')求地惯系坐标(x,y,z)的计算方法

$$\begin{pmatrix} x \\ y \\ z \end{pmatrix} = \boldsymbol{P}^{-1} \times \boldsymbol{N}^{-1} \times \boldsymbol{G}^{-1} \times \boldsymbol{T}^{-1} \times \begin{pmatrix} x' \\ y' \\ z' \end{pmatrix} \tag{2-39}$$

式中，上标"-1"表示矩阵求逆，它等价于在$\mathfrak{R}_x$、$\mathfrak{R}_y$、$\mathfrak{R}_z$等各个旋转式中把旋转角度反号，如果有连乘关系，则顺序也反向。

2.3.6 黄道坐标与赤道坐标的转换

2.3.6.1 由黄道坐标计算赤道坐标

问题：已知空间一点P在天球黄道坐标系中的坐标(x,y,z)，求其在天球赤道坐标系中的坐标(x',y',z')。

解：对于同一时刻，天球黄道坐标系与天球赤道坐标系的原点、x轴相同，都由天球球心指向该时刻的春分点，所以从黄道系到赤道系就是一个绕x轴旋转的过程，而且这个旋转是顺时针的，如图2-12所示。所以解为

$$\begin{pmatrix} x' \\ y' \\ z' \end{pmatrix} = \mathfrak{R}_x(-\varepsilon) \begin{pmatrix} x \\ y \\ z \end{pmatrix} \tag{2-40}$$

式中，ε为黄赤交角，值约为23.5°，但不是常数，受地球岁差和章动影响，随时间缓慢变化。从上式可以看出，从黄道坐标到赤道坐标的转换，形式上很简单，就是转过一

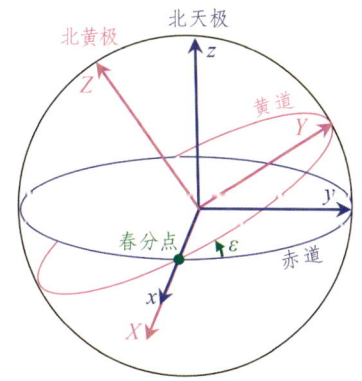

图2-12 黄道坐标系与赤道坐标系的关系

个ε角，但要精确计算ε，却需要大量的天文学知识和复杂的计算过程，黄、赤坐标转换的主要工作基本都在精确计算ε上。[①]对此，第4章有详细介绍。

2.3.6.2　由赤道坐标计算黄道坐标

由赤道坐标计算黄道坐标即上述过程的逆过程。解的形式也很简单，逆用式（2-40）即可，算式如下

$$\begin{pmatrix} x \\ y \\ z \end{pmatrix} = \mathfrak{R}_x(\varepsilon) \begin{pmatrix} x' \\ y' \\ z' \end{pmatrix} \quad (2\text{-}41)$$

式中，(x', y', z') 为P点在天球赤道坐标系中的坐标，(x, y, z) 为P点在同时刻天球黄道坐标系中的坐标。

2.3.7　不种类型地平坐标之间的转换

地平坐标系可以根据需要自行定义，用得较多的是"东-北-天"坐标系。其他方式定义的地平坐标系可以与"东-北-天"坐标系进行转换，即通过几次90°或180°的旋转就能实现，这一过程的关键是旋转顺序和旋转轴一定要正确。这里以"东-天-南"、"南-西-地"两个地平坐标的计算为例，展示其与"东-北-天"坐标系转换的过程。

2.3.7.1　由"东-北-天"坐标计算"东-天-南"坐标

"东-北-天"坐标系与"东-天-南"坐标系的x轴是重合的，都指向东，只是将前者绕x轴逆时针旋转90°，使得原来指北的y轴变成了指天、原来指天的z轴变成了指南，所以，两者之间的变换系很简单

$$\begin{pmatrix} x' \\ y' \\ z' \end{pmatrix} = \mathfrak{R}_x(90°) \begin{pmatrix} x \\ y \\ z \end{pmatrix} \quad (2\text{-}42)$$

式中，(x, y, z) 为P点在"东-北-天"地平坐标系中的坐标，(x', y', z') 为P点在同一测站的"东-天-南"地平坐标系中的坐标。

---

① 式（2-40）的使用必须是针对同一时刻的黄道、赤道坐标系，因为只有在同一时刻，它们的x轴才相同、指向同一春分点。由于春分点在空间是缓慢移动的，如果是不同时刻，这两种坐标系的x轴并不重合，其转换过程就很复杂。只是天文学中一般不会直接计算两个不同时刻的黄、赤坐标转换，而是把时间不一致性问题交给其他计算环节来处理，如儒略日、恒星时、差章、章动等。

2.3.7.2 由"东-北-天"坐标计算"南-西-地"坐标

从"东-北-天"坐标系到"南-西-地"坐标系可以是这样一个过程：先绕z轴顺时针旋转90°，使原来指东的x轴变成指南，原来指北的y轴变成了指东，z轴不变仍然指天；再绕新x轴逆时针旋转180°，这时，x轴依然指南，y轴变成指西，z轴变成指地，这就得到"南-西-地"坐标系。所以，两者之间的变换为

$$\begin{pmatrix} x' \\ y' \\ z' \end{pmatrix} = \mathfrak{R}_x(180°)\mathfrak{R}_z(-90°) \begin{pmatrix} x \\ y \\ z \end{pmatrix} \quad (2\text{-}43)$$

式中，(x,y,z)为P点在"东-北-天"地平坐标系中的坐标，(x',y',z')为P点在同一测站的"南-西-地"地平坐标系中的坐标。

2.4 相关知识

2.4.1 大地水准面与参考椭球

大地水准面：是指与平均海水面重合并延伸穿过陆地内部的水准面。大地测量工作中，均以大地水准面为基准。由于地球表面起伏不平、地球内部质量分布不均，大地水准面是一个略有起伏的不规则曲面，并不是一个理想、光滑的球面或椭球面。大地水准面的形状反映了地球内部物质结构和密度分布等信息。

大地水准面是获取地理空间信息的高程基准面，也是重力等位面，水在该面上不会流动。大地水准面是描述地球形状的一个重要参考曲面，也是海拔高程系统的起算面。

参考椭球：参考椭球体是一个数学上定义的地球表面，它用一个旋转椭球体近似大地水准面。通常所说地球的形状和大小，实际上是参考椭球体的参数，包括长半轴、短半轴和扁率等。参考椭球主要作为定义经度、纬度和高程的基础。

目前，最常用的参考椭球，是美国国防部制图局在1984年构建的WGS-84。历史上比较常用的椭球见表2-2，它们在椭球参数上略有区别。

表2-2 历史上常用的参考椭球及其参数

椭球名称	长半轴/m	短半轴/m	扁率倒数（1/f）	使用地区
克拉克1866	6 378 206.4	6 356 583.8	294.978 698 2	北美
克拉克1880	6 378 245	6 356 510	293.46	北美

续 表

椭球名称	长半轴/m	短半轴/m	扁率倒数（1/f）	使用地区
贝塞尔1841	6 377 397.155	6 356 078.965	299.152 843 4	日本及中国台湾
International1924	6 378 388	6 356 911.9	296.999 362 1	欧洲、北美及中东
克拉索夫斯基1940	6 378 245	6 356 863	298.2997381	俄罗斯、中国
1975国际参考椭球	6 378 140	6 356 755	298.257	中国
GRS-80	6 378 137	6 356 752.314 1	298.257 222 101	
WGS-84	6 378 137	6 356 752.314 2	298.257 223 563	全球

我国大陆地区在1954年前曾采用International 1924参考椭球，之后较长一段时间内采用基于克拉索夫斯基1940椭球的1954北京坐标系，1980年开始使用1975国际参考椭球，现在使用与WGS-84十分接近的CGCS2000系统。

2.4.2　三种纬度

地心纬度（geocentric latitude）：地心纬度是参考椭球上一点与椭球球心连线同赤道面的夹角，如图2-13中的$\phi = \angle MOx$。

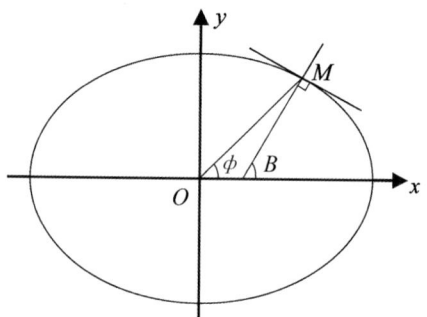

图2-13　地心纬度ϕ与地理纬度B

地理纬度（geodetic latitude）：也叫测地纬度，是参考椭球上一点的法线与赤道平面的夹角，即图2-13中的$B = \angle MBx$。

一个地方的地心纬度ϕ总是不大于它的地理纬度B，在南北纬45°的地方差异最大，可达11.5′，只有在赤道和两极处，两者才相等。

如果不考虑海拔，地心纬度ϕ与地理纬度B满足以下关系

$$\tan\phi = \frac{b^2}{a^2}\tan B \quad (2-44)$$

式中，a、b分别是地球椭球的长短半轴长度，见表2-2。

如果考虑海拔影响，两者的关系可以近似用下式表达

$$\tan\phi = (0.993\,306 + 0.001\,05h \times 10^{-6})\tan B \qquad (2\text{-}45)$$

式（2-44）和式（2-45）的推导及更精确的表达可以参见马文章《球面天文学》。

MATLAB中有地心纬度和地理纬度相互转换的内置函数：geod2geoc（）、geoc2geod（）。

习惯上，将纬度0～30°的地区，称为低纬度地区；30～60°称为中纬度地区；60～90°称为高纬度地区。

天文纬度：参考椭球上一点所在地的重力铅垂线方向与地球赤道面的夹角（该线在图2-13中无法示出，它既不是MO，也不是MB，而是取决于地球的实际密度分布和当地的山川地形及地质构造）。由于地球内部密度的不均匀性和地形起伏，重力铅垂线方向与椭球法线方向并不重合，因此天文纬度不等于地理纬度，两者之间的差值称为垂线偏差，一般在1.5″～2.0″，个别地区可达几十角秒。在低精度应用场合，常将地理纬度当作天文纬度使用。

通过天文观测方法求得的纬度，是天文纬度，因为天文观测的仰角都是以当地水平面为基准，而水平面的法线正是重力铅垂线。对日月星辰等宇宙天体的观测跟踪引导数据计算应以测站的天文纬度作为输入。

2.4.3　GPS、WGS-84与CGCS2000

GPS（Global Positioning System，全球定位系统）：由美国国防部研制建立的一种具有全方位、全天候、全时段、高精度的卫星导航系统，利用GPS卫星，为全球用户提供高精度的三维位置、速度和精确定时等导航信息。它起源于1958年美国军方的一个项目，到1994年，共在太空布设24颗GPS卫星，对地球的覆盖率达到98%。

WGS-84（World Geodetic System 1984，世界大地测量坐标系统1984版）：为GPS全球定位服务而建立的坐标系，它是通过遍布世界的卫星观测站观测到的坐标数据建立起来的。

可以这么简单理解，GPS是一套位置定位工具（一组导航卫星），WGS-84是这套定位系统中进行数学计算所用的一套地球椭球参数和坐标系。两者是不同领域的不同术语，有关联，但不具有可比性。

WGS-84坐标系的原点位于地球质心，z轴指向BIH（国际时间局）1984.0定义的协议地球北极方向，x轴指向BIH1984.0的0°子午线与赤道的交点，y轴通过右手螺旋法则定出。WGS-84坐标系使用的参考椭球长半轴长度$a = 6\,378\,137$ m，扁率$f = 1/298.257\,223\,563$。

WGS-84坐标是一种地心坐标系，可以与1954北京坐标系或1980西安坐标系等参心坐标系相互转换。

CGCS2000[China Geodetic Coordinate System 2000，（中国）国家大地坐标系2000版]：我国当前最新的国家大地坐标系。它的原点为包括海洋和大气在内的整个地球的质心，z轴指向J2000.0历元的地球参考北极，x轴指向0°子午线与J2000.0历元地球赤道的交点，y轴通过右手螺旋法则定出。CGCS2000使用的参考椭球长半轴长度$a=6\ 378\ 137$m，扁率$f=1/298.257\ 222\ 101$。

CGCS2000与WGS-84是同一领域的两个术语，都是坐标系，具有可比性。

（1）WGS-84的原点在地球质心，z轴指向BIH1984.0定义的协议地球北极；CGCS2000的原点是包括海洋和大气在内的整个地球的质心，z轴指向J2000.0历元的地球参考极。

（2）CGCS2000与WGS-84的基本定义是一致的，采用的参考椭球非常相近，4个主要椭球参数中，仅在扁率f上有细微差别，仅此项导致的位置差异不超过0.11 mm，完全可以忽略。如果仅从这个意义上讲，可以直接把WGS-84当成CGCS2000用。

（3）WGS-84与CGCS2000的主要差别是历元和参考框架不一致。随着时间推移，地球板块发生了漂移，使得两者之间产生差异。2020年，这种差异达到的0.6 m，且会缓慢增长，但在很长一段时间内都不会超过1 m。所以，对于米量级以上低精度应用场合，可以对两者不加区分。

2.4.4 星 等

星等（magnitude）：衡量天体光度的物理量。为了表征天空中星体的明暗程度，古希腊天文学家喜帕恰斯（Hipparchus，又名依巴谷）在公元前二世纪首先提出了星等的概念，符号记为M或m（注意：与长度单位"米"同符号，需根据上下文语义辨别，不要混淆）。星等分绝对星等和（目）视星等，在不明确说明的情况下，一般都是指目视星等。

美国哈佛大学天文台规定小熊座λ星为6.55等，以此确定目视星等的零点。据此，太阳的星等为−26.74等，天狼星的星等为−1.6等。

视星等数值越小，星越亮；值越大，星越暗；星等数每相差1等，星的亮度相差2.512倍。1等星的亮度恰好是6等星的100倍（$2.512^5≈100$）。

根据依巴谷星表，天空中有一等星21颗，二等星46颗，三等星134颗，四等星458颗，五等星1 476颗，六等星4 840颗，共计6 974颗。更亮的为0等以至负等星，如太阳是−26.7等，满月是−12.6等，金星最亮时为−4.9等。

注：月亮和行星本身不发光，靠反射太阳光而显亮，所以其亮度与实时位置有关，是变化的。

人们把肉眼能够看到的最暗的星等设定为6等。天空中亮度在6等以上（即星等数小于6）的星有6 000多颗。不过，同一时刻人们只能看到半个天球上的星星。当今世界上最大的天文望远镜能看到暗至24等的天体，哈勃望远镜能拍摄到30等星。典型天体的星等见表2-3和表2-4。

表2-3 典型天体的星等

星体	目视星等	绝对星等
太阳	−26.70	4.80
月亮（满月时）	−13.00	无
金星（最亮时）	−4.9	无
天狼星（全天最亮恒星）	−1.450	1.43
织女星	0.03	0.50
牛郎星	0.77	2.19
北极星	1.97	−3

注：行星、彗星、月球本身不发光，只是反射恒星（如太阳）光而显亮，所以没有绝对星等概念。

表2-4 天空中1.0等以上亮星

序号	中文名	所属星座	目视星等
1	天狼星	大犬座	−1.45
2	老人星	船底座	−0.73
3	南门二	半人马座	−0.10
4	大角星	牧夫座	−0.06
5	织女星	天琴座	0.03
6	五车二	御夫座	0.08
7	参宿七	猎户座	0.11
8	南河三	小犬座	0.35
9	水委一	波江座	0.46
10	参宿四	猎户座	0.80
11	马腹一	半人马座	0.60
12	河鼓二	天鹰座	0.77

续表

序号	中文名	所属星座	目视星等
13	毕宿五	金牛座	0.85
14	十字架二	南十字座	0.90
15	角宿一	室女座	0.96
16	心宿二	天蝎座	1.00

2.4.5 北极星及其方向

北极星：又称紫薇星、勾陈一、小熊座a星，指的是最靠近北天极的一颗恒星。北极星是小熊星座中最亮的一颗恒星，也就是小熊座a星（依巴谷星表中1alp Umi F7）。

虽然地球在自转，但北极星几乎刚好处在地球自转轴上，所以在地球上的观测者看来，北极星几乎静止不动，始终在正北方，所以可以用来指示北方。

"勾陈一"实际由北极星A、北极星B以及北极星AB三个天体组成。其中主星北极星A是一个巨大的、明亮的、年迈的黄色超巨星。北极星A质量是太阳的6倍，亮度是太阳的2 000倍。

在北半球的夜空中，位于北方天空的北斗七星十分显眼，这七颗恒星分别是大熊座的天枢、天璇、天玑、天权、玉衡、开阳以及瑶光。它们看起来比其他星更亮，而且排列成勺子形状。北斗七星是大熊座的一部分，从图形上看，北斗七星位于大熊的背部和尾巴。这七颗星中有六颗2等星，一颗3等星。

如果沿着天璇和天枢的方向延伸5倍，可以找到另一颗亮星，这就是北极星。所以，北极星既不叫北斗星，也不是北斗七星中的一颗。

从地球表面的观测者看来，北极星的仰角基本等于观测者所在地的纬度。**证明：** 如图2-14所示，O为地心，M为地球表面的测站（即观测者所在位置），PQ为测站处水平面，OZ为该地天顶方向，所以$OZ \perp PQ$，$\angle OMQ = 90°$为测站的纬度（此处不细致区分三种纬度，因为差别很小）；S为北极星，在地球自转轴方向无限延伸的远处（434光年处），MS为观测者看北极星的视线，MS与PQ的夹角E即为观测者看北极星的仰角；由于S在无穷远处，所以MS与OS是平行的（图中画出夹角仅仅是因为纸面上不可能把S画到无穷远处），所以$MC \mathbin{/\mkern-6mu/} SO \perp OQ$，$\angle OCM = 90°$；$E = \angle QMC = 90° - \angle OMC = \phi$，证毕。①

---

① 这一结论只是近似成立，如果考虑地球的精细形状以及北极星实际在有穷远处，E与ϕ并不相等，但差值很小，在人眼分辨力层面上可以忽略。

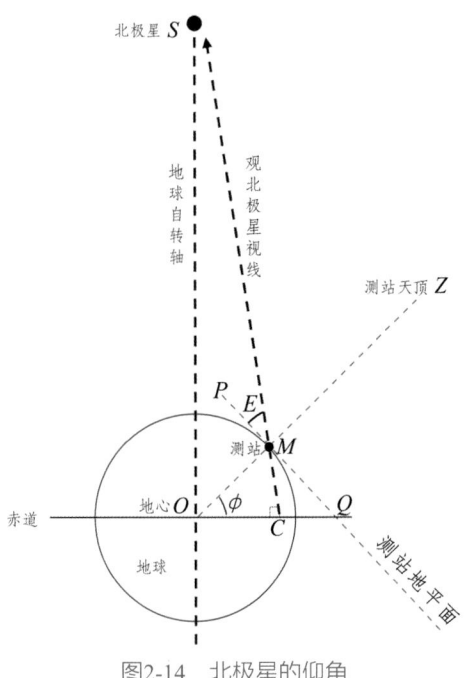

图2-14 北极星的仰角

所以可以说,赤道上(即纬度$\phi=0°$)的观测者看北极星,北极星基本就在水平面上(即仰角$E=0°$);北纬31°的观测者看北极星,仰角等于31°;北纬40°的观测者看北极星,仰角等于40°……。

至于北极星的方位角:对于地球上所有观测者(严格来说,只有北半球的观测者能真正看到),北极星都在正北方向,即北极星的方位角$A=0°$。[①]

2.4.6 太阳夹角与受晒角计算

太阳夹角:从一个观测位置看空间一目标和看太阳,这两条视线的夹角,就是太阳夹角,即图2-15中的θ角。

受晒角:以目标为顶点,其与观测站连线和与太阳连线的夹角,即图2-15中的ψ角。[②]

---

① 与仰角类似,这也是通俗层面的结论;在高精度层面,A并不完全等于0°。
② 这两个定义描述仅用于本书,不是通用定义。

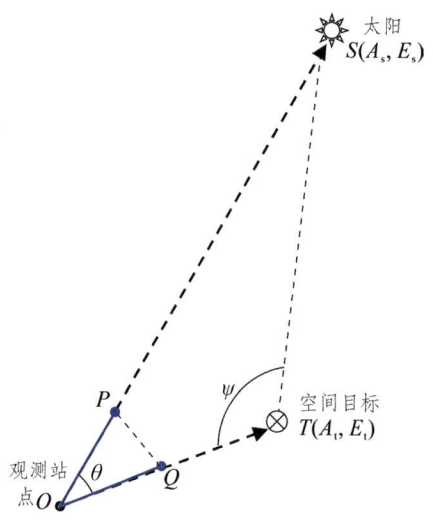

图2-15　太阳夹角与受晒角

问题： 已知太阳S相对测站O的方位、仰角(A_s, E_s)，以及空间目标T相对测站O的方位、仰角(A_t, E_t)，求以测站为顶点的太阳夹角θ和以目标为顶点的受晒角ψ。

求解太阳夹角有两种方法：

（1）初等几何法：在OS、OT方向分别取单位长度$OP=OQ=1$；由于共线关系，显然P与S有相同的方位、仰角(A_s, E_s)，Q与T有相同的方位、仰角(A_t, E_t)；所以，P、Q点的坐标分别为[原理参阅（2-19）式]

$$\begin{cases} x_P = 1 \cdot \cos E_s \sin A_s \\ y_P = 1 \cdot \cos E_s \cos A_s \\ z_P = 1 \cdot \sin E_s \end{cases}$$

$$\begin{cases} x_Q = 1 \cdot \cos E_t \sin A_t \\ y_Q = 1 \cdot \cos E_t \cos A_t \\ z_Q = 1 \cdot \sin E_t \end{cases}$$

知道(x_P, y_P, z_P)和(x_Q, y_Q, z_Q)，就可以用两点间距离公式求得PQ线的长度

$$PQ = \sqrt{(x_P - x_Q)^2 + (y_P - y_Q)^2 + (z_P - z_Q)^2}$$

然后根据三角形余弦定理即可求得θ角

$$\cos\theta = \frac{OP^2 + OQ^2 - PQ^2}{2 \times OP \times OQ} = \frac{1 + 1 - PQ^2}{2 \times 1 \times 1} = \frac{2 - PQ^2}{2} = 1 - \frac{1}{2}PQ^2$$

（2）矢量内积法：根据矢量点乘原理，A、B两矢量的点乘等于A、B的模长乘积再乘以它们夹角的余弦

$$A \bullet B = |A||B|\cos\theta \ ^{①} \quad (2\text{-}46)$$

记OP为A矢量，OQ为B矢量，即$A = [x_P, y_P, z_P]$、$B = [x_Q, y_Q, z_Q]$，于是有

$$\cos\theta = \frac{A \bullet B}{|A||B|} = \frac{x_P x_Q + y_P y_Q + z_P z_Q}{\sqrt{x_P^2 + y_P^2 + z_P^2} \cdot \sqrt{x_Q^2 + y_Q^2 + z_Q^2}}$$

对于近地目标（飞机、导弹、卫星、空间站、空间碎片、月亮等），其到地球的距离与日地距离相比是很小量（比如以其中最远的月球为例，其距地球3.8×10^5 km，相对1.5×10^8 km的日地距离，只有约1/400），所以图2-15中OT线相对OS、TS线来说很短，则以S为顶点的角就很小，接近于0，也就是说，SO与ST几乎是平行的，因此，ψ角基本就是θ角的补角，即$\psi = 180° - \theta$。

---

① 关于矢量计算的相关理论，在13.4节有详细复习。

第 3 章 近程目标跟踪引导

在高精度的目标跟踪应用中,光电系统的视场角一般很小,如1°甚至几角分。这种小视场的精密跟踪,面临每一时刻对空间的覆盖范围都很小的问题。于是,全空域的目标搜索与发现就不是小视场系统所擅长的,而是需要一个前级引导系统给光电系统提供一个更小范围的目标可能区域,这个过程称为跟踪引导。引导的方法就是通过别的设备或测量手段,获得目标的粗位置,这个位置不需要很精确,只要能与光电系统的视场角相匹配即可,将它输入光电系统,引导其进行目标捕获、跟踪、锁定。

本章阐述光电系统对近程目标实施跟踪所需的引导数据计算方法。而且,以地平式跟踪系统为默认系统。近程目标主要指无人机、飞机、导弹等离地面高度50km以内的空间目标。

根据目标粗位置数据源的不同,着重考虑三种情形。

情形一:目标为合作目标,自带GPS,实时生成代表目标位置的经度、纬度、海拔数据,作为跟踪系统所需引导数据的计算输入。

情形二:目标为非合作目标,由上级预警系统探测、定位目标后进行解算,生成并提供目标的地心地固直角坐标,作为跟踪系统所需引导数据的计算输入。

情形三:目标为非合作目标,由地面告警雷达探测、获得目标的方位、俯仰、斜距数据,作为光电跟踪引导数据计算的输入。

3.1 基于GPS数据的引导计算

这种情形下,目标为合作目标(配合实验研究而自制的目标,相对地,完全不知道位置和状态的目标称为非合作目标),合作目标自带GPS,实时生成表征其位置的经纬度、海拔数据,作为跟踪系统所需引导数据的输入。

问题:已知目标的GPS位置(即大地坐标)$(L,B,H)_m$(经度、纬度、海拔)、测站(即跟踪系统所在位置)的大地坐标$(L,B,H)_z$,求目标相对测站的跟踪引导数据(A,E,R)(方位角、俯仰角、斜距)。

求解：（1）根据"大地坐标与地固坐标的转换"原理，分别由目标和测站的大地坐标计算目标的地固坐标$(x,y,z)_{mg}$、测站的地固坐标$(x,y,z)_{zg}$，方法见式（2-17）。

（2）根据"地心地固坐标与站心地固坐标的转换"原理，将地固坐标原点由地心移到测站处，得目标的站心地固坐标$(x,y,z)_{mz}$。

$$\begin{pmatrix} x \\ y \\ z \end{pmatrix}_{mz} = \begin{pmatrix} x \\ y \\ z \end{pmatrix}_{mg} - \begin{pmatrix} x \\ y \\ z \end{pmatrix}_{zg} \qquad (3\text{-}1)$$

（3）根据"站心地固坐标与站心地平坐标的转换"原理，将目标的站心地固坐标转换成站心地平坐标$(x,y,z)_{mp}$。

$$\begin{pmatrix} x \\ y \\ z \end{pmatrix}_{mp} = \mathfrak{R}_z(90°)\mathfrak{R}_y(90°-B_z)\mathfrak{R}_z(L_z) \begin{pmatrix} x \\ y \\ z \end{pmatrix}_{mz} \qquad (3\text{-}2)$$

（4）根据"地平直角坐标与地平球坐标的转换"原理，将目标的站心地平坐标转换成站心地平球坐标，即跟踪引导数据(A,E,R)，方法见式（2-25），注意方位角A反正切后的象限调整。

设地球表面某光电系统所在地的经度104°、纬度31°、海拔500 m，某目标的经度103°、纬度30°、海拔400 m，用上述算法可算得跟踪该点所需的引导数据为方位角A=221.145°，俯仰角E=−0.699°，斜距R=146 654.357 m。

3.2 基于地固坐标的引导计算

这种情形下，目标为非合作目标，不自带GPS，不主动告知自身位置，由上级预警系统探测、定位目标，通过解算后生成目标的地心地固直角坐标，作为跟踪系统所需引导数据的计算输入。

问题：已知目标的地心地固坐标、跟踪系统所在处的大地坐标$(L,B,H)_z$，求目标相对测站的跟踪引导数据(A,E,R)。

求解：求解过程同情形一，只不过在第（1）步中只用求测站的地固坐标，而目标的地固坐标直接使用已知的输入数据$(x,y,z)_{mg}$，（2）、（3）、（4）步与情形一完全相同。

3.3 基于告警数据的引导计算

这种情形下，目标为非合作目标，不自带GPS，不主动告知自身位置，由地面告警雷达探测、获得目标的空间位置（方位、俯仰、斜距）后，提供给光电跟踪系统作为引导数据计算的输入。

问题：已知雷达所在地的大地坐标$(L,B,H)_1$、雷达探测目标所得的球坐标$(A,E,R)_{ml}$、光电跟踪系统所在地的大地坐标$(L,B,H)_z$，求目标相对光电跟踪系统的引导数据(A,E,R)。

求解：（1）分别根据雷达和光电系统所在地的大地坐标计算雷达的地固坐标$(x,y,z)_{lg}$、光电系统的地固坐标$(x,y,z)_{zg}$，方法见式（2-17）。

（2）将雷达探测所得的目标球坐标$(A,E,R)_{ml}$转化成目标在雷达所在地的地平直角坐标$(x,y,z)_{mlp}$，原理参阅式（2-24）。

$$\begin{pmatrix} x \\ y \\ z \end{pmatrix}_{mlp} = \Re_z(A_{ml})\Re_x(90°-E_{ml})\begin{pmatrix} 0 \\ 0 \\ R_{ml} \end{pmatrix} \quad (3-3)$$

（3）将目标在雷达所在地的站心地平坐标转换成站心地固坐标$(x,y,z)_{mlg}$，原理参阅式（2-27）。

$$\begin{pmatrix} x \\ y \\ z \end{pmatrix}_{mlg} = \Re_z(-L_1)\Re_y(B_1-90°)\Re_z(-90°)\begin{pmatrix} x \\ y \\ z \end{pmatrix}_{mlp} \quad (3-4)$$

（4）将目标在雷达所在地的站心地固坐标转换成地心地固坐标$(x,y,z)_{mg}$，原理参阅式（2-29）。

$$\begin{pmatrix} x \\ y \\ z \end{pmatrix}_{mg} = \begin{pmatrix} x \\ y \\ z \end{pmatrix}_{mlg} + \begin{pmatrix} x \\ y \\ z \end{pmatrix}_{lg} \quad (3-5)$$

（5）将目标的地固坐标原点由地心移到光电跟踪系统所在位置，得目标相对光电跟踪系统的站心地固坐标$(x,y,z)_{mz}$，原理参阅式（2-28）。

$$\begin{pmatrix} x \\ y \\ z \end{pmatrix}_{mz} = \begin{pmatrix} x \\ y \\ z \end{pmatrix}_{mg} - \begin{pmatrix} x \\ y \\ z \end{pmatrix}_{zg} \quad (3-6)$$

（6）将目标在光电跟踪系统所在地的站心地固坐标转换成站心地平坐标$(x,y,z)_{mp}$，原理参阅式（2-26）。

$$\begin{pmatrix} x \\ y \\ z \end{pmatrix}_{mp} = \Re_z(90°)\Re_y(90°-B_z)\Re_z(L_z)\begin{pmatrix} x \\ y \\ z \end{pmatrix}_{mz} \tag{3-7}$$

（7）将目标在光电跟踪系统所在地的站心地平坐标转换成站心地平球坐标，即光电跟踪引导数据(A, E, R)，方法见式（2-25），注意方位角A反正切后的象限调整。

作为一个特例，假设用于目标告警的雷达与用于目标精密跟踪的光电系统是一体化的或可以认为在同一个地方，那么，上述结果会是怎样的？直观分析：如果雷达与光电在同一个地方，那么它们看同一目标的方位、俯仰、斜距就应该相同，这就好比并肩站着的两个人看远处天空同一架飞机一样。从数学角度，能否证明这个结论呢？证明如下：

将式（3-4）~（3-7）依次将前者代入后者，得

$$\begin{pmatrix} x \\ y \\ z \end{pmatrix}_{mp} = \Re_z(90°)\Re_y(90°-B_z)\Re_z(L_z)\left[\Re_z(-L_1)\Re_y(B_1-90°)\Re_z(-90°)\begin{pmatrix} x \\ y \\ z \end{pmatrix}_{mlp} + \begin{pmatrix} x \\ y \\ z \end{pmatrix}_{lg} - \begin{pmatrix} x \\ y \\ z \end{pmatrix}_{zg}\right] \tag{3-8}$$

由于雷达和光电布置在同一地方，也就是说它们的经纬度、海拔相同，$L_z=L_1$，$B_z=B_1$，进而，根据（2-17）式算出来的地固坐标自然也相同，即$(x,y,z)_{lg}=(x,y,z)_{zg}$，代入式（3-8）得

$$\begin{pmatrix} x \\ y \\ z \end{pmatrix}_{mp} = \Re_z(90°)\Re_y(90°-B_z)\Re_z(L_z)\left[\Re_z(-L_1)\Re_y(B_1-90°)\Re_z(-90°)\begin{pmatrix} x \\ y \\ z \end{pmatrix}_{mlp} + 0\right]$$

$$= \Re_z(90°)\Re_y(90°-B_z)\Re_z(L_z)\Re_z(-L_1)\Re_y(B_1-90°)\Re_z(-90°)\begin{pmatrix} x \\ y \\ z \end{pmatrix}_{mlp}$$

$$= \Re_z(90°)\Re_y(90°-B_z)\Re_y(B_1-90°)\Re_z(-90°)\begin{pmatrix} x \\ y \\ z \end{pmatrix}_{mlp} \tag{3-9}$$

$$= \Re_z(90°)\Re_z(-90°)\begin{pmatrix} x \\ y \\ z \end{pmatrix}_{mlp}$$

$$= \begin{pmatrix} x \\ y \\ z \end{pmatrix}_{mlp}$$

上面的连乘式化简过程中用到了$\mathfrak{R}_{axis}(\theta)\mathfrak{R}_{axis}(-\theta) = \boldsymbol{I}$（$\boldsymbol{I}$为单位矩阵）的性质，即绕同一旋转轴相邻的两次旋转$\mathfrak{R}_{axis}(\theta)$与$\mathfrak{R}_{axis}(-\theta)$相乘，会相互抵消。数学上的意义是，将坐标系绕同一坐标轴先顺时针旋转θ角、紧接着又逆时针旋转θ角，等于没有旋转。注意：这里要强调"相邻"和"紧接着"的意思，因为如果连乘式中$\mathfrak{R}_{axis}(\theta)$与$\mathfrak{R}_{axis}(-\theta)$不是紧挨着的，它们就不能相互抵消，这点不同于连乘式中对同一个标量（即一个数）的乘除抵消。

上式表明：在同地布置的情况下，光电系统看到的目标地平坐标$(x,y,z)_{mp}$与雷达看到的目标地平坐标$(x,y,z)_{mlp}$是相等的，进而，由它们算得的目标位置球坐标(A,E,R)自然也相等，这与前面的直观分析是相符的，这也从一个侧面证明前面数学模型的正确性和自洽性。这时，整个引导数据计算过程就都不再必要，直接用雷达提供的目标位置球坐标$(A,E,R)_{ml}$作为光电系统所需的跟踪引导数据(A,E,R)即可。[①,②]

3.4 关于东天南地平系的理解

在某型设备中，存在"东-天-南"地平坐标系与经纬高大地坐标系之间转换的需求，本节以此为例，说明其他非"东-北-天"地平系的使用方法，以进一步促进读者对坐标转换本质的理解。

3.4.1 "东-天-南"坐标系与"东-北-天"坐标系的关系

从图3-1中可以很直观地看出，"东-天-南"坐标系与"东-北-天"坐标系的关系其实很简单：将后者绕x轴逆时针旋转90°得前者，或者前者绕x轴顺时针旋转90°得后者。

---

① 上面的推导过程似乎有些多此一举（因为直观分析已经很清楚，而且确信无疑），但仍然详细展开，主要是想引导读者学习一种佐证数学模型正确性的方法，错误的数学模型经常经不起一些特例的验证。

② 除了一些约定俗成或公用共知的英文缩写以外，本书很多地方都使用了拼音缩写法，如m代表目标、l代表雷达、z代表测站、g代表地固、p代表地平等。

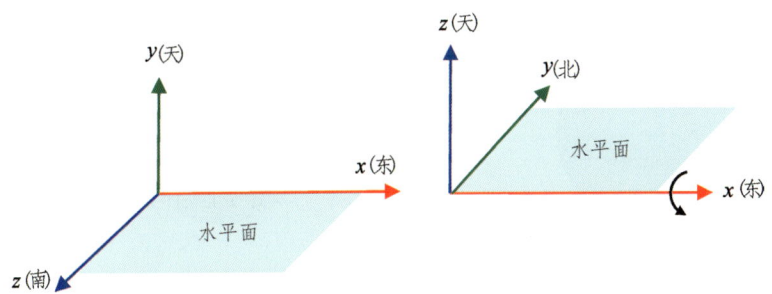

图3-1 "东-天-南"坐标系与"东-北-天"坐标系

于是，同一个点在这两种坐标系中坐标的转换关系为

$$\begin{pmatrix} x \\ y \\ z \end{pmatrix}_{\text{eus}} = \Re_x(90°) \begin{pmatrix} x \\ y \\ z \end{pmatrix}_{\text{enu}} \quad (3\text{-}10)$$

$$\begin{pmatrix} x \\ y \\ z \end{pmatrix}_{\text{enu}} = \Re_z(-90°) \begin{pmatrix} x \\ y \\ z \end{pmatrix}_{\text{eus}} \quad (3\text{-}11)$$

式中，脚标字母e、n、u、s分别代表东（east）、北（north）、天顶（up）、南（south），所以enu代表"东-北-天"，eus代表"东-天-南"。

3.4.2 由"东-天-南"地平直角坐标计算经纬度、海拔

问题： 已知某测站的大地坐标$(L,B,H)_z$（经度、纬度、海拔）、和目标在测站处"东-天-南"地平坐标系中的直角坐标$(x,y,z)_p$，求目标的大地坐标(L,B,H)。

求解：（1）由测站大地坐标$(L,B,H)_z$，计算测站的地心地固坐标$(x,y,z)_{zg}$，方法见（2-17）式。

（2）由目标的"东-天-南"地平直角坐标$(x,y,z)_p$，计算目标的站心地固坐标$(x,y,z)_{mz}$。

$$\begin{pmatrix} x \\ y \\ z \end{pmatrix}_{\text{mz}} = \Re_z(-L_z)\Re_y(B_z-90°)\Re_z(-90°)\Re_x(-90°) \begin{pmatrix} x \\ y \\ z \end{pmatrix}_{\text{p}} \quad (3\text{-}12)$$

此式坐标旋转的原理如图3-2所示（上式使用该图的逆过程）。

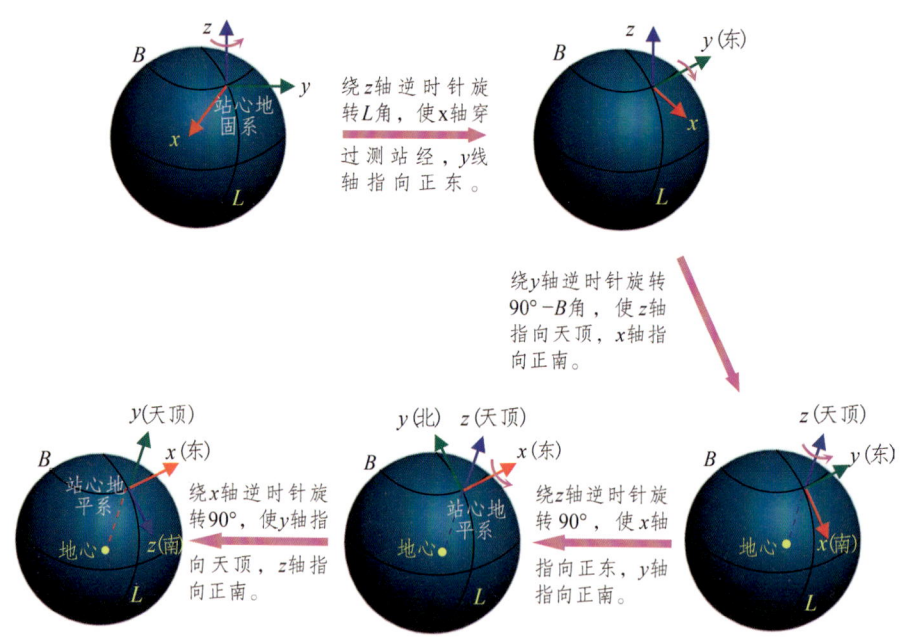

图3-2 站心地固系到"东-天-南"站心地平系的旋转

如果上式中$(x,y,z)_p$不是"东-天-南"地平坐标、而是"东-北-天"坐标,则删除式中$\Re_x(\cdot)$项,于是就成了"东-北-天"坐标系在本问题中的用法,旋转关系如图2-9所示,算式则如式（2-27）所示。

（3）由测站的地心地固坐标$(x,y,z)_{zg}$和目标的站心地固坐标$(x,y,z)_{mz}$,计算目标的地心地固坐标(x,y,z),原理参阅（2-29）式。

$$\begin{pmatrix} x \\ y \\ z \end{pmatrix} = \begin{pmatrix} x \\ y \\ z \end{pmatrix}_{mz} + \begin{pmatrix} x \\ y \\ z \end{pmatrix}_{zg} \tag{3-13}$$

（4）由目标的地心地固坐标(x,y,z),计算目标的经度、纬度、海拔(L,B,H),方法见式（2-18）。

3.4.3 由经纬度、海拔计算"东-天-南"地平直角坐标

问题：已知测站的大地坐标$(L,B,H)_z$（经度、纬度、海拔）、目标的大地坐标(L,B,H),求目标在测站处"东-天-南"地平坐标系中的直角坐标$(x,y,z)_p$。

求解：（1）根据式（2-17）,由测站的大地坐标$(L,B,H)_z$,计算测站的地心地固坐标$(x,y,z)_{zg}$。

（2）根据式（2-17）,由目标的大地坐标(L,B,H),计算目标的地心地固坐标

(x,y,z)。

（3）逆用式（3-13），由测站的地心地固坐标$(x,y,z)_{zg}$和目标的地心地固坐标(x,y,z)，计算目标的站心地固坐标$(x,y,z)_{mz}$。

（4）逆用式（3-12），由目标的站心地固坐标$(x,y,z)_{mz}$，计算目标的"东-天-南"地平直角坐标$(x,y,z)_p$。

第 4 章　日月星辰的位置计算

作为宇宙中的自然天体，日月星辰也是光电系统经常观测的对象，会对它们进行位置计算。其中，太阳和月亮位置计算可用于分析跟踪人工目标时的太阳夹角和月亮夹角，以便跟踪系统避开直视太阳和月亮（容易造成光电传感器饱和或烧坏，就像人的眼睛不能直视太阳一样）。行星和恒星则是良好的天然空间目标，对辅助检测跟踪系统的探测能力与跟踪性能大有用处。这里所说的行星主要指太阳系内的八大行星，按离太阳的距离由近及远依次是水星（Mercury）、金星（Venus）、地球（Earth）、火星（Mars）、木星（Jupiter）、土星（Saturn）、天王星（Uranus）、海王星（Neptune）。

日月星辰的位置计算与上一章近程目标的计算大有不同，属于天文学范畴，计算过程要复杂得多，计算精度也高得多，目前已经达到毫角秒（mas）量级。

本章先对日月星辰位置计算所要用到的一些天文知识和术语做一简要介绍，以便于理解网上及本书的相关计算例程源代码，然后分节介绍太阳、月亮、行星、恒星的位置计算方法。

4.1　岁差、章动、极移

4.1.1　岁　差

岁差（precession[①]），是一种天文学现象，是指由于地球自转轴长期进动，引起春分点沿黄道西移，致使回归年短于恒星年的现象。岁差是地球公转和地轴运动相结合的产物，这种结合决定了二分二至[②]点不是定点，而是不断西移。正是由于春分点的西移，使得回归年比恒星年短20多分钟，岁差也因此得名（寓意一年时间有差）。

公元前150年前后，古希腊天文学家、西方古代天文学创始人依巴谷通过比较他观测到的星表和前人的星表，发现了岁差的存在。

[①] Precession（进动），指一个自转的物体受外力作用导致其自转轴绕某一中心旋转的现象，类似木陀螺的运动。

[②] 二分二至：春分、秋分、夏至、冬至，分别是四季的中间点。

岁差的成因是地球是一椭球体，赤道部分隆起；赤道面与黄道面不重合。日月及其他行星对地球隆起部分施以附加引力，引起赤道面朝向的变化，即地轴进动。它使回归年略短于恒星年，中国古代称之为"岁差"。不过，由日月作用引起春分点西移并不改变黄赤交角，故称为"日月岁差"；其他行星的作用则还改变黄赤交角，称为"行星岁差"。二者的合成作用称为"总岁差"。

牛顿首次对岁差现象进行了理论上解释：在绕太阳公转的同时，地球自身绕地轴进行自转，受太阳和月球不平衡引力的影响，使得惯性作用下的地球自转轴产生摆动，这种摆动表现为地轴绕着黄轴旋转，在空间描绘出一个半径约23.5°的圆锥面，从而使天赤道与黄道的交点（春分点、秋分点）在黄道上向西移动，约每76年移动1°，移动一整周用时近25 800年。

回归年：指太阳连续两次通过春分点的时间间隔，即太阳从春分点出发自西向东沿黄道再回到春分点所经历的时间，又称为太阳年。1回归年为365.2422日，即365天5小时48分46秒。

恒星年：地球公转的真正周期，从地球上看，在一恒星年里，太阳从黄道上某一点（可以某一遥远恒星方向为标记）出发，运行一周，又回到了这个点（同一恒星方向）。在一恒星年里，地球公转360°所需时间约为365日6时9分10秒，比回归年长20分23秒多。

岁差的影响：① 岁差使天极（天球赤道坐标系的z轴）绕黄极（天球黄道坐标系的z轴）运动。使天极不能固定在某一个恒星方向，而是在天球上沿一个小圆绕黄极缓慢移动。② 岁差使恒星的赤经、赤纬、黄经有微小变化，这种变化不是恒星自身运动引起的，而是由赤道坐标系的基本圈和轴向的岁差变化造成的。

4.1.2 章 动

章动（nutation），在物理学中指物体的自转轴绕另一轴线（称"进动轴"）旋转时，自转轴发生的摆动现象。在天文学中指地球自转轴绕黄轴旋转时，地球自转轴产生的摆动现象。太阳和月球有时在赤道面之南，有时又在赤道之北，因而对地球的引力方向也不断改变。由于日、月等天体（特别是月球）对地球赤道突出部分的吸引作用，在地轴绕黄轴的25 800年长期进动（即"岁差"）中，还存在许多周期不同、振幅各异的微小摆动。其中，在它的平均位置上附加的一种短周期摆动，即周期小于月球交点周期18.6年、振幅为9.21″的摆动，称为章动。其运动形态表现为沿地球进动圆形轨道作波浪式的曲线运动，如图4-1所示。章动按运动方式可分为黄经章动和交角章动，分别表示天体黄经和黄赤交角的微小变化。

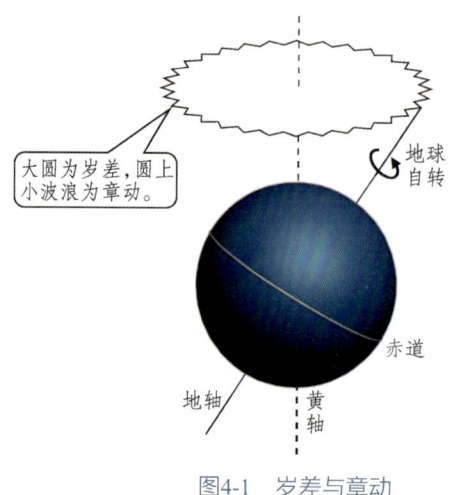

图4-1 岁差与章动

岁差和章动的共同作用，使得真天极绕黄极在天球上描绘出一条波状形曲线。章动使得春分点在黄道上以及黄赤交角相对其平均位置都产生周期性振荡，振幅分别可达17.2″和9.2″，从而使得天体的赤经、赤纬发生变化[因为天球赤道坐标系的x轴方向和xOy平面都有小幅振荡，该坐标系内一点的球坐标（即赤经、赤纬）自然也发生变化]。

4.1.3 极 移

极移（polar wandering，polar motion），地球自转轴相对地球本体的位置是变化的，这种运动称地极移动，简称极移。地极和磁极随时间在地面移动，其运动方式有两种：一种是周期性的运动，北极逆时针方向运动，南极顺时针运动。极移周期又有两种：① 周期约为12月、振幅约为0.1″、沿着一长轴约4 m的椭圆运动，这种运动与地球上的洋流、大气环流等大规模季节性变化有关；② 周期为14个月、振幅约为0.2″，沿着半径约7 m的圆周运动，又称张德勒运动，这种运动与地球内部物质的运动有关。另一种是长期性漂移，也分两种：① 长期漂移——据国际纬度站1900年以来的观测资料，得出地极存在大小约0.003″/年、方向沿着西经81.5°的线性漂移，最大幅度不超过0.4″，在24 m^{2}的范围内移动，由于极移，地球各地的纬度、经度和离心力发生颤式变化，并影响地壳运动，由于地球内部的不稳定性，极移轨迹不是平滑的螺旋曲线，常有突然转折；② 缓慢的长期极移——基本上是向一相对比较固定的方向移动，移动速率约为10 cm/年。

极移是由于地球瞬时自转轴在地球本体内部做周期性摆动而引起的地极在地球表面移动的现象，表现为极点的±0.4″（即相当于24 m×24 m）范围内与地球自转相同的方向描画出一条时螺旋形曲线。

地极的位置用平面直角坐标系中的两个坐标分量表示，这个坐标系取在地球北极，原点称为国际协议原点（Conventional International Origin，CIO），坐标系的x轴为本初子午线方向，y轴为西90°子午线方向。地极坐标由天文观测测定。极移使地面上各点的纬度、经度和方位角都发生细微变化。

为了测定地极位置，1967年国际天文学联合会及国际大地测量和地球物理联合会决定采用1900—1905年地球转动极的平均位置为参考点，即国际协议原点（CIO），极移用转动极相对CIO的位移来表示，其轨迹不规则，但用频谱分析法可从中分析出不同周期的分量。

4.1.4 真、平、瞬

由于岁差和章动的存在，使得地球自转轴在空间的取向是变化的，与之相垂直的地球赤道面也就相应变化。如第2章所述，天球赤道坐标系的天轴平行于地轴、天赤道平行于地赤道面，所以地轴与地赤道面的变化，自然引起天轴与天赤道的变化，进而使得在天球赤道坐标系中的点的位置坐标值也跟着发生变化，这种变化不是由空间点自身运动引起的，而是坐标系轴向变化引起的。

于是，表述一个点的位置，就有"真位置""平位置""瞬时位置"等多种叫法；同样，表述一个坐标系、一个时间，也有"真""平""瞬"之称。

瞬时：也叫瞬间，或叫实时，就是指任一时刻，或者计算者想要计算的时刻，如今晚8点整。

标准历元：也叫历元时刻，是指某一特定时刻，如J2000.0历元，它是指2000年1月1日12时TDB。

"瞬时"与"标准历元"相对应，很多时候，需要根据标准历元时刻的数据，计算瞬时时刻的数据，这是天文计算中一项常见任务。比如，根据FK5星表（内含J2000.0历元时刻天上若干恒星的位置数据）计算今晚8点整（代表瞬时）这些星星在天上的位置。

真赤道：true equator，指天赤道的瞬时真实位置，它的变化要考虑岁差和章动的影响。

平赤道：mean equator，指天赤道的瞬时平均位置，它的变化只考虑岁差的影响，而章动影响则被"平均"掉了。

真春分点：true equinox，黄道对真赤道的升交点。

平春分点：mean equinox，黄道对平赤道的升交点。

真天极与平天极：天极（天球的极，天轴与天球的交点）在空间并非固定不动的点，而是由于岁差和章动的影响缓慢移动。从天球外面看，北天极绕北黄极缓慢移动（即岁差），约25 800年绕行一周，其轨迹为一个以黄赤交角为半径的小圆，在这个小圆上做均匀圆周运动的北天极，称为平天极（简称平极）。北天极还有另一个运动，是沿着波浪形曲线绕着平天极做小周期的振动（即章动），在这条波浪曲线上移动的天极称为真天极（简称真极）。所以，真天极与平天极的区别也在于：前者的变化要考虑岁差与章动的影响，后者只用考虑岁差的影响。

真恒星时与平恒星时：由于地球的章动，春分点在天球上并不固定，而是以18.6年的周期围绕平均春分点摆动，由于春分点是恒星时的起算点，所以春分点的摆动使得恒星时有真恒星时和平恒星时之分。真恒星时是通过直接测量子午线与实际的春分点之间的时角来获得的，平恒星时则忽略了地球的章动，从平春分点起算。真恒星时与平恒星时的差异最大可达约0.4 s。

可见，"真"与"平"相对应："真"是指真正的值，包括岁差和章动的影响在内的实际值；"平"是不考虑章动，只考虑岁差影响的平均值。

瞬时与标准历元相对应，真与平相对应，它们交叉搭配，通常形成三种组合：瞬时真、瞬时平、历元平（一般不用"历元真"数据）。比如，网页资料中经常会遇到"观瞬平位置"的说法，它是指"目标在观测瞬间平天球坐标系中的位置"。

瞬时真天球坐标系：使用瞬时真天极、瞬时真赤道面、瞬时真春分点；其坐标轴指向随时间变化（岁差+章动），不是一个惯性坐标系。

瞬时平天球坐标系：使用瞬时平天极、瞬时平赤道面、瞬时平春分点；其坐标轴指向随时间变化（岁差），不是一个惯性坐标系。

标准历元平天球坐标系：使用标准历元（即特定时刻，如J2000.0）的平天球坐标系；它是空间一个设定了指向的惯性坐标系。

协议坐标系：是一些国际组织以会议形式商讨确定并决议通过的坐标系，决议中规定坐标系的原点、轴向及其他一些参数等，如协议天球坐标系（CIS）、协议地球坐标系（CTS）等。

4.1.5 参考系与参考框架

参考系：reference system，是关于一个坐标系的完整定义，包括原点、坐标轴、坐标平面、基本的数学和物理模型等。

参考框架：reference frame，通过对一些基准点的实际观测来具体实现某一参考系，它通过指定空间一些不动的"源"来确定坐标系的三个轴方向。

国际天球参考框架（International Celestial Reference Frame，ICRF）：由一系列银河系外射电源的精确坐标组成，框架中目标被分成三类：定义源、候选源、其他源。定义源有大量的观测和足够长时间的数据用以评估源位置的稳定性，以维持坐标轴的方向；候选源没有足够的观测数据或观测时间太短而不能用作定义源，但它可能是未来的、潜在的定义源；其他源的位置确定性较差，但它们在导出各种框架时会有用。ICRF是由国际地球自转和参考系统服务局（International Earth Rotation and Reference Systems Service，IERS）推荐，根据J2000.0春分点和天极，以IERS天文常数为基础所定义的一种天球参考系，原点在太阳系质心。它是一个无旋转的、固定不变的坐标系。

国际天球参考系（International Celestial Reference System，ICRS）：由ICRF具体实现，于1997年被国际天文联合会（Internation Astronomical Union，IAU）所接受。ICRS下有BCRS[B（Barycentric）表示太阳系质心，该坐标系以太阳系质心为坐标原点]和GCRS[G（Geocentric）表示地心，该坐标系以地心为坐标原点]。这两个坐标系之间没有旋转，只有平移。以太阳系质心为原点的简称质心天球系，以地球质心为坐标原点的简称地心天球系。默认情况下ICRS是指BCRS，即以太阳系质心为原点。

ICRF中F代表Frame，是坐标系的意思；而ICRS中的S为System，不是指坐标系，而是指一个体系，它实现的结果就是ICRF，或者说，ICRF是ICRS的具体实现。

4.1.6 协议天球坐标系

协议天球坐标系（Conventional Inertial System，CIS），也叫协议惯性坐标系、历元平天球坐标系。

在岁差和章动的影响下，瞬时天球坐标系的坐标轴指向在不断变化。在这种非惯性坐标系统中，不能直接根据牛顿力学定律来研究天体的运动规律。为了建立一个与惯性坐标系相接近的坐标系，通常选择某一时刻作为标准历元，并将此刻地球的瞬时自转轴方向和地心至瞬时春分点的方向，经过章动改正后，分别作为z轴和x轴方向。由此所构成的空间固定不变的坐标系，称为该标准历元时刻的平天球坐标系，也称协议天球坐标系，或协议惯性坐标系。天体以及导航卫星的星历通常都在这个系统中表示。

国际天文学联合会（IAU）决定，从1984年1月1日起启用协议天球坐标系CIS，其坐标轴指向由以2000年1月1.5日（即J2000.0）TDB（太阳系质心力学时）为标准历元的平赤道和平春分点定义，即以太阳系质心为原点，该时刻的平赤道面为xOy面，原点至该时刻平北天极方向为z轴，原点至该时刻平春分点方向为x轴，y轴按右手螺旋法则确定。

注：1月1.5日指1月1日12时，天文学上常有此记法。

4.1.7 协议地球坐标系

地球坐标系：也叫地固坐标系，在大地测量学上，指固定在地球上、与地球一起旋转的坐标系。其坐标原点选在参考椭球中心或地心，x轴由原点指向地球赤道面与本初子午线（即格林尼治子午线）的交点，z轴与地极方向相同，y轴由右手定则确定。

由于极移，地球的地极在不断变化，根据z轴指向的不同，地球坐标系分协议地球坐标系和瞬时地球坐标。

与国际协议原点（CIO）相应的地球赤道面称为平赤道面或协议赤道面，采用CIO为极点的地极称为协议地极（Conventional Terrestrial Pole，CTP），以协议地极为基准点的地球坐标系称为协议地球坐标系（Conventional Terrestrial System，CTS）。与瞬时地极相对应的地球坐标系称为瞬时地球坐标系。

国际地球参考系统（International Terrestrial Reference System，ITRS）是协议地球坐标系（CTS）的一种，ITRS定义为：

（1）原点为地心，并且是指包括海洋和大气在内的整个地球的质心。

（2）长度单位为米，并且是在广义相对论框架下定义。

（3）z轴从地心指向BIH1984.0定义的协议地球极（CTP）。

（4）x轴从地心指向格林尼治平均子午面与CTP对应赤道的交点。

（5）y轴与xOz平面垂直而构成右手坐标系。

国际地球参考框架（International Terrestrial Reference Frame，ITRF）是ITRS的具体实现。国际地球自转服务局（IERS）每年将全球各站观测的数据进行综合处理和分析，得到一个ITRF框架，并以IERS年报和IERS技术备忘录的形式发布。现已发布的ITRF系列有ITRF88、ITRF89、ITRF90、ITRF91、ITRF92、ITRF93、ITRF94、ITRF96、ITRF2000、ITRF2005、ITRF2008等全球参考框架。

WGS-84坐标系是协议地球坐标系（CTS）的一种，它约定：

（1）原点在地球质心。

（2）z轴指向BIH1984.0定义的协议地球极（CTP）。

（3）x轴指向BIH1984.0的0°子午线与CTP对应赤道的交点。

（4）y轴由右手螺旋法则确定。

4.2 自 行

自行：由于恒星在宇宙空间中也是运动的，恒星走过的位移对观测者所张的角度

（横向运动）称为自行，单位为角秒/年，或角秒/百年。恒星相对太阳系的空间运动可分解为视向运动和横向运动两个分量。自行一般很小，只有200颗星的自行达到每年1″，其中50颗达到每年2″，巴纳德星的自行最大，每年移动达10.31″，为地球上所见月球角直径的1/200。

自行是恒星在一年内沿着垂直于视线方向走过的距离对观测者所张的角度。1718年，爱德蒙·哈雷把他当时观测所得的恒星位置同依巴谷和托勒密的观测结果比较，发现恒星的位置有显著的变化，首次指出所谓恒星不动的观点是错误的。

天文中的自行运动（恒星本动）是指一颗星在消除非自行运动之后于天空中位置的变化，即与视线方向垂直的运动。非自行运动不是天体本身的真实的运动，而是由影响观测位置等因素造成的，这些因素主要有周日运动（地球自转）、视差（地球上不同位置）、春分的岁差、章动、光行差（地球转速）。

4.3 光行差

光行差（aberration）：指运动着的观测者看到的光的方向与同一时刻、同一地点静止的观测者看到的光的方向不同的现象，其本质是运动合成引起的，如图4-2所示。光行差现象在天文观测上表现得尤为明显。由于地球公转、自转等原因，地球上的观测者总是有速度的，其观察天体的位置总会存在光行差，差值大小与观测者的速率、速度方向与天体方向的夹角有关。

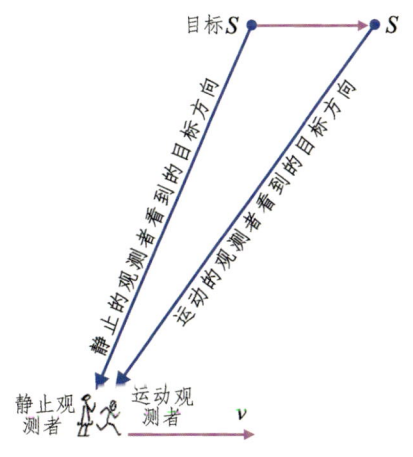

图4-2 光行差的成因

这就好比无风天下雨的时候，如果人站在雨中不动，很自然手中的雨伞要竖直握着；当人们快速前行时，大家会自觉地把手中的伞倾向前进方向，而且走得越快，伞越要前倾。同样，在雨天乘坐公共汽车或火车的时候，同样会发现雨水在车窗玻璃上的痕迹是从车辆前进方向的上端斜向玻璃的下端。

同样的道理，由于天文观测者是在地球上、随地球一起运动，他所看到的星光方向，就与假设地球不动时所看到的方向不一样，而是倾向于地球运动方向。地球的公转速度约为30 km/s，光速为3×10^5 km/s，由此可以估算出光行差带来的角度变化约为几十角秒。在精细的天文观测计算中，需要考虑光行差带来的星体视位置变化。

光行差是英国天文学家布拉德雷在1725—1728年发现的。光行差是光的有限速率和地球自转、公转运动引起的恒星位置的视移位。在一年内，恒星似乎围绕它的平均位置走出了一个小椭圆。

根据运动成因，光行差分为几种：

（1）周年光行差——地球绕太阳公转造成的光行差，最大可以达到20.5″。天文学中定义周年光行差常数（简称光行差常数）$K = v/c$，其中c是光速，v是地球绕太阳公转的平均速度。周年光行差是天体视位置计算时主要考虑的光行差。

（2）周日光行差——地球自转造成的光行差，比周年光行差小两个数量级，约为零点几角秒。在精细的天体位置计算中，要考虑周日光行差。

（3）长期光行差——太阳系在宇宙空间中的运动造成的光行差，包括太阳本动造成的光行差，约13″，但方向不变；太阳系绕银河系自转造成的光行差，约为一百多角秒。长期光行差是常数，且周期很长，在普通天文问题中不用考虑。

速度合成引起的光行差一般称为恒星光行差，除此之外，还有两种成因完全不同光行差：行星光行差和卫星光行差。它们是由光传输时间引起的。由于光从运动着的目标（行星、卫星等天体）传到地球观测者需要时间，在这段时间内，目标已经运动了一段距离，所以，观测者看到的目标位置与目标的真实位置存在差异。这两种光行差在计算行星位置和卫星位置时应分别予考虑。可能有读者会问：恒星更远，光传输时间更长，动辄以年计算，比行星和卫星过来的光传输时间要长得多，为什么不考虑呢？这种情况不是不考虑，而是因为恒星的距离太远，大多数目前还未知或不能测定，无法计算其光传输延时导致的光行差，而把它综合进恒星"自行"中去了。

4.4 视 差

视差（parallax）：指从相距一定距离的两个点看同一个目标所产生的方向差异，如图4-3所示。目标与这两个观测点的连线夹角，叫作这两个点的视差角，两点之间的连线长度称为基线。只要知道视差角度和基线长度，就可以计算出目标到观测者的距离。

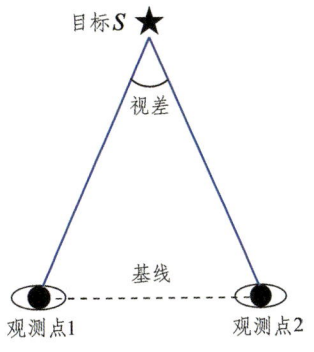

图4-3 视差与基线

天体观测时的视差分为两种：

（1）周日视差：是地球自转（或称天体周日视运动）所产生的视差。因为随着时间推移，地球在自转，观测者随地球表面从三维空间中一处转到另一处，他看同一天体的视向自然也就变了，即产生了视差。①

天文学定义的周日视差是观者测（地球表面M点）和地心（O点）对天体S的张角，它随时间变化。当天体位于天顶Z时，其周日视差为零；当天体位于地平时，其周日视差达到极大值，称为周日地平视差P_0，如图4-4所示。P_0与天体到地心的距离D、地球半径R_e之间存在如下关系。

$$D = \frac{R_e}{\sin P_0} \tag{4-1}$$

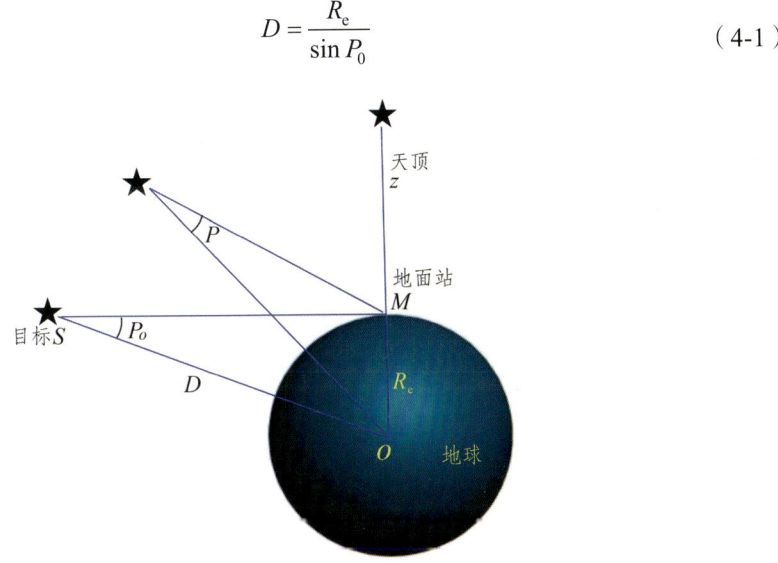

图4-4 天体的周日视差

---

① 周日视差中的"周日"不是指一整日的意思（不然，观测者又转回到了一日前的同一位置，就没有视差了），而是寓意地球自转的意思（周，"转"之意，地球自转导致了"日"与"夜"的概念，故名周日视差）。

已知R_e，如果能测得P_0，便可求得天体距离D。

测定太阳系内天体视差时，以地球的半径为基线，所测定的视差为周日视差。日、月、行星位置计算，也主要考虑周日视差的影响，因为地球半径相对这些目标的距离来说不是小量，比如，太阳的地平视差平均8.8″，月球的地平视差最大可达3422.608″。[①]

（2）周年视差：地球绕太阳周年运动所产生的视差，记为π，如图4-5所示。π与恒星到太阳的距离、地球到太阳的距离有关。同样地，周年视差中的"周年"也不是一整年的意思，而是寓意地球公转的意思（周，"转"之意，而地球公转导致了"年"的概念，故名周年视差）。

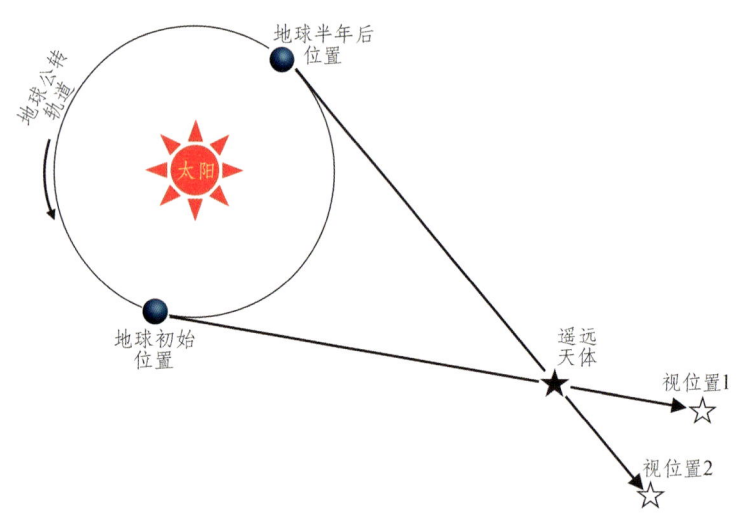

图4-5　天体的周年视差

对于恒星位置计算，主要考虑周年视差（以日地距离为基线）的影响，因为周日视差太小（以地球半径为基线，相对恒星距离来说可以忽略不计）。所有恒星的周年视差都小于1″；除了少数近地恒星外，大多数遥远恒星的周年视差都小于0.01″。最近的恒星（因此也是视差最大的恒星）是比邻星，其视差为0.768 7″，相当于从5.3 km之外观察直径2 cm大小球体所张的角。对于日、月、行星的位置计算，不考虑周年视差（因为都在太阳系内，没有意义）。

---

① 太阳的视半径为16′，与视差8.8″不是一个概念，前者是用太阳半径除以日地距离，后者是用地球半径除以日地距离，两球半径相差109倍，刚好是16′除以8.8″的结果。

4.5 光线引力弯曲

光线引力弯曲是光线通过强引力场附近时传播路径发生弯曲的现象。

光线弯曲是广义相对论的重要预言之一，但不是相对论独有的预言。早在1704年，持有光粒子学说的牛顿就指出，大质量物体可能会像弯曲其他有质量粒子的轨迹一样，使光线发生弯曲。1804年，德国慕尼黑天文台的索德纳根据牛顿力学，预言了光线经过太阳边缘时会发生0.875″的偏折。

1911年，爱因斯坦在他的广义相对论框架里计算太阳对光线的弯曲，当时他算出日食时太阳边缘的星光将会偏折0.87″。1912年，爱因斯坦发现空间是弯曲的，1915年他把太阳边缘星光的偏折度修正为1.74″，为牛顿经典力学预测值的2倍。

这就导致，需要通过观测来检验的不只是光线有没有弯曲，更重要的是光线弯曲的量到底是多大，以此来判别哪种理论与观测更相符。

英国物理学家爱丁顿在1919年5月29日发生日全食时进行检验光线弯曲的观测。英国人为那次日食组织了两个观测远征队，一队到巴西北部的索布拉尔，另一队到非洲几内亚海湾的普林西比岛。1919年11月，两支观测队的结果被归算出来，分别是1.98″±0.12″和1.61″±0.30″。1919年11月6日，英国人宣布光线按照爱因斯坦所预言的量值发生了偏折。

1922年、1929年、1936年、1947年和1952年发生日食时，各国天文学家都组织了检验光线弯曲的观测，公布的结果与广义相对论的预言有的符合较好，有的则严重不符合。但不管怎样，到20世纪60年代初，天文学家开始确信太阳对星光确有偏折，并认为爱因斯坦预言的偏折量比牛顿力学预言的更接近观测值。

光线引力弯曲会改变恒星的视位置，改变的量在马文章编写的《球面天文学》等文献中有计算公式，本书不做推导，直接引用。

4.6 大气折射弯曲

当光束穿过地球大气层时，传播方向会因折射而发生弯曲变化，从而改变观测到的目标方向，这个改变量也称为蒙气差，如图4-6所示。

可以把地球表面上的大气看作由折射率不同的许多同心圆大气层组成，星光从一层进入下一层时，在分界面上要发生折射，折射量由折射定律来确定。结果，地球表面观测者看到的星体位置（主要是仰角值），会比其实际位置要高一些。观测仰角

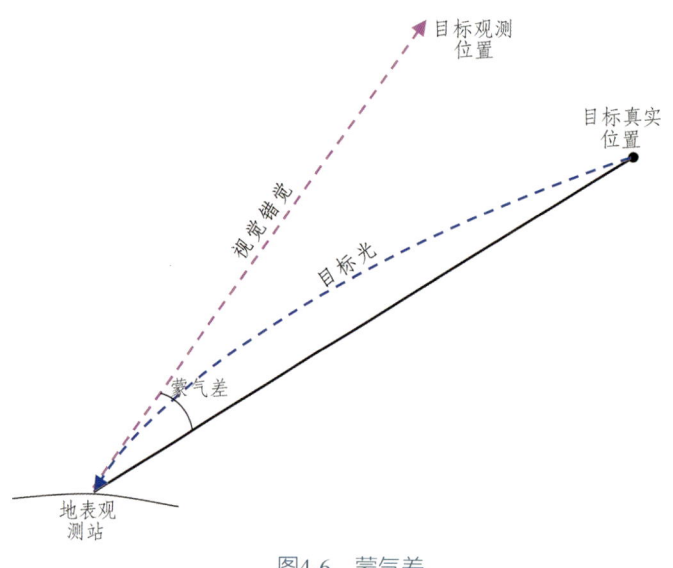

图4-6　蒙气差

与真实仰角的差值就是蒙气差。蒙气差改变天体的观测位置，在天体位置计算中要考虑。但蒙气差不改变目标的观测方位角，仅改变观测仰角。

蒙气差的大小与光束波长，观测仰角，当时的气温、气压、湿度、大气分布等因素有关。仰角越低，蒙气差越大，靠近地平线的星星，观测仰角要比它的实际仰角高35′。

不同波长的光束，蒙气差不一样，两种不同波长的光束的蒙气差之差，称为蒙气色差（光的波长不同，颜色不同，故名色差）。

4.7　视位置、观测位置

"视位置"是天文学中的一个专门术语，不是汉语字面上"眼睛看到的位置"之意，因为观测者一般在地球表面，而视位置的原点是在地心；"观测位置"才是指"观测者眼睛看到的位置"。天体的观测位置与观测者在地球上所处的位置有关，即与测站的经纬度、海拔有关；天体"视位置"与观测者或观测站位置无关。

视位置（apparent position）：指考虑观测瞬间地球相对于天体的空间关系，对天体的真位置改正光行差和视差影响后所得的位置。包括视赤经、视赤纬两个分量，或者x、y、z三个分量。

天文学中的恒星位置计算，涉及几个容易混淆的术语：

（1）观测位置：地球表面观测者所在处，地平坐标系中的天体位置，含所有影响因素的贡献。

（2）视位置：天体在观测瞬间地心天球赤道坐标系中的位置，不含地球自转（进而周日视差、周日光行差）、测站位置、大气折射蒙气差等因素的贡献。

（3）真位置：天体在观测瞬间太阳系质心真天球赤道坐标系中的位置，也是天体在宇宙空间中真正的位置，不含周年光行差、周年视差、光线引力弯曲等因素的贡献。

（4）观测瞬间平位置：天体在观测瞬间太阳系质心平天球赤道坐标系中的位置，不含章动的贡献。

（5）年首平位置：天体在观测时刻当年年首太阳系质心平天球赤道坐标系中的位置。

（6）历元平位置：天体在星表历元时刻（如FK5星表的J2000.0时刻）太阳系质心平天球赤道坐标系中的位置。

4.8 恒星视位置计算

恒星位置计算一般从星表刊载的标准历元平位置出发，计算观测瞬间的恒星视位置，计算要素包括恒星的自行、视差、光行差、光线引力弯曲、天球坐标系的岁差、章动等因素。

基本星表（如FK5、依巴谷星表、第谷星表等）列出的天体位置通常是相对于某一个指定时刻（称为星表历元）的平位置，要得到观测瞬间的视位置，还需要加上：

（1）由星表历元到观测瞬间的岁差和自行改正。

（2）观测瞬间的章动改正。

（3）观测瞬间的光行差和视差改正。

天体位置计算中经常遇到的一些环节：

（1）由世界时UTC计算力学时TDB。先根据原子时TAI与UTC的秒差，算出TAI；再按地球时TT与TAI的关系，算出TT；再根据公式，由TT算出TDB。

（2）由TDB计算儒略日与儒略世纪数。

（3）黄道坐标与赤道坐标的转换。主要是做一次坐标旋转，旋转量为黄赤交角，重点是把瞬时时刻的黄赤交角算准。

（4）协议天球赤道坐标转瞬时平天球坐标。主要是改正岁差，如转换矩阵CIS2MOD。

（5）瞬时平天球坐标转瞬时真天球坐标。主要是改正章动，如转换矩阵MOD2TOD。

（6）瞬时真天球坐标转瞬时地球坐标。主要是考虑测站随地球的转动，如转换矩阵TOD2ET。

（7）瞬时地球坐标转协议地球坐标。主要是改正极移，如转换短阵ET2CTS。

马文章在《球面天文学》中介绍了两种计算恒星视位置的计算方法：基于赤经赤纬角度的算法和基于天球赤道直角坐标的算法。随着数值计算技术的进步，后者逐渐成为主流。本文引用基于直角坐标的方法。

已知： 星表中某恒星在星表历元时刻的赤经赤纬(α_0, δ_0)、赤经百年自行与赤纬百年自行(μ_α, μ_δ)、恒星视差π、恒星的视向速度V_r（相对太阳系质心的径向速度）。

问题： 计算该恒星在任意时刻的视位置（赤经、赤纬）。

求解： （1）根据已知数据，计算星表历元（以J2000.0为例）平天球坐标系中该恒星的直角坐标(x_0, y_0, z_0)与速度$(\dot{x}_0, \dot{y}_0, \dot{z}_0)$。

$$\boldsymbol{R}_0 = \begin{pmatrix} x_0 \\ y_0 \\ z_0 \end{pmatrix} = \begin{pmatrix} \rho_0 \cos\delta_0 \cos\alpha_0 \\ \rho_0 \cos\delta_0 \sin\alpha_0 \\ \rho_0 \sin\delta_0 \end{pmatrix} \tag{4-2}$$

$$\rho_0 = 206\,264.806\,274\,096\,4''/\pi'' \tag{4-3}$$

式中，视差π要以角秒为单位的值代入，算得的恒星离太阳系质心距离ρ_0以AU（天文单位）为单位（$\rho_0=10$，表示10个地日平均距离）。所以，(x_0, y_0, z_0)的单位也是AU。

上式对时间求导后可得恒星速度矢量（AU/日）

$$\dot{\boldsymbol{R}}_0 = \begin{pmatrix} \dot{x}_0 \\ \dot{y}_0 \\ \dot{z}_0 \end{pmatrix} = \begin{pmatrix} V_r \cos\delta_0 \cos\alpha_0 - \mu_\delta \sin\delta_0 \cos\alpha_0/\pi - \mu_\alpha \cos\delta_0 \sin\alpha_0/\pi \\ V_r \cos\delta_0 \sin\alpha_0 - \mu_\delta \sin\delta_0 \sin\alpha_0/\pi + \mu_\alpha \cos\delta_0 \cos\alpha_0/\pi \\ V_r \sin\delta_0 + \mu_\delta \cos\delta_0/\pi \end{pmatrix} \tag{4-4}$$

注意，求导过程中ρ_0、α_0、δ_0都会对时间求导，并用到关系式$\dot{\rho}_0 = V_r$、$\dot{\alpha}_0 = \mu_\alpha$、$\dot{\delta}_0 = \mu_\delta$，以及单位的归一化$\rho_0 = 1/\pi$。

（2）恒星自行改正（即考虑恒星自身的运动）。

$$\boldsymbol{R}_1 = \boldsymbol{R}_0 + \dot{\boldsymbol{R}}_0(t - t_0) \tag{4-5}$$

式中，t_0=J2000.0；$(t-t_0)$为儒略世纪数（百年为单位）。

（3）周年视差改正（即考虑地心观星和日心观星的方向差）。

$$\boldsymbol{R}_2 = \boldsymbol{R}_1 - \boldsymbol{r}_\oplus \tag{4-6}$$

式中，$\boldsymbol{r}_\oplus$是地球的太阳系质心坐标矢量，可由行星位置计算给出。

（4）光线弯曲改正（考虑恒星到地球的光线受太阳吸引产生的弯曲）。

$$\begin{cases} \boldsymbol{S}' = \dfrac{-\sin\theta}{\sin D}\boldsymbol{a} + \left(\cos\theta - \dfrac{\sin\theta\cos D}{\sin D}\right)\boldsymbol{S} \\ \cos D = \boldsymbol{S}\cdot\boldsymbol{a} \\ \sin D = |\boldsymbol{S}\times\boldsymbol{a}| \\ \theta = 0.004\,07''\dfrac{1+\cos D}{\sin D} \end{cases} \quad (4\text{-}7)$$

式中，$\boldsymbol{S}$ 为未受引力弯曲的恒星方向单位矢量，$\boldsymbol{S}=\boldsymbol{R}_2/|\boldsymbol{R}_2|$；$\boldsymbol{S}'$ 为受引力弯曲后的恒星方向矢量，$\boldsymbol{S}'=\boldsymbol{R}_3/|\boldsymbol{R}_2|$（因为引力弯曲只改变天体方向，不影响距离）；$\boldsymbol{a}=\boldsymbol{r}_\oplus/|\boldsymbol{r}_\oplus|$ 为日心地球方向的单位矢量，由行星位置计算给出。

有了上述各量，可得光线引力弯曲后的恒星位置。

$$\boldsymbol{R}_3 = |\boldsymbol{R}_2|\boldsymbol{S}' = |\boldsymbol{R}_2|\left(\dfrac{-\sin\theta}{\sin D}\right)\boldsymbol{a} + \left(\cos\theta - \dfrac{\sin\theta\cos D}{\sin D}\right)\boldsymbol{R}_2 \quad (4\text{-}8)$$

（5）周日光行差改正（即考虑地球公转的速度导致的恒星视方向变化）。

$$\begin{cases} \boldsymbol{S}' = \dfrac{\sin\theta}{\sin D}\boldsymbol{a} + \left(\cos\theta - \dfrac{\sin\theta\cos D}{\sin D}\right)\boldsymbol{S} \\ \cos D = \boldsymbol{S}\cdot\boldsymbol{a} \\ \sin D = |\boldsymbol{S}\times\boldsymbol{a}| \\ \sin\theta = K\sin D - \dfrac{1}{4}K^2\sin 2D \end{cases} \quad (4\text{-}9)$$

式中，$K=|\dot{\boldsymbol{r}}_\oplus|/c$，$\dot{\boldsymbol{r}}_\oplus$ 是地球相对太阳系质心的速度矢量，由行星位置计算给出，c 为光速；$\boldsymbol{S}$ 为未受光行差影响的恒星方向单位矢量，$\boldsymbol{S}=\boldsymbol{R}_3/|\boldsymbol{R}_3|$；$\boldsymbol{S}'$ 为受光行差影响后的恒星方向单位矢量，$\boldsymbol{S}'=\boldsymbol{R}_4/|\boldsymbol{R}_3|$；$\boldsymbol{a}=\dot{\boldsymbol{r}}_\oplus/|\dot{\boldsymbol{r}}_\oplus|$ 为地球速度方向的单位矢量。

有了上述各量，可得光行差改正后的恒星位置。

$$\boldsymbol{R}_4 = |\boldsymbol{R}_3|\boldsymbol{S}' = |\boldsymbol{R}_3|\dfrac{\sin\theta}{\sin D}\boldsymbol{a} + \left(\cos\theta - \dfrac{\sin\theta\cos D}{\sin D}\right)\boldsymbol{R}_3 \quad (4\text{-}10)$$

（6）岁差改正（即考虑春分点西移导致的天球赤道坐标系轴向的变化）。

上面几步得到的恒星位置 $\boldsymbol{R}_4$ 是相对星表历元（J2000.0）平天球直角坐标系，要想得到观测历元 t 时刻的值，还必须将坐标系做岁差旋转，即

$$\boldsymbol{R}_5 = \boldsymbol{P}\boldsymbol{R}_4 \quad (4\text{-}11)$$

式中，$\boldsymbol{P}$ 称为岁差旋转矩阵，由下式确定

$$\boldsymbol{P} = \mathfrak{R}_z(-z)\mathfrak{R}_y(\theta)\mathfrak{R}_z(-\zeta) \quad (4\text{-}12)$$

z、θ、ζ 为纽康三个岁差参量（两坐标系间的三个旋转角），由下式计算

$$\begin{cases} \zeta = 2306''.2181T + 0''.30188T^2 + 0''.017998T^3 \\ \theta = 2004''.3109T + 0''.42665T^2 - 0''.041833T^3 \\ z = 2306''.2181T + 1''.09468T^2 + 0''.018203T^3 \end{cases} \quad (4\text{-}13)$$

式中，$T = (\text{TDB} - 2\,451\,545.0)/36\,525$，即观测时刻 t（TDB）相对J2000.0起算的儒略世纪数。

（7）章动改正（即考虑地轴绕平位置的波动导致的天球赤道坐标系轴向的变化）。

章动改正通过章动旋转矩阵 N 来实现，即

$$\boldsymbol{R}_6 = \boldsymbol{N}\boldsymbol{R}_5 \quad (4\text{-}14)$$

$$\boldsymbol{N} = \mathfrak{R}_x(-\varepsilon_0 - \Delta\varepsilon)\mathfrak{R}_z(-\Delta\psi)\mathfrak{R}_x(\varepsilon_0) \quad (4\text{-}15)$$

式中，$\Delta\psi$ 为黄经章动，$\Delta\varepsilon$ 为交角章动，由IAU1980章动序列（106项）计算得到；平黄赤交角 ε_0 在IAU1976天文常数中为

$$\varepsilon_0 = 84381''.448 - 46''.8150T - 0''.00059T^2 + 0''.001813T^3 \quad (4\text{-}16)$$

T 的含义同（4-13）式。

真黄赤交角由平黄赤交角加交角章动算得

$$\varepsilon = \varepsilon_0 + \Delta\varepsilon \quad (4\text{-}17)$$

（8）由直角坐标计算球坐标。

根据 $\boldsymbol{R}_6 = (x_6, y_6, z_6)$ 计算恒星的赤经、赤纬

$$\begin{cases} \tan\alpha = y_6 / x_6 \\ \sin\delta = z_6 / \sqrt{x_6^2 + y_6^2 + z_6^2} \end{cases} \quad (4\text{-}18)$$

α、δ 就是本问题要求的恒星视位置，求解完毕。

4.9 月球位置计算

与恒星位置计算不同，太阳系内天体（包括日、月、八大行星）的位置计算，主要采用天体动力学方法，以太阳系内各天体之间的相互作用为主要考虑因素，不是从星表出发，而是根据动力学原理和开普勒方程进行计算。关于月球的一些常识：

（1）月球，也称月亮，中国古代又称婵娟，是地球唯一的天然卫星，也是太阳系第五大卫星。

（2）月球直径约是地球的1/4，质量约是地球的1/80。

（3）月球与地球的平均距离约 3.8×10^5 km，光传输用时约1.3 s。

（4）月球平均公转速度1.023 km/s。

（5）月球表面为超高真空，白天最高160 ℃，夜间最低−180 ℃。

（6）月球视星等−13等（满月时），月球自身不发光，靠反射太阳光而发亮，所以没有绝对星等。

（7）月球自转周期27.32天，公转周期也是27.32天，与自转周期完全相同，所以月球总是以同一面对准地球，地球上的人们也只能看到月球的这一面（准确地说，占月球总表面的59%）。

（8）月球和太阳的大小之比、它们到地球的距离之比，两个比值很接近，所以月球的视尺寸几乎与太阳相等，因而在日食时月球可以完全挡住太阳形成日全食。

（9）月球绕地球公转的轨道叫白道，与地球绕太阳公转的轨道面（黄道）平均交角5°。

（10）月球上重力加速度是地球的1/6（即1/6 g）。

作为离地球最近的自然天体，月球位置的计算差不多是自然天体中最复杂的，因为它受很多摄动因素影响，包括太阳的引力、大行星的引力、地球内部形状和密度不均匀部分的引力、地球潮汐引力等。再加上月球本身运动速度很快，往往为了将其位置精度提高一点点，需要加上数百个修正项。

高精度的月球位置计算涉及天文学中一整套理论和专业知识，而月球只有一个，前人已经研究得很精细，形成了很多现成的计算例程，所以，为了降低阅读门槛，本书从实用角度出发，不打算铺开介绍深奥的月球轨道计算理论，而是直接搜集一些经过验证、确定可用的实用例程，收录在本书的源码集中。说明两点：① 不同例程考虑的精细程度不同，因此计算结果不完全一样，没有此对彼错之分，仅供参考；② 为便于理解，作者对很多语句都做了注解或翻译，但不一定准确，也仅供参考。

下面是一个相对简易的月球观测位置计算例程（MATLAB代码）。

```
% ============== 月球观测位置计算例程 ==================
function [Az h] = LunarAzEl（UTC, Lat, Lon, Alt）
% 调用格式：[月球方位角，俯仰角]=LunarAzEl（UTC时间，观测站纬度，经度，海拔）。如：
%   UTC='2020/10/01 15：00：00'; % 2020年10月1日（农历八月十五）北京时23时
%   Lon=104;        % 测站经度，度
%   Lat-31;         % 测站纬度，度
%   Alt=0.500;      % 测站海拔，km
%   [Az h] = LunarAzEl（UTC, Lat, Lon, Alt）% 调用函数，计算月球观测角
%   结果：Az=136.2811°，h=47.0724°

% External Function Call Sequence:
% [Az El] = LunarAzEl（'1991/05/19 13：00：00', 50, 10, 0）
```

% Function Description：
% LunarAzEl will ingest a Universal Time, and specific site location on earth
% it will then output the lunar Azimuth and Elevation angles relative to that site.

% Input Description： 函数输入
% UTC （Coordinated Universal Time YYYY/MM/DD hh：mm：ss）。UTC时间串
% Lat （Site Latitude in degrees -90：90 -> S（-）N（+））。观测站纬度，单位度
% Lon （Site Longitude in degrees -180：180 W（-）E（+））。测站经度，单位度
% Altitude of the site above sea level （km）。测站海拔，单位km

% Output Description： 函数输出
% Az （Azimuth location of the moon in degrees），月球方位角，单位度
% El （Elevation location of the moon in degrees），月球仰角，单位度

% Code Sequence：

% Do initial Longitude Latitude check。测站经度转到[-180，180]之内
while Lon > 180
    Lon = Lon - 360;
end

while Lon < -180
    Lon = Lon + 360;
end

% 测站纬度转到[-90，90]之内
while Lat > 90
    Lat = Lat - 360;
end

while Lat < -90
    Lat = Lat + 360;
end

% Declare Earth Equatorial Radius Measurements in km。地球半径
EarthRadEq = 6378.1370;
% Convert Universal Time to Ephemeris Time。世界时转历书时
jd = juliandate（UTC，'yyyy/mm/dd HH：MM：SS'）;

% Find the Day Number。计算天数（相对2000年1月0日0时？）
d = jd - 2451543.5;

% Keplerian Elements of the Moon。月球轨道根数
% This will also account for the Sun's perturbation[摄动]
N ＝ 125.1228-0.0529538083．*d；%（Long asc. node deg）。升交点黄经
i ＝ 5.1454；%（Inclination deg）。轨道倾角
w ＝ 318.0634 + 0.1643573223．*d；%（Arg. of perigee deg）。近升点角距
a ＝ 60.2666；%（Mean distance（Earth's Equitorial Radii）。轨道半长轴[或平均月地距离]（以地球半径为单位）
e ＝ 0.054900；%（Eccentricity）。偏心率
M ＝ mod（115.3654+13.0649929509．*d，360）；%（Mean anomaly deg）。平近点角

LMoon ＝ mod（N＋w＋M，360）；   %（Moon's mean longitude deg）。月球平黄经
FMoon ＝ mod（LMoon - N，360）；   %（Moon's argument of latitude）。升交点角距?

% Keplerian Elements of the Sun。太阳轨道根数
wSun ＝ mod（282.9404 + 4.70935E-5．*d，360）；%（longitude of perihelion）。近日点黄经?
MSun ＝ mod（356.0470 + 0.9856002585．*d，360）；%（Sun mean anomaly）。平近点角
LSun ＝ mod（wSun + MSun，360）；   %（Sun's mean longitude）。平黄经

DMoon ＝ LMoon - LSun；   %（Moon's mean elongation）?

% Calculate Lunar perturbations in Longitude。月球的黄经摄动
LunarPLon ＝ [-1.274．*sin（(M - 2．*DMoon).*（pi/180））；...
        .658．*sin（2．*DMoon.*（pi/180））；...
        -0.186．*sin（MSun.*（pi/180））；...
        -0.059．*sin（(2．*M-2．*DMoon).*（pi/180））；...
        -0.057．*sin（(M-2．*DMoon + MSun).*（pi/180））；...
        .053．*sin（(M+2．*DMoon).*（pi/180））；...
        .046．*sin（(2．*DMoon-MSun).*（pi/180））；...
        .041．*sin（(M-MSun).*（pi/180））；...
        -0.035．*sin（DMoon.*（pi/180））；...
        -0.031．*sin（(M+MSun).*（pi/180））；...
        -0.015．*sin（(2．*FMoon-2．*DMoon).*（pi/180））；...
        .011．*sin（(M-4．*DMoon).*（pi/180））];

% Calculate Lunar perturbations in Latitude。月球的黄纬摄动
LunarPLat ＝ [-0.173．*sin（(FMoon-2．*DMoon).*（pi/180））；...
        -0.055．*sin（(M-FMoon-2．*DMoon).*（pi/180））；...
        -0.046．*sin（(M+FMoon-2．*DMoon).*（pi/180））；...
        +0.033．*sin（(FMoon+2．*DMoon).*（pi/180））；...
        +0.017．*sin（(2．*M+FMoon).*（pi/180））];

```
% Calculate perturbations in Distance。距离摄动
LunarPDist = [ -0.58*cos（（M-2．*DMoon）.*（pi/180））；...
      -0.46．*cos（2．*DMoon.*（pi/180））];

% Compute E，the eccentric anomaly。计算偏近点角E

% E0 is the eccentric anomaly approximation estimate。E0作为E的初始值
%（this will initially have a relativly high error）
E0 = M+（180．/pi）.*e.*sin（M.*（pi/180））.*（1+e.*cos（M.*（pi/180）））；

% Compute E1 and set it to E0 until the E1 == E0。根据E0计算E1，并与E0
E1 = E0-（E0-（180/pi）.*e.*sin（E0．*（pi/180））-M）./（1-e*cos（E0．*（pi/180）））；

while E1-E0 > .000005 % 如果E0与E1足够接近，停止迭代
    E0 = E1；
    E1 = E0-（E0-（180/pi）.*e.*sin（E0．*（pi/180））-M）./（1-e*cos（E0．*（pi/180）））；
end

E = E1；% 得偏近点角E

% Compute rectangular coordinates（x，y）in the plane of the lunar orbit。计算月球轨道面内的直角坐标
x = a.*（cos（E.*（pi/180））-e）；
y = a.*sqrt（1-e.*e）.*sin（E.*（pi/180））；

% convert this to distance and true anomaly。计算月地距离r与真近点角v
r = sqrt（x.*x + y.*y）；
v = atan2（y.*（pi/180），x.*（pi/180））.*（180/pi）；% 真近点角v

% Compute moon's position in ecliptic coordinates。计算月球的黄道坐标
xeclip = r.*（cos（N.*（pi/180））.*cos（（v+w）.*（pi/180））-sin（N.*（pi/180））.*sin（（v+w）.*（pi/180））.*cos（i.*（pi/180）））；
yeclip = r.*（sin（N.*（pi/180））.*cos（（v+w）.*（pi/180））+cos（N.*（pi/180））*sin（（（v+w）.*（pi/180）））*cos（i.*（pi/180）））；
zeclip = r.*sin（（v+w）.*（pi/180））.*sin（i.*（pi/180））；

% Add the calculated lunar perturbation terms to increase model
% fidelity。加入摄动项，以增加模型准确性。
[eLon eLat eDist] = cart2sph（xeclip，yeclip，zeclip）；
[xeclip yeclip zeclip] = sph2cart（eLon + sum（LunarPLon）.*（pi/180），...
```

```
                        eLat + sum（LunarPLat）.*（pi/180）, ...
                        eDist + sum（LunarPDist））;  % 月球的地心黄道直角坐标
clear eLon eLat eDist;

% convert the latitude and longitude to right ascension RA and
% declination delta。将黄经、黄纬, 转换成赤经、赤纬
T =（jd-2451545.0）/36525.0;

% Generate a rotation matrix for ecliptic to
% equitorial。计算黄道坐标系到赤道坐标系的旋转矩阵
% RotM=rotm_coo（'E', jd）;
% See rotm_coo.m for obl and rotational matrix transformation
Obl = 23.439291 - 0.0130042.*T - 0.00000016.*T.*T + 0.000000504.*T.*T.*T;  % 黄赤交角
Obl = Obl.*（pi/180）;
RotM = [1 0 0; 0 cos（Obl） sin（Obl）; 0 -sin（Obl） cos（Obl）]';  % 旋转矩阵

% Apply the rotational matrix to the ecliptic rectangular coordinates。黄道转赤道
% Also, convert units to km instead of earth equatorial radii。长度单位由地球半径转公里数
sol = RotM*[xeclip yeclip zeclip]'.*EarthRadEq  % 月球的地心赤道直角坐标

% Find the equatorial rectangular coordinates of the location specified。计算测站的地固坐标
[xel yel zel] = sph2cart（Lon.*（pi/180）, Lat.*（pi/180）, Alt+EarthRadEq）;

% Find the equatorial rectangular coordinates of the location @ sea level。计算测站处海平面的地固坐标
[xsl ysl zsl] = sph2cart（Lon.*（pi/180）, Lat.*（pi/180）, EarthRadEq）;

% Find the Angle Between sea level coordinate vector and the moon vector。计算海平面坐标矢量与月球矢量的夹角?
theta1 = 180 - acosd（dot（[xsl ysl zsl], [sol（1）-xsl sol（2）-ysl sol（3）-zsl]）...
    ./（sqrt（xsl.^2 + ysl.^2 + zsl.^2）...
    .*sqrt（（sol（1）-xsl）.^2 +（sol（2）-ysl）.^2 +（sol（3）-zsl）.^2）））;

% Find the Angle Between the same coordinates but at the specified elevation。计算测站海拔处坐标矢量与月球矢量的夹角?
theta2 = 180 - acosd（dot（[xel yel zel], [sol（1）-xel sol（2）-yel sol（3）-zel]）...
    ./（sqrt（xel.^2 + yel.^2 + zel.^2）...
    .*sqrt（（sol（1）-xel）.^2 +（sol（2）-yel）.^2 +（sol（3）-zel）.^2）））;

% Find the Difference Between the two angles（+|-）is
% important。计算两个矢量的夹角?
```

```
thetaDiff = theta2 - theta1;

% equatorial to horizon coordinate transformation。月球坐标由地固转地平
[RA, delta] = cart2sph（sol（1），sol（2），sol（3））; % 月球的赤经。赤纬
delta = delta.*（180/pi）
RA = RA.*（180/pi）

% Following the RA DEC to Az Alt conversion sequence explained here：以下赤经赤纬转方位
俯仰的方法参见网页http：//www.stargazing.net/kepler/altaz.html

% Find the J2000 value
J2000 = jd - 2451545.0; % 相对J2000（2000年1月1日12时）的天数
hourvec = datevec（UTC，'yyyy/mm/dd HH：MM：SS'）; % 时间矢量（即年月日时分秒）
UTH = hourvec（4）+ hourvec（5）/60 + hourvec（6）/3600; % 时分秒转时

% Calculate local siderial time。计算测站地方恒星时，单位：度
LST = mod（100.46+0.985647.*J2000+Lon+15*UTH，360）;

% Replace RA with hour angle HourAngle。赤经转时角t＝S-alpha
HourAngle = LST-RA;

% Find the h and AZ at the current LST。计算方位俯仰
h = asin（sin（delta.*（pi/180））.*sin（Lat.*（pi/180））+ cos（delta.*（pi/180））.*cos
（Lat.*（pi/180））.*cos（HourAngle.*（pi/180）））.*（180/pi）;
Az = acos（（sin（delta.*（pi/180））- sin（h.*（pi/180））.*sin（Lat.*（pi/180）））./
（cos（h.*（pi/180））.*cos（Lat.*（pi/180））））.*（180/pi）;

% Add in the angle offset due to the specified site elevation。用前面的角差修正仰角
h = h + thetaDiff;

if sin（HourAngle.*（pi/180））>= 0
    Az = 360-Az;
end

% Apply Paralax Correction if we are still on earth。用视差修正仰角
if Alt < 100
    horParal = 8.794/（r*6379.14/149.59787e6）;
    p = asin（cos（h.*（pi/180））*sin（（horParal/3600）.*（pi/180）））.*（180/pi）;
    h = h-p;
end

% 子函数：计算儒略日
```

```
function jd = juliandate(varargin)
% This sub function is provided in case juliandate does not come with your
% distribution of Matlab

[year month day hour min sec] = datevec(datenum(varargin{:}));

for k = length(month): -1: 1
  if (month(k) <= 2) % january & february
    year(k) = year(k) - 1.0;
    month(k) = month(k) + 12.0;
  end
end

jd = floor(365.25*(year + 4716.0)) + floor(30.6001*(month + 1.0)) + 2.0 - ...
  floor(year/100.0) + floor(floor(year/100.0)/4.0) + day - 1524.5 + ...
  (hour + min/60 + sec/3600)/24;
% ================ 月球观测位置计算例程 ================
```

4.10 太阳位置计算

太阳位置计算比月球位置计算略微简单一点，能查到的资料也要多一些，网上和文献上有很多模型，有低精度的、高精度的，主要是在一些细节上考虑的程度不一样。关于太阳的一些常识：

（1）太阳是太阳系的中心天体，占有太阳系总质量的99.86%。

（2）太阳直径是地球的109倍，体积是地球的130万倍。

（3）太阳质量的3/4是氢，剩下的几乎都是氦，采用核聚变的方式产生光和热。

（4）太阳是一颗黄矮星，黄矮星的寿命大致为100亿年，目前太阳大约46亿岁。

（5）太阳表面温度约6000 ℃。

（6）太阳视星等−26.74等，绝对星等4.83等。

（7）太阳距地球平均距离149 597 870km，称为一天文单位（1au或1AU），光传输时间499.005 s。

（8）太阳系绕着银河系中心以250km/s的速度公转，周期大约2.5亿年。

下面列出两个相对简易的太阳视位置的计算例程。

```
% ================ 太阳视位置计算例程 ================
%%%%%%%%%%%%%%%%%%%%%%%%%%%%%%%%%%%%%%%%%%%%%%%%
% 例程一：
year=2003;
```

```
month=10;
day=17;
hour=19;
min=30;
sec=30;

% 轨道根数
AU=1.5*10^11;  % 日地平均距离
d=getJDE（year，month，day，hour，min，sec）-2451543.5；%//相对儒略日
w=282.9404+4.70935*0.00001*d；%//太阳在黄道上的升交点经度（近升角，太阳近地点与升交点[即春分点]对地球的张角）
a=1；
e=0.016709-1.151*0.000000001*d；%//太阳轨迹的偏心率

M = 356.0470 + 0.9856002585 * d；%//太阳的平近点角（太阳平位置与近地点对地球的张角）
oblecl = 23.4393-3.563*0.0000001 * d；%//黄赤交角

L=w+M；%//太阳的平经度（近升角+平近角=平升角，太阳平位置与升交点对地球的张角）
L=mod（L，360）；

E=M + rad2deg（e * sin（deg2rad（M））*（1 + e * cos（deg2rad（M））））；%//太阳的偏近点角E（近似解）
E=mod（E，360）；

xe=cos（deg2rad（E））- e；%//太阳的黄道直角坐标（以轨道中心为原点）
ye=sin（deg2rad（E））* sqrt（1 - e*e）；

r=sqrt（xe*xe+ye*ye）；%//日地距离
r=r*AU；
v=rad2deg（atan2（ye，xe））；%//太阳的真近点角
%//lon=fmod（（v+w），360）；%//太阳的真黄经

%//太阳的黄道直角坐标
lon=v+w；% 太阳的真黄经
x=r*cos（deg2rad（lon））；% 太阳的黄道直角坐标（以地球[即轨道的一个焦点]为原点）
y=r*sin（deg2rad（lon））；
z=0；

%//太阳的黄道直角坐标转赤道直角坐标（绕x轴作黄赤交角旋转即可）
xequt= x
yequt= y*cos（deg2rad（oblecl））
zequt= y*sin（deg2rad（oblecl））
```

```
% // 日地距离、赤经赤纬
dist＝sqrt（xequt*xequt + yequt*yequt + zequt*zequt）
RA＝rad2deg（atan2（yequt，xequt））； % 太阳赤经
RA＝mod（RA，360）
Dec＝rad2deg（asin（zequt/r））； % 太阳赤纬
Dec＝mod（Dec，360）
% 结果：RA＝202.2394°，Dec ＝ -9.3184°。
%%%%%%%%%%%%%%%%%%%%%%%%%%%%%%%%%%%%%%%%%

%%%%%%%%%%%%%%%%%%%%%%%%%%%%%%%%%%%%%%%%%
% 例程二：
year＝2003；
month＝10；
day＝17；
hour＝19；
min＝30；
sec＝30；

mjd＝calcuMJD（year，month，day+（hour+min/60.0+sec/3600.0）/24）-51544.5
% 相对2000.1.1日12h（该时刻mjd＝51544.5）的天数（含时分秒贡献）
T＝mjd/36525.0 % 儒略天数转化成儒略世纪数

Lo＝mod（280.46645 + 36000.76983*T + 0.0003032*T^2，360.0）*pi/180； % 太阳的几何平黄经
Ld＝rad2deg（Lo） % 以度显示

M＝mod（357.52910 + 35999.05030*T - 0.0001559*T^2 -0.00000048*T^3，360.0）*pi/180； % 太阳的平近点角
Md＝rad2deg（M） % 以度显示

e＝0.016708617 - 0.000042037*T - 0.0000001236*T^2 % 太阳的轨迹椭圆偏心率

C＝（（1.914600-0.004817*T-0.000014*T*T）*sin（M）+（0.019993-0.000101*T）*sin（2*M）+ 0.000290*sin（3*M））*pi/180； % 太阳中心
Cd＝rad2deg（C） % 以度显示

rad2deg（Lo+C） % 太阳的真黄经，Θ＝Lo+C

Q＝mod（125.04-1934.136*T，360.0）*pi/180； % 太阳黄经修正式中的中间量Ω
Qd＝rad2deg（Q） % 以度显示
```

```
        lamda=mod(Lo+C-(0.00569+0.00478*sin(Q))*pi/180, pi*2.0);  % 太阳视黄经 λ=
Θ-0.00569-0.00478*sin(Ω)
        lamdaD=rad2deg(lamda)  % 以度显示

        v=mod(M+C, pi*2);  % 太阳的真近点角，v=M+C

        R=1.0000002*(1-e*e)/(1+e*cos(v))  % 日地距离
        epsilon=(23.452294-(0.0130125+(0.00000164-0.000000503*T)*T)*T +0.00256*cos
(Q))*pi/180;  % 黄赤交角(含末尾修正项)

        % ---------- 网上找到的黄赤交角的精确计算（结果好于上式）-----------------
        L1=280.4665+36000.7698*T;  % 月球平黄经（度）
        L2=218.3165+481267.8813*T;  % 太阳平黄经（度）
        DeltaE=(9.20*cos(Q)+0.57*cos((2*L1)*pi/180)+0.10*cos((2*L2)*pi/180)-
0.09*cos(2*Q))/3600;  % 交角章动
        % 计算平黄赤交角（Laskar公式）（度数）：
        t=T/100;  % 儒略万年数
        t2=t*t;   t3=t*t2;   t4=t2*t2;   t5=t*t4;   t6=t2*t4;
        t7=t*t6;  t8=t4*t4;  t9=t*t8;    t10=t2*t8;
        epsilon1=(23+26/60+21.448/3600)-(4680.93/3600)*t+(-1.55*t2+1999.25*t3- ...
            51.38*t4-249.67*t5-39.05*t6+7.12*t7+27.87*t8+5.79*t9+2.45*t10)/3600;
        epsilon=(epsilon1+DeltaE)*pi/180;  % 平黄赤交角转真黄赤交角
        % -----------------------------------------------------------------------------
        eD=rad2deg(epsilon)  % 以度显示

        solar_vector_x=R*cos(lamda);  % 太阳的赤道直角坐标（先求太阳视位置的黄道直角坐
标，再绕x轴转过黄赤交角）
        solar_vector_y=R*sin(lamda)*cos(epsilon);
        solar_vector_z=R*sin(lamda)*sin(epsilon);

        RA=rad2deg(atan2(solar_vector_y, solar_vector_x));  % 太阳视赤经
        RA=mod(RA, 360)
        Dec=rad2deg(asin(solar_vector_z/R));  % 太阳视赤纬
        Dec=mod(Dec, 360);
        if Dec>=180
        Dec=Dec-360;
        end
        %%% 结果：RA=202.2309°，Dec = -9.3158°。
        %%%%%%%%%%%%%%%%%%%%%%%%%%%%%%%%%%%%%%%%%%%%


        %%%%%%%%%%%%%%%%%%%%%%%%%%%%%%%%%%%%%%%%%%
        % 例程一要调用的函数。计算某年某月某日某时某分某秒的儒略日JD
```

```
% (世界时2003年10月17日19时30分30秒的结果为2452930.3128)
function JDE = getJDE(Y, M, D, hour, min, sec)
    if(M>=3)
        f=Y;
        g=M;
    end

    if(M==1||M==2)
        f=Y-1;
        g=M+12;
    end

    mid1=floor(365.25*f);
    mid2=floor(30.6001*(g+1));
    A=2-floor(f/100)+floor(f/400);
    J=mid1+mid2+D+A+1720994.5;
    JDE=J+hour/24+min/1440+sec/86400;
end


%%%%%%%%%%%%%%%%%%%%%%%%%%%%%%%%%%%%%%%%%%%%%%
% 例程二要调用的函数。计算某年某月某日0时的约简儒略日MJD(=JD-2400000.5)
% 2400000.5是1858年11月17日0时的JD。

% 本函数用于计算约简儒略日(JD-2400000.5)
% <Given>    year(2000..3000), month(1..12), day(1..31)
% <Returned> *mJD: Modified Julian Date(JD-2400000.5) for 0 hrs
function mjd = calcuMJD(year, month, day)
    mjd = (floor((1461 * (year -floor((12-month)/10)+4712))/4) ...
        +floor((306 * mod(month+9, 12) + 5)/10) ...
        - floor((3*(floor((year - floor((12-month)/10)+4900)/100)))/4) ...
        + day-2399904);
end
%==================太阳视位置计算例程============
```

4.11 行星位置计算

为了介绍行星位置计算，先介绍一下喷气推进实验室。

喷气推进实验室（Jet Propulsion Laboratory, JPL）位于加利福尼亚州帕萨迪纳，是美国国家航空航天局（NASA）的一个下属机构，负责开发和管理无人空间探测任务。

JPL实验室的主要功能是建造和操作行星航天器，还负责操作NASA的深空网络。JPL在加利福尼亚的古根海姆航空实验室可以追溯到1936年在阿罗约塞科进行的第一组火箭实验。1939年，火箭计划赢得了美国陆军的财政支持。1941年，展示了第一个JATO火箭。1943年，成立Aerojet公司，生产JATO电机，该项目于1943年11月成立，名为喷气推进实验室，正式成为由大学合同管理的陆军设施。1938年，开发月球着陆器，影响了20世纪60年代阿波罗月球模块的设计。1958年转移到NASA，成为该机构的主要行星航天器中心。JPL还在金星、火星和水星的行星际探测中起了领导作用。1998年，JPL开启了NASA的近地天体计划办公室。

天体力学中，经常要计算太阳系主要天体（包括大行星、月球、太阳）的位置和速度（称为星历）。精密的行星、月球星历研究一直是天体力学的重要分支，特别是进入空间时代后，由于空间探测的迫切需要，在美、俄、法等航天大国得到了长足发展。20世纪中叶以前，行星、月球星历以S.Newcomb和E.W.Brown的分析理论为基础。随着计算机技术的迅速发展，以及太阳系天体雷达测距和月球激光测距的实现，使得发展新的以运动方程数值积分为基本方法的精密数值星历成为可能。JPL在此基础上推出了DE/LE系列行星、月球星历。其中影响较大的有1975年的DE/LE 96，1977年的DE/LE 102，1982年的DE/LE 200，1995年的DE/LE 403和1998年的DE/LE 405。目前，国内高精度的行星、月球星历还主要依赖于国外。

下面是基于JPL计算模型和DE430星历的太阳系主要天体位置计算例程主程序（MATLAB代码），与《中国天文年历》刊载的太阳系主要天体位置很接近。这里只有主程序，它要运行，还必须依赖一组子程序和输入参数文件，这些文件加起来太长，在此不能全部贴出，都收录在本书的源码集中。

```
% ======= 基于JPL星历的太阳系主要天体位置计算主程序 =========
% JPL_Eph_DE430: Computes the sun, moon, and nine major planets' equatorial position using JPL Ephemerides
% Inputs：
%   Mjd_TDB Modified julian date of TDB
% Output：
%   r_Earth（solar system barycenter[质心]（SSB）），r_Mercury, r_Venus, r_Mars,
%   r_Jupiter, r_Saturn, r_Uranus, r_Neptune, r_Pluto, r_Moon,
%   r_Sun（geocentric equatorial position（[m]）referred to the
%   International Celestial Reference Frame（ICRF）
%     地球位置（r_Earth）：地球球心相对J2000.0TDB时刻太阳系质心平天球坐标系的位置；
%     八大行星、日、月的位置：各球球心相对J2000.0TDB时刻地心平天球坐标系的位置。
%     所以，r_Sun ≠ -r_Earth，一个是太阳球心，一个是太阳系质心，两者相近但不相等。
% Notes： Light-time is already taken into account
```

```matlab
% Last modified:   2018/01/11   M. Mahooti
function [r_Mercury, r_Venus, r_Earth, r_Mars, r_Jupiter, r_Saturn, r_Uranus, ...
          r_Neptune, r_Pluto, r_Moon, r_Sun] = JPL_Eph_DE430（Mjd_TDB）

global PC % 外部传入的全局变量

% 计算时间
JD = Mjd_TDB + 2400000.5;

i = find（PC（:，1）<=JD & JD<=PC（:，2），1,'first'）;
PCtemp = PC（i,:）;

t1 = PCtemp（1）-2400000.5;  % MJD at start of interval
dt = Mjd_TDB - t1;

% 计算地球的太阳系质心坐标
temp = （231：13：270）;
Cx_Earth = PCtemp（temp（1）：temp（2）-1）;
Cy_Earth = PCtemp（temp（2）：temp（3）-1）;
Cz_Earth = PCtemp（temp（3）：temp（4）-1）;
temp = temp+39;
Cx = PCtemp（temp（1）：temp（2）-1）;
Cy = PCtemp（temp（2）：temp（3）-1）;
Cz = PCtemp（temp（3）：temp（4）-1）;
Cx_Earth = [Cx_Earth, Cx];
Cy_Earth = [Cy_Earth, Cy];
Cz_Earth = [Cz_Earth, Cz];
if（0<=dt && dt<=16）
    j=0;
    Mjd0 = t1;
elseif（16<dt && dt<=32）
    j=1;
    Mjd0 = t1+16*j;
end
    r_Earth = 1e3*Cheb3D（Mjd_TDB, 13, Mjd0, Mjd0+16, Cx_Earth（13*j+1：...
13*j+13）, ...
                     Cy_Earth（13*j+1：13*j+13）, Cz_Earth（13*j+1：13*j+13））';

% 计算月球的太阳系质心坐标
temp = （441：13：480）;
Cx_Moon = PCtemp（temp（1）：temp（2）-1）;
Cy_Moon = PCtemp（temp（2）：temp（3）-1）;
```

```
            Cz_Moon = PCtemp（temp（3）: temp（4）-1）;
            for i＝1: 7
              temp = temp+39;
              Cx = PCtemp（temp（1）: temp（2）-1）;
              Cy = PCtemp（temp（2）: temp（3）-1）;
              Cz = PCtemp（temp（3）: temp（4）-1）;
              Cx_Moon = [Cx_Moon，Cx];
              Cy_Moon = [Cy_Moon，Cy];
              Cz_Moon = [Cz_Moon，Cz];
            end
            if（0<=dt && dt<=4）
              j＝0;
              Mjd0 = t1;
            elseif（4<dt && dt<=8）
              j＝1;
              Mjd0 = t1+4*j;
            elseif（8<dt && dt<=12）
              j＝2;
              Mjd0 = t1+4*j;
            elseif（12<dt && dt<=16）
              j＝3;
              Mjd0 = t1+4*j;
            elseif（16<dt && dt<=20）
              j＝4;
              Mjd0 = t1+4*j;
            elseif（20<dt && dt<=24）
              j＝5;
              Mjd0 = t1+4*j;
            elseif（24<dt && dt<=28）
              j＝6;
              Mjd0 = t1+4*j;
            elseif（28<dt && dt<=32）
              j＝7;
              Mjd0 = t1+4*j;
            end
              r_Moon = 1e3*Cheb3D（Mjd_TDB, 13, Mjd0, Mjd0+4, Cx_Moon（13*j+1:
13*j+13）, ...
                     Cy_Moon（13*j+1: 13*j+13）, Cz_Moon（13*j+1: 13*j+13））';

            % 计算太阳的太阳系质心坐标
            temp =（753: 11: 786）;
            Cx_Sun = PCtemp（temp（1）: temp（2）-1）;
```

```
Cy_Sun = PCtemp（temp（2）：temp（3）-1）;
Cz_Sun = PCtemp（temp（3）：temp（4）-1）;
temp = temp+33;
Cx = PCtemp（temp（1）：temp（2）-1）;
Cy = PCtemp（temp（2）：temp（3）-1）;
Cz = PCtemp（temp（3）：temp（4）-1）;
Cx_Sun = [Cx_Sun, Cx];
Cy_Sun = [Cy_Sun, Cy];
Cz_Sun = [Cz_Sun, Cz];
if（0<=dt && dt<=16）
    j=0;
    Mjd0 = t1;
elseif（16<dt && dt<=32）
    j=1;
    Mjd0 = t1+16*j;
end
    r_Sun = 1e3*Cheb3D（Mjd_TDB, 11, Mjd0, Mjd0+16, Cx_Sun（11*j+1：11*j+11）, ...
            Cy_Sun（11*j+1：11*j+11）, Cz_Sun（11*j+1：11*j+11））';

% 计算水星的太阳系质心坐标
temp =（3：14：45）;
Cx_Mercury = PCtemp（temp（1）：temp（2）-1）;
Cy_Mercury = PCtemp（temp（2）：temp（3）-1）;
Cz_Mercury = PCtemp（temp（3）：temp（4）-1）;
for i=1：3
    temp = temp+42;
    Cx = PCtemp（temp（1）：temp（2）-1）;
    Cy = PCtemp（temp（2）：temp（3）-1）;
    Cz = PCtemp（temp（3）：temp（4）-1）;
    Cx_Mercury = [Cx_Mercury, Cx];
    Cy_Mercury = [Cy_Mercury, Cy];
    Cz_Mercury = [Cz_Mercury, Cz];
end
if（0<=dt && dt<=8）
    j=0;
    Mjd0 = t1;
elseif（8<dt && dt<=16）
    j=1;
    Mjd0 = t1+8*j;
elseif（16<dt && dt<=24）
    j=2;
```

```
        Mjd0 = t1+8*j；
    elseif（24<dt && dt<=32）
        j=3；
        Mjd0 = t1+8*j；
    end
        r_Mercury = 1e3*Cheb3D（Mjd_TDB，14，Mjd0，Mjd0+8，Cx_Mercury（14*j+1：14*j+14），…
                        Cy_Mercury（14*j+1：14*j+14），Cz_Mercury（14*j+1：14*j+14））'；

    % 计算金星的太阳系质心坐标
    temp =（171：10：201）；
    Cx_Venus = PCtemp（temp（1）：temp（2）-1）；
    Cy_Venus = PCtemp（temp（2）：temp（3）-1）；
    Cz_Venus = PCtemp（temp（3）：temp（4）-1）；
    temp = temp+30；
    Cx = PCtemp（temp（1）：temp（2）-1）；
    Cy = PCtemp（temp（2）：temp（3）-1）；
    Cz = PCtemp（temp（3）：temp（4）-1）；
    Cx_Venus = [Cx_Venus, Cx]；
    Cy_Venus = [Cy_Venus, Cy]；
    Cz_Venus = [Cz_Venus, Cz]；
    if（0<=dt && dt<=16）
        j=0；
        Mjd0 = t1；
    elseif（16<dt && dt<=32）
        j=1；
        Mjd0 = t1+16*j；
    end
        r_Venus = 1e3*Cheb3D（Mjd_TDB，10，Mjd0，Mjd0+16，Cx_Venus（10*j+1：10*j+10），…
                        Cy_Venus（10*j+1：10*j+10），Cz_Venus（10*j+1：10*j+10））'；

    % 计算火星的太阳系质心坐标
    temp =（309：11：342）；
    Cx_Mars = PCtemp（temp（1）：temp（2）-1）；
    Cy_Mars = PCtemp（temp（2）：temp（3）-1）；
    Cz_Mars = PCtemp（temp（3）：temp（4）-1）；
    j=0；
    Mjd0 = t1；
        r_Mars = 1e3*Cheb3D（Mjd_TDB，11，Mjd0，Mjd0+32，Cx_Mars（11*j+1：11*j+11），…
```

第 4 章　日月星辰的位置计算

```
                          Cy_Mars（11*j+1：11*j+11），Cz_Mars（11*j+1：11*j+11））';

    % 计算木星的太阳系质心坐标
    temp =（342：8：366）;
    Cx_Jupiter = PCtemp（temp（1）: temp（2）-1）;
    Cy_Jupiter = PCtemp（temp（2）: temp（3）-1）;
    Cz_Jupiter = PCtemp（temp（3）: temp（4）-1）;
    j=0;
    Mjd0 = t1;
     r_Jupiter = 1e3*Cheb3D（Mjd_TDB，8，Mjd0，Mjd0+32，Cx_Jupiter（8*j+1：8*j+8），...
                          Cy_Jupiter（8*j+1：8*j+8），Cz_Jupiter（8*j+1：8*j+8））';

    % 计算土星的太阳系质心坐标
    temp =（366：7：387）;
    Cx_Saturn = PCtemp（temp（1）: temp（2）-1）;
    Cy_Saturn = PCtemp（temp（2）: temp（3）-1）;
    Cz_Saturn = PCtemp（temp（3）: temp（4）-1）;
    j=0;
    Mjd0 = t1;
     r_Saturn = 1e3*Cheb3D（Mjd_TDB，7，Mjd0，Mjd0+32，Cx_Saturn（7*j+1：7*j+7），...
                          Cy_Saturn（7*j+1：7*j+7），Cz_Saturn（7*j+1：7*j+7））';

    % 计算天王星的太阳系质心坐标
    temp =（387：6：405）;
    Cx_Uranus = PCtemp（temp（1）: temp（2）-1）;
    Cy_Uranus = PCtemp（temp（2）: temp（3）-1）;
    Cz_Uranus = PCtemp（temp（3）: temp（4）-1）;
    j=0;
    Mjd0 = t1;
     r_Uranus = 1e3*Cheb3D（Mjd_TDB，6，Mjd0，Mjd0+32，Cx_Uranus（6*j+1：6*j+6），...
                          Cy_Uranus（6*j+1：6*j+6），Cz_Uranus（6*j+1：6*j+6））';

    % 计算海王星的太阳系质心坐标
    temp =（405：6：423）;
    Cx_Neptune = PCtemp（temp（1）: temp（2）-1）;
    Cy_Neptune = PCtemp（temp（2）: temp（3）-1）;
    Cz_Neptune = PCtemp（temp（3）: temp（4）-1）;
    j=0;
    Mjd0 = t1;
```

```
    r_Neptune = 1e3*Cheb3D（Mjd_TDB，6，Mjd0，Mjd0+32，Cx_Neptune（6*j+1：
6*j+6），...
                    Cy_Neptune（6*j+1：6*j+6），Cz_Neptune（6*j+1：6*j+6））';

% 计算冥王星的太阳系质心坐标
temp =（423：6：441）;
Cx_Pluto = PCtemp（temp（1）：temp（2）-1）;
Cy_Pluto = PCtemp（temp（2）：temp（3）-1）;
Cz_Pluto = PCtemp（temp（3）：temp（4）-1）;
j=0;
Mjd0 = t1;
    r_Pluto = 1e3*Cheb3D（Mjd_TDB，6，Mjd0，Mjd0+32，Cx_Pluto（6*j+1：
6*j+6），...
                    Cy_Pluto（6*j+1：6*j+6），Cz_Pluto（6*j+1：6*j+6））';

% 计算（月球？）章动[Nutation]
temp =（819：10：839）;
Cx_Nutations = PCtemp（temp（1）：temp（2）-1）;
Cy_Nutations = PCtemp（temp（2）：temp（3）-1）;
for i=1：3
    temp = temp+20;
    Cx = PCtemp（temp（1）：temp（2）-1）;
    Cy = PCtemp（temp（2）：temp（3）-1）;
    Cx_Nutations = [Cx_Nutations，Cx];
    Cy_Nutations = [Cy_Nutations，Cy];
end
if（0<=dt && dt<=8）
    j=0;
    Mjd0 = t1;
elseif（8<dt && dt<=16）
    j=1;
    Mjd0 = t1+8*j;
elseif（16<dt && dt<=24）
    j=2;
    Mjd0 = t1+8*j;
elseif（24<dt && dt<=32）
    j=3;
    Mjd0 = t1+8*j;
end
    Nutations = Cheb3D（Mjd_TDB，10，Mjd0，Mjd0+8，Cx_Nutations（10*j+1：
10*j+10），...
                    Cy_Nutations（10*j+1：10*j+10），zeros（10，1））';
```

```
% 计算（月球？）天平动[Libration]
temp =（899：10：929）；
Cx_Librations = PCtemp（temp（1）：temp（2）-1）；
Cy_Librations = PCtemp（temp（2）：temp（3）-1）；
Cz_Librations = PCtemp（temp（3）：temp（4）-1）；
for i=1：3
  temp = temp+30；
  Cx = PCtemp（temp（1）：temp（2）-1）；
  Cy = PCtemp（temp（2）：temp（3）-1）；
  Cz = PCtemp（temp（3）：temp（4）-1）；
  Cx_Librations = [Cx_Librations，Cx]；
  Cy_Librations = [Cy_Librations，Cy]；
  Cz_Librations = [Cz_Librations，Cz]；
end
if（0<=dt && dt<=8）
  j=0；
  Mjd0 = t1；
elseif（8<dt && dt<=16）
  j=1；
  Mjd0 = t1+8*j；
elseif（16<dt && dt<=24）
  j=2；
  Mjd0 = t1+8*j；
elseif（24<dt && dt<=32）
  j=3；
  Mjd0 = t1+8*j；
end
  Librations = Cheb3D（Mjd_TDB，10，Mjd0，Mjd0+8，Cx_Librations（10*j+1：10*j+10），...
                     Cy_Librations（10*j+1：10*j+10），Cz_Librations（10*j+1：10*j+10））'；
  EMRAT = 81.30056907419062；  % DE430
  EMRAT1 = 1/（1+EMRAT）；

% 计算各天体的地心赤道坐标（除地球外）
r_Earth = r_Earth-EMRAT1*r_Moon；      % 修正地球的太阳系质心坐标
r_Mercury = -r_Earth+r_Mercury；       % 水星坐标由太阳系质心转地心
r_Venus = -r_Earth+r_Venus；           % 金星坐标由质心转地心
r_Mars = -r_Earth+r_Mars；             % 火星坐标由质心转地心
r_Jupiter = -r_Earth+r_Jupiter；       % 木星坐标由质心转地心
r_Saturn = -r_Earth+r_Saturn；         % 七星坐标由质心转地心
```

```
    r_Uranus = -r_Earth+r_Uranus;        % 天王星坐标由质心转地心
    r_Neptune = -r_Earth+r_Neptune;      % 海王星坐标由质心转地心
    r_Pluto = -r_Earth+r_Pluto;          % 冥王星坐标由质心转地心
    r_Sun = -r_Earth+r_Sun;              % 太阳坐标由质心转地心
end
```
% ======= 基于JPL星历的太阳系主要天体位置计算主程序 =========

第 5 章　卫星轨道计算

本章的卫星是指人造地球卫星。自1957年苏联成功发射世界第一颗人造地球卫星以来，卫星在科技、军事、人类生产生活中发挥着越来越大的作用，尤其在通信、遥感、导航定位、气象监测等方面给人们以非常直接的效用感受。卫星轨道计算对发挥这些卫星服务业务的效能至关重要。本章对卫星轨道相关基本知识做一些简要介绍，重点阐述卫星轨道的数学表达方法、轨道根数、二体运动卫星位置计算、摄动运动卫星位置计算等内容。

5.1　卫星轨道与六根数

5.1.1　卫星轨道

卫星环绕地球运转的轨迹称为卫星轨道。理想情况下，卫星轨道在通过地球重心的一个平面内，称为轨道面。最常见的卫星轨道是一条倾斜于地球赤道面的椭圆，如图5-1所示。

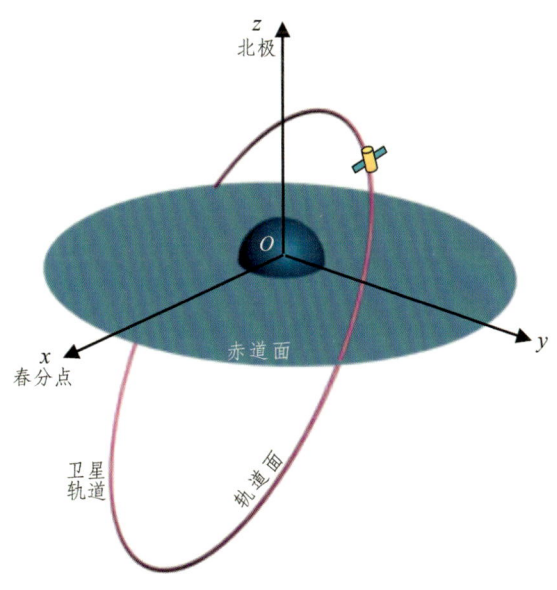

图5-1　人造地球卫星轨道

根据卫星功能和发射条件的不同，有不同高度和不同形状的卫星轨道，包括圆形轨道、椭圆轨道，低轨轨道、中轨轨道、静止轨道、大椭圆轨道等。

卫星在其轨道面内的运动，总体上满足开普勒三定律。1609—1619年，德国天文学家约翰尼斯·开普勒根据丹麦天文学家第谷·布拉赫20多年观测收集的非常精确的天文资料，推导建立了行星运动三大定律，用以刻划行星绕太阳的运动（本质上也适用卫星绕地球运动等类似的主从二体运动）。1684年，著名物理学家艾萨克·牛顿从力学原理出发，证明了开普勒定律，并创建了万有引力定律。

开普勒第一定律[①]（椭圆定律）：卫星绕地球的运动轨道为一个椭圆，且地球位于椭圆的一个焦点上，如图5-2所示。

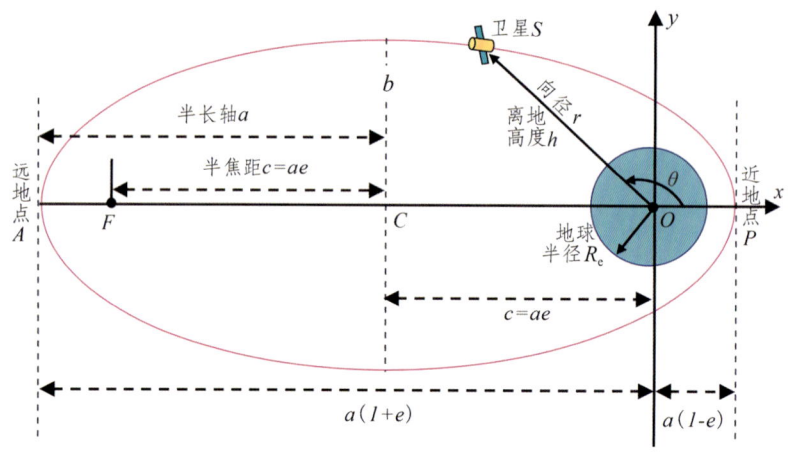

图5-2　椭圆轨道的几何参数

S为卫星；C为椭圆轨道中心；O为地心，也是椭圆的一个焦点，F为另一个焦点；a为椭圆半长轴，b为半短轴，c为半焦距，也是地心（或焦点）离椭圆中心的距离。

R_e为地球半径；r为卫星瞬时向径；r取值最大的点位称为远地点（Apogee），即A点；r取值最小的点位称为近地点（Perigee），即P点。

θ是卫星向径与近地点向径的夹角，也是卫星和近地点对地心的张角。

轨道偏心率e：表征椭圆焦点远离椭圆中心的程度，它决定了椭圆的扁平程度，值为椭圆焦距与长轴长度之比

$$e = \frac{c}{a} = \frac{\sqrt{a^2 - b^2}}{a} \tag{5-1}$$

$0 \leqslant e \leqslant 1$；$e$越大，椭圆越扁；$e=0$，两焦点与椭圆中心重合，椭圆变成正圆，即

---

① 开普勒时代还没有人造地球卫星，定律的原始描述是行星绕太阳的运动，此处作对象代换，描述为卫星绕地球的运动。

完全不椭或不扁。

根据平面解析几何原理，椭圆上一个点的向径r可以用极坐标表达为

$$r = \frac{a(1-e^2)}{1+e\cos\theta} \tag{5-2}$$

当θ＝0°时，得近地点距离为

$$r_{\min} = a(1-e) = a - c \tag{5-3}$$

当θ＝180°时，得远地点距离为

$$r_{\max} = a(1+e) = a + c \tag{5-4}$$

开普勒第二定律（面积定律）：卫星向径在相同时间内扫过的面积相等，如图5-3所示。

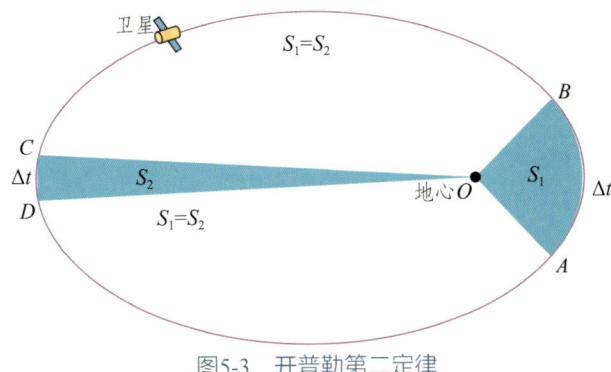

图5-3　开普勒第二定律

由第二定律可以导出卫星在轨道上任意位置处的瞬时速度v

$$v = \sqrt{\mu\left(\frac{2}{r} - \frac{1}{a}\right)} \tag{5-5}$$

式中，a为椭圆半长轴，km；r为卫星向径长度（即卫星到地心的距离），km；$\mu = 3.986 \times 10^5$ km³/s²，为地球引力常数。由上式算得的卫星瞬时速度v的单位为千米/秒（km/s）。

开普勒第二定律及式（5-5）说明卫星在轨道上的运行速度是不均匀的（因为向径r在不停变化），卫星在近地点处速度最大，在远地点处速度最小。

对于圆形轨道，由于$a=b=r$，代入上式得

$$v = \sqrt{\frac{\mu}{r}} \tag{5-6}$$

由于圆上每一点的r等长，所以速率也相等。由式（5-6）可见，对于绕地球运转的卫星，距地球越远，线速度越小，地表附近绕地球做匀速圆周运动的卫星的速度为

7.9 km/s；约36 000 km高空的地球同步卫星是3.1 km/s。

开普勒第三定律（调和定律）：卫星在椭圆轨道上的运转周期（卫星在椭圆轨道上走一圈所用的时间）的平方与轨道半长轴的三次方成正比，即

$$T = 2\pi\sqrt{\frac{a^3}{\mu}} \tag{5-7}$$

$$a = \sqrt[3]{\mu\left(\frac{T}{2\pi}\right)^2} \tag{5-8}$$

例1 我国第一颗人造地球卫星的近地点高度h_A=439 km，远地点高度h_B=2 384 km，由此可算得（地球半径R_e按6 378 km近似计）

近地点向径 $r_{min} = AO = h_A + R_e = 439 + 6378 = 6\ 817(km)$。

远地点向径 $r_{min} = BO = h_B + R_e = 2\ 384 + 6\ 378 = 8\ 762(km)$。

轨道半长轴 $a = \dfrac{AB}{2} = \dfrac{BO + AO}{2} = \dfrac{r_{max} + r_{min}}{2} = 7\ 789.5(km)$。

半焦距 $c = \dfrac{FO}{2} = \dfrac{BO - BF}{2} = \dfrac{BO - AO}{2} = \dfrac{r_{max} - r_{min}}{2} = 972.5(km)$。

半短轴 $b = \sqrt{a^2 - c^2} = 7\ 728.5(km)$。

偏心率 $e = \dfrac{c}{a} = 0.125$。

运转周期 $T = 2\pi\sqrt{\dfrac{a^3}{\mu}} = 2\pi\sqrt{\dfrac{(7\ 789.5)^3}{3.986\times 10^5}} = 6\ 842(s) = 114(min)$，即绕地球一圈用时近2小时，或者说一天运转12圈多。

近地点速度 $v_{max} = \sqrt{\mu\left(\dfrac{2}{r_{min}} - \dfrac{1}{a}\right)} = 8.11(km/s)$。

远地点速度 $v_{min} = \sqrt{\mu\left(\dfrac{2}{r_{max}} - \dfrac{1}{a}\right)} = 6.31(km/s)$。

相关知识：

（1）第一宇宙速度：7.9 km/s，是航天器沿地球表面做圆周运动所必须具备的发射速度。第二宇宙速度：11.2 km/s，是航天器脱离地球引力而去围绕太阳运转所必须具备的速度。第三宇宙速度：16.7 km/s，是航天器飞出太阳系到银河系中漫游所需要

的最小发射速度。

（2）人造地球卫星离地球越远，速度越小；离地球越近，速度越大；贴地表做正圆周轨道运动的最大速度为7.9km/s；但并不表示人造卫星速度最大只能达到7.9km/s，椭圆轨道运行的卫星在近地段的速度可以超过7.9km/s，其结果是将远地点推得更远，形成长椭圆。

例2 已知地球同步卫星的轨道为圆形，绕地球的运转周期为T＝24恒星时＝23 h 56 min 4 s（平太阳时）＝86 164 s，由此可求得

轨道圆半径 $r = a = \sqrt[3]{\mu\left(\dfrac{T}{2\pi}\right)^2} = \sqrt[3]{3.986\times10^5\times\left(\dfrac{86\,164}{2\pi}\right)^2} = 42\,164 \text{(km)}$。

轨道高度（离地高度）$h = r - R_e = 42\,164 - 6\,378 = 35\,786 \text{(km)}$。

卫星运转速度 $v = \sqrt{\dfrac{\mu}{r}} = \sqrt{\dfrac{3.986\times10^5}{42\,164}} = 3.07 \text{(km/s)}$。

所以，地球同步卫星（或地球静止卫星）有4个常数：地心距42 164 km、离地高度35 786 km、运行速度3.07 km/s、绕地球一圈用时近24 h（23 h 56 m 4 s）。

卫星轨道面与地球赤道平面的夹角称为轨道倾角 i，$i\in[0,180°)$。$i=0°$时，轨道面与赤道面重合，轨道圈是与赤道圈同心的一个大圆，地球静止卫星就在这个轨道上；$i=90°$时，称为极地轨道，轨道面穿过地球南北极；$0<i<90°$时，为顺行倾斜轨道，卫星在赤道面内的投影点的运动方向与地球自转方向相同；$90°<i<180°$时，为逆行倾斜轨道，卫星在赤道面内的投影点的运动方向与地球自转方向相反。这几种轨道如图5-4所示。

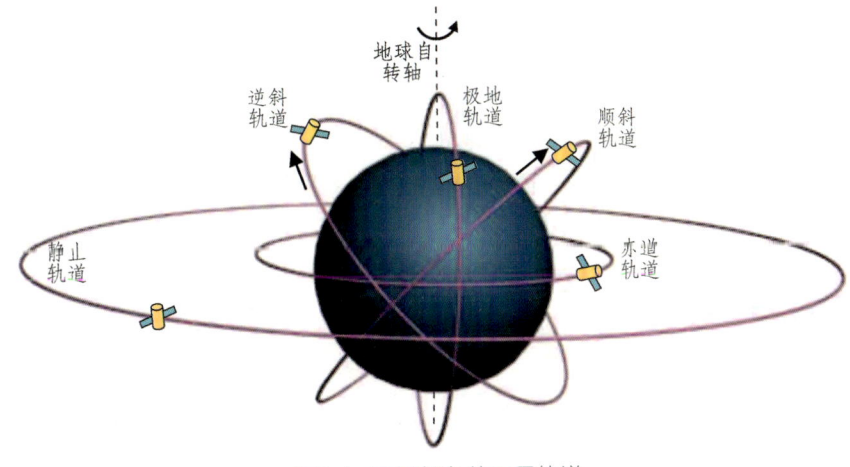

图5-4 不同倾角的卫星轨道

按离地面高度分，卫星轨道分为4种，如图5-5所示。

（1）低轨（LEO）：500 km<h<2 000 km。

（2）中轨（MEO）：8 000 km<h<20 000 km。

（3）地球同步/静止轨道（GEO）：h=35 786 km。

（4）高椭圆轨道（HEO）：h>20 000 km。

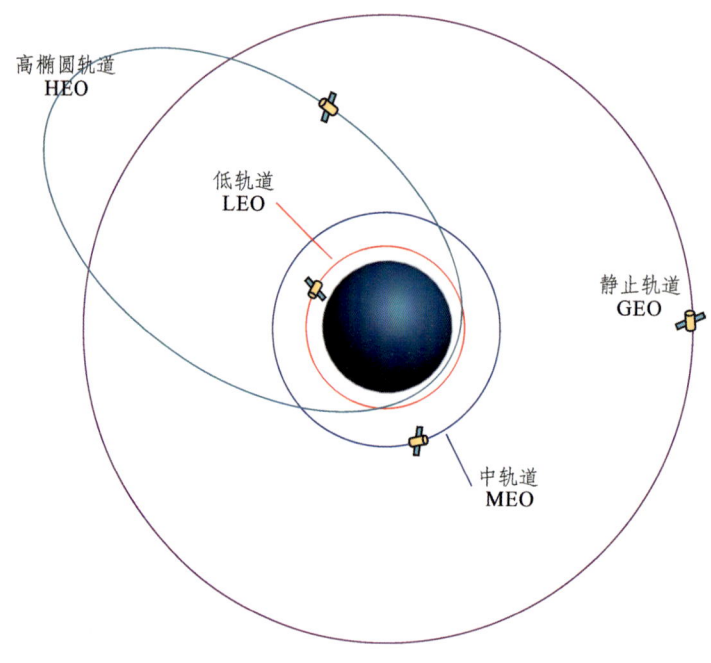

图5-5　不同高度的轨道

几种特殊卫星：

（1）地球同步卫星（Geosynchronous orbit/Geostationary Earth Orbit/Geostationary Orbit，GEO），也叫地球静止卫星，它们都分布在赤道上空以地心为中心、半径为42 164 km的大圆上，离地高度35 786 km，运行速度3.07 km/s，轨道倾角为0°，运转周期接近一昼夜[比一昼夜（24 h）短3 min 56 s，与地球自转周期相同]，所以地球上的观测者看这些卫星是不动的，这正是"地球同步"和"地球静止"两个词的由来。地球同步卫星在地球表面的投影（也称星下点轨迹）是一个定点。所有的地球同步卫星共用同一条轨道，不同的地球同步卫星分布在该轨道上的不同位置处，所以这是一条很拥挤的轨道，如图5-6所示。

（2）倾斜地球同步卫星（Inclined GeoSynchronous Orbit，IGSO/ Geosynchronous Inclined Orbit，GIO）：具有与静止轨道（GEO）相同的轨道高度，和相同的轨

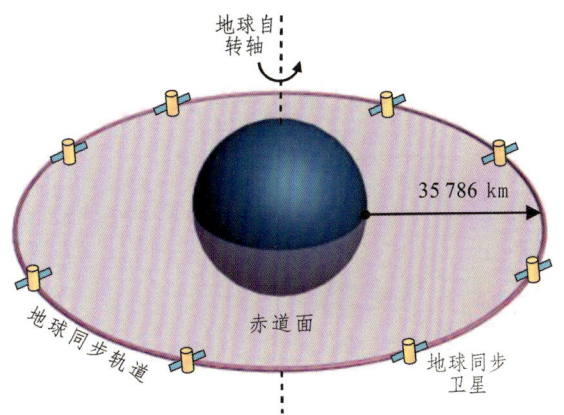

图5-6 地球同步轨道与同步卫星

道周期，但轨道倾角比0°略大，其星下点轨道不是一个定点，而是一个很小的"8"字形，而且倾角越大，"8"字越大。使用IGSO的目的是增大高纬度地区（即靠近地球南/北极的地区）观测卫星的仰角，对卫星通信信号的覆盖范围、强度及稳定性有利。

（3）太阳同步卫星（Sun-synchronous satellite）：这种卫星的轨道面法线方向与地日连线方向的夹角为常数，或者说，地球表面观测点在每天同一时刻看该卫星时的太阳夹角相同、太阳光照条件相近。这种卫星的轨道倾角略大于90°，是一种逆行轨道。由于地球绕太阳每天公转0.985 6°（=360°/365.242 2日），地日连线会逆时针旋转0.985 6°，要使卫星轨道面法线方向与太阳方向夹角不变，就必须使卫星轨道面有相同速度的朝向旋转（主要是使升交点赤经Ω东移），利用地球的非球形和非均质引

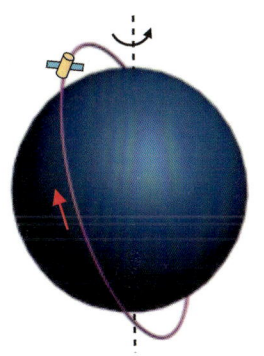

图5-7 太阳同步轨道

力，可以设计倾角大于90°的卫星轨道，实现轨道面的这种调整，如图5-7所示。对于地球上同一个观测站，太阳同步卫星每天在相同时刻、以相同的观测仰角经过其上空。[①]

星下点轨迹：卫星与地心连线同地球表面交出的点叫星下点，也就是卫星在地球表面的投影点；卫星运转过程中，星下点在地球表面画出的痕迹叫星下点轨迹，如图5-8所示。地球同步卫星的星下点轨迹是一个定点，倾斜同步卫星的星下点轨迹是一个"8"字形，一般卫星的星下点轨迹是如图5-9所示的曲线网。

---

① "太阳同步"主要是时间的概念（因为一天中的时间是根据太阳的日出日落来划分的），而不是指这种卫星会绕着太阳转，更不是指这种卫星跟太阳一起绕着地球转。

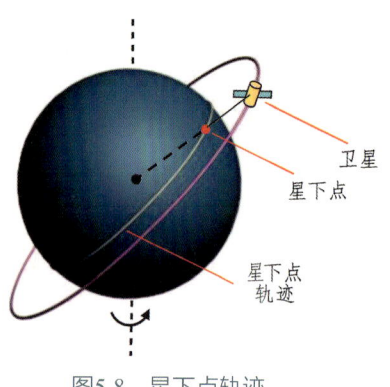

图5-8 星下点轨迹

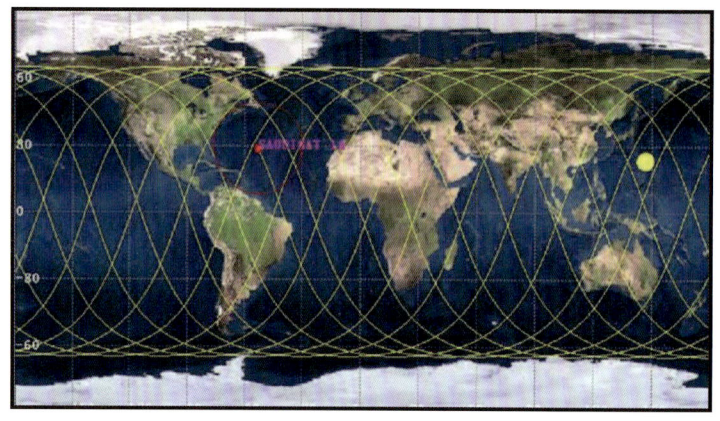

图5-9 星下点轨迹展开图

卫星在其轨道上运动一周所用的时间称为卫星运转周期，其值取决于轨道椭圆的形状和椭圆的大小。典型卫星（尤其是低轨卫星）的周期在1.5 h左右，也就是说每天约绕地球转十六圈左右。高轨卫星（如GEO、GIO）的周期则比较长，约24 h，即每天转一圈（与地球自转同步）。

5.1.2 轨道根数

也叫轨道要素，或轨道六根数，是描述任一时刻卫星在三维空间中位置所必需的6个参数，如图5-10所示，包括：

（1）轨道半长轴a（semi-major axis），决定轨道椭圆的大小或长轴长度。

（2）轨道偏心率e（eccentricity），决定椭圆的扁平程度和短轴长度。

（3）轨道倾角i（inclination angle），决定椭圆面在三维空间的倾斜程度。

（4）升交点赤经Ω（Right Ascensionn of Ascending Node，RAAN），决定椭圆面在三维空间的朝向。

(5)近升点幅角ω(argument of the perigee),是近地点(即长轴端点)和升交点在卫星轨道面内对地心的张角,它决定椭圆长轴在哪个方向。

(6)真近点角θ(true anomaly)(或偏近点角E,或平近点角M)。决定卫星实时位置离近地点位置多远。

注:真近点角在有些文献中也记为f或v,它们本质都一样,都指真近点角,只是所用的记法字母不同。

这6个参数确定任意时刻卫星在空间的唯一位置。对于理想的二体运动,前5个参数都是不变的,只有第6个参数(近点角)随时间推移而变化,即反映卫星在椭圆上位置的推进。

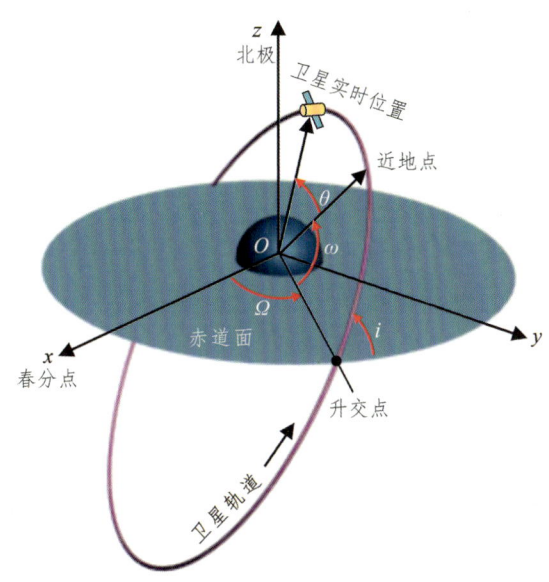

图5-10 卫星轨道六根数

三个近点角:卫星轨道计算中经常提到三个近点角,即真近点角、偏近点角、平近点角。

(1)真近点角θ(true anomaly):卫星从近地点起沿轨道运动时其向径扫过的角度,即某一时刻卫星向径r与近地点向径的夹角,如图5-11所示。真近点角决定了卫星在轨道上的具体位置。

(2)偏近点角E(eccentric anomaly):卫星位置垂直投影在椭圆外接圆上的点与椭圆中心的连线方向同近地点方向的夹角。

(3)平近点角M(mean anomaly):假设卫星在t_0时刻通过近地点,它以平均角速度n绕椭圆轨道的外接圆运动,到时刻t所走过的角度称为平近点角M。即把卫星在椭

圆轨道上的非匀速运动等价成一个圆轨道上的匀速运动，同样的时间内所走过的角度为M，其计算公式为

$$M = n(t - t_0) \quad (5-9)$$

平近点角M主要具有数学上的意义，在图中难以明确表示。

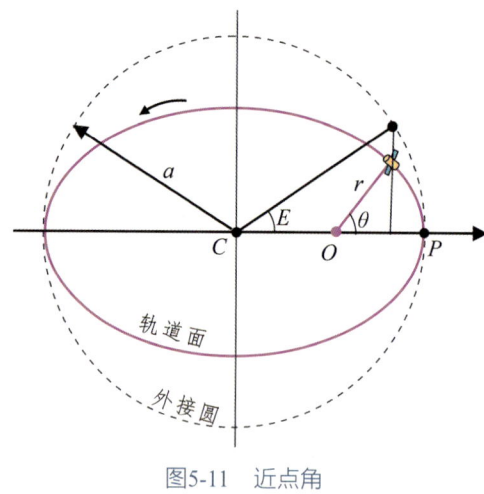

图5-11 近点角

这3种近点角之间的换算关系见式（5-10）和式（5-11）。

（1）开普勒方程

$$M = E - e\sin(E) \quad (5-10)$$

（2）高斯方程

$$\tan\frac{\theta}{2} = \sqrt{\frac{1+e}{1-e}}\tan\frac{E}{2} \quad (5-11)$$

5.1.3 双行根数

双行根数（Two Line Element，TLE）是北美航天国防司令部（North American Aerospace Defence Command，NORAD）为适应SGP4等卫星轨道计算模型而定义的一种卫星轨道根数存储格式，对于每颗卫星，除卫星名外，它包括两行信息，形如：

HUBBLE
1 20580U 90037B 99272.06768183 .00002365 00000-0 23382-3 0 02374
2 20580 028.4670 111.0359 0013971 225.3844 134.5606 14.88312749317309

首行为卫星名，后面两行为卫星参数，其中包括卫星位置计算所需的6个参数。双行根数的存储格式有严格限定，所有字段所占的字符数（包括空格）不能多、不能少、也不能错位，不然会被卫星轨道计算软件错误解析。两行数据的具体含义和占位符见表5-1和表5-2。

表5-1 双行根数（第一行）

字段	字符位	描述内容	示例
1	1	行号	1
2	3～7	卫星编号	20580
3	8	卫星类别（U表示不保密，供公众使用的；C表示保密，仅限NORAD使用）	U
4	10～11	卫星发射年份后两位	90
5	12～14	当年发射顺序（如右侧示例表示卫星1990年第37次发射）	037
6	15～17	当次发射卫星序号（A表示第一个，B表示第2个……）	A
7	19～20	TLE历元（年份后两位）	99
8	21～32	TLE历元（用十进制小数表示在该年中第几日和日中的小数部分）	272.06768183
9	34～43	平均运动的一阶时间导数，用来计算每一天平均运动的变化带来的轨道漂移	.00002365
10	45～52	平均运动的二阶时间导数	00000-0
11	54～61	BSTAR拖调制系数	23382-3
12	63	美国空军空间指挥中心内部使用的为1，中心以外公开使用标识为0	0
13	65～68	星历编号，TLE数据按新发现卫星的先后顺序的编号	0237
14	69	校验和，指这一行的所有非数字字符，按照"字母、空格、句点、正号＝0；负号＝1"的规则换算成0和1后，将这一行中原来的全部数字加起来，以10为模计算后所得的和	4

表5-2 双行根数（第二行）

字段	字符位	描述内容	示例
1	1	行号	2
2	3～7	卫星编号	20580
3	9～16	轨道倾角i，（°）	028.4670
4	18～25	升交点赤经Ω，（°）	111.0359
5	27～33	轨道偏心率e的尾数（即小数点后面部分）	0013971
6	35～42	近地点幅角ω（°）	225.3844

续 表

字段	字符位	描述内容	示例
7	44~51	平近点角M(°)	134.5606
8	53~63	每天环绕地球的圈数（带8位小数）	14.88312749
9	64~68	自发射以来飞行的圈数	31730
10	69	校验和	9

5.2 二体运动卫星位置计算

如果把卫星和地球都看成理想的质点，且不考虑除它们之间除万有引力之外其他因素对卫星轨道的影响，则可根据开普勒定律，从卫星轨道六根数出发，计算任一时刻卫星在空间的位置。在这种假设前提下建立的计算模型，称为二体运动模型。其计算过程主要分三步：先计算卫星在其自身轨道面内的位置，然后转换成在地心赤道坐标系中的位置，最后转换成在地球表面经纬线网格中的大地坐标位置。

5.2.1 轨道面内的位置计算

在不考虑摄动的情况下，卫星在自身轨道面内的位置可按下面过程计算。

（1）根据轨道半长轴a，计算卫星运转周期T和平均角速度n。

$$T = 2\pi\sqrt{\frac{a^3}{\mu}} \tag{5-12}$$

$$n = \frac{2\pi}{T} \tag{5-13}$$

（2）根据平均角速度n，计算平近点角M。

$$M = n(t - t_0) \tag{5-14}$$

（3）根据开普勒方程，由平近点角M计算偏近点角E。

$$M = E - e\sin(E) \tag{5-15}$$

这是一个关于E的超越方程，可用牛顿迭代法求解，为此，把上式左右移到一边，形成关于E的函数

$$f(E) = E - e\sin(E) - M = 0 \tag{5-16}$$

根据牛顿迭代法有

$$E_{k+1} = E_k - \frac{f(E_k)}{f'(E_k)} = E_k - \frac{E_k - e\sin(E_k) - M}{1 - e\cos(E_k)} = E_k - \frac{M_k - M}{1 - e\cos(E_k)} \quad (5\text{-}17)$$

所以，由M计算E的过程可表述成下面的迭代过程

$$\begin{cases} M_k = E_k - e\sin(E_k) \\ E_{k+1} = E_k - \dfrac{M_k - M}{1 - e\cos(E_k)} \end{cases} \quad (5\text{-}18)$$

stop when $|E_{k+1} - E_k| < \varepsilon$

（4）根据高斯方程由偏近点角E计算真近点角θ。

$$\tan\frac{\theta}{2} = \sqrt{\frac{1+e}{1-e}}\tan\frac{E}{2} \quad (5\text{-}19)$$

或

$$\sin\theta = \frac{\cos E - e}{1 - e\cos E} \quad (5\text{-}20)$$

或

$$\cos\theta = \frac{\sin E\sqrt{1-e^2}}{1 - e\cos E} \quad (5\text{-}21)$$

注：此处列出多个式子，是为了便于读者阅读不同文献，看到不同算式时不至于产生"文献不一致，此对彼错"的误解，其实不难证明它们的等价性。后文也有与此类似的一算多式的情形。

（5）根据椭圆极坐标方程计算卫星实时位置r。

$$r = \frac{a(1-e^2)}{1 + e\cos\theta} \quad (5\text{-}22)$$

或

$$r = a(1 - e\cos E) \quad (5\text{-}23)$$

5.2.2 地固坐标与星下点的计算

在卫星轨道面内建立直角坐标系：以地心为原点，近地点方向为x轴，与短轴平行的方向为y轴，垂直于轨道面为z轴，如图5-12所示，在此坐标系内，卫星的瞬时坐标为

$$\begin{pmatrix} x \\ y \\ z \end{pmatrix}_{\text{obit}} = r \begin{pmatrix} \cos\theta \\ \sin\theta \\ 0 \end{pmatrix} \qquad (5\text{-}24)$$

将轨道面坐标系做三次坐标旋转，可得卫星在地心瞬时天球坐标系（原点在地心，x 轴指向瞬时春分点，y 轴在赤道面内与 x 轴成 90°，z 轴指向北极）中的坐标。

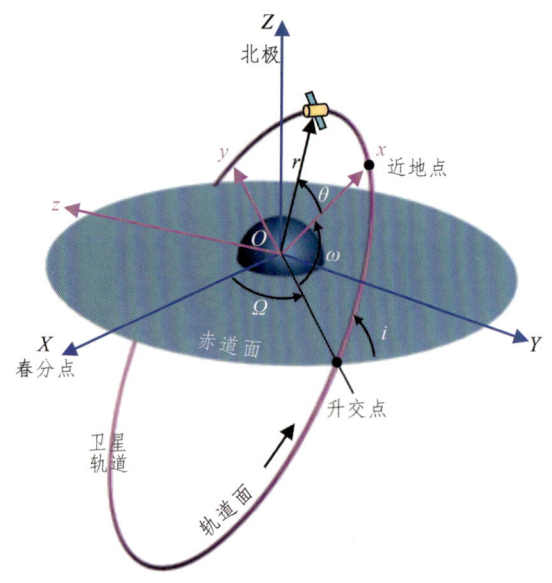

图 5-12　轨道面坐标系与瞬时天球坐标系之间的旋转关系

（1）将卫星轨道面坐标系绕 z 轴顺时针旋转 ω 角（轨道六根数中的近升点角距），使 x 轴转到升交点方向；

（2）再将坐标系绕 x 轴顺时针旋转 i 角（轨道六根数中的轨道倾角），使 xOy 面转到与地球赤道面重合；

（3）再将坐标系绕 z 轴顺时针旋转 Ω 角（轨道六根数中的升交点赤经），使 x 轴转到指向瞬时春分点方向。

由这三步变换可知，卫星在天球坐标系中的坐标可由式（5-25）计算。

$$\begin{aligned}
\begin{pmatrix} X \\ Y \\ Z \end{pmatrix}_{\text{ect}} &= \mathfrak{R}_z(-\Omega)\mathfrak{R}_x(-i)\mathfrak{R}_z(-\omega)\begin{pmatrix} x \\ y \\ z \end{pmatrix}_{\text{obit}} = r\mathfrak{R}_z(-\Omega)\mathfrak{R}_x(-i)\mathfrak{R}_z(-\omega)\begin{pmatrix} \cos\theta \\ \sin\theta \\ 0 \end{pmatrix} \\
&= r\begin{pmatrix} \cos\Omega & -\sin\Omega & 0 \\ \sin\Omega & \cos\Omega & 0 \\ 0 & 0 & 1 \end{pmatrix}\begin{pmatrix} 1 & 0 & 0 \\ 0 & \cos i & -\sin i \\ 0 & \sin i & \cos i \end{pmatrix}\begin{pmatrix} \cos\omega & -\sin\omega & 0 \\ \sin\omega & \cos\omega & 0 \\ 0 & 0 & 1 \end{pmatrix}\begin{pmatrix} \cos\theta \\ \sin\theta \\ 0 \end{pmatrix} \\
&= r\begin{pmatrix} \cos\Omega\cos(\omega+\theta) - \sin\Omega\cos i\sin(\omega+\theta) \\ \sin\Omega\cos(\omega+\theta) + \cos\Omega\cos i\sin(\omega+\theta) \\ \sin i\sin(\omega+\theta) \end{pmatrix}
\end{aligned} \qquad (5\text{-}25)$$

式中，脚标"ect"表示t时刻瞬时地心天球坐标系。

如果将ect坐标再绕z轴逆时针旋转S角（S为真恒星时GAST，代表0°经线与春分点对地心的张角），则可进一步得卫星的地固坐标（ECEF，原点在地心，x轴在赤道面内指向0°经线，y轴指向90°经线，z轴指向北极），所以地固坐标由下式计算。

$$\begin{pmatrix} X \\ Y \\ Z \end{pmatrix}_{ecef} = \Re_z(S) \begin{pmatrix} X \\ Y \\ Z \end{pmatrix}_{ect} \tag{5-26}$$

把上面两式合起来，可直接由卫星轨道面坐标计算卫星的地固直角坐标

$$\begin{pmatrix} X \\ Y \\ Z \end{pmatrix}_{ecef} = \Re_z(S)\Re_z(-\Omega)\Re_x(-i)\Re_z(-\omega) \begin{pmatrix} x \\ y \\ z \end{pmatrix}_{obit} = \Re_z(S-\Omega)\Re_x(-i)\Re_z(-\omega) \begin{pmatrix} x \\ y \\ z \end{pmatrix}_{obit} \tag{5-27}$$

之后，可由地固直角坐标，计算星下点的大地坐标，方法见式（2-18）。

注：由式（2-18）计算得到的海拔H只是理论计算值，不代表实测值，因为地球表面的实际起伏（实际海拔）是不规则的，只能实测，不是理论计算能真正得到的；建议使用该式由卫星的地固直角坐标计算星下点的大地坐标时，先将x、y、z三坐标等比例缩小到离地表高度10 km范围内，因为式中B角的算式只对近地表点适用，对远离地球表面的点（数百千米以上高空的点）并不适用。

5.3 摄动运动卫星位置计算

5.3.1 卫星轨道摄动

上节讲述了基于理想二体运动模型的卫星位置计算，但实际情形中，卫星运动除了受地球的万有引力外，还受很多因素影响，这些因素使卫星轨道根数不再是常数，而是缓慢变化。进而，实际的卫星轨道也不同程度地偏离开普勒方程所确定的理想轨道，轨道的这种变化称为摄动。导致轨道摄动的主要因素包括以下几个。

（1）地球非球形引力的影响。

地球并不是一个均匀的球体或椭球体，而是鸭梨形，地球的赤道半径要比极半径长21 km左右。另外，由于地形、地貌，地球表面起伏不平，地球内部的密度也不均匀。所有这些都使得地球的质量分布不均匀，地球外围等高处的引力不是常数。地球引力的这种不均匀性，导致卫星瞬时速度偏离理论值，产生摄动。地球非球形引力摄动对低轨卫星的影响非常明显。

（2）地球大气层阻力的影响。

虽然卫星运动所在的太空大气很稀薄，但由于卫星运动速度很快（每秒数千米以上），稀薄大气阻力还是会对卫星运动产生影响，尤其对于低轨卫星，大气阻力的影响不可忽略，它使卫星的机械能逐渐减少，轨道高度逐渐降低，而越到低处，大气阻力摄动越发显著。

（3）日月引力的影响。

卫星绕地球运动时，除受到地球的引力影响外，还受到太阳、月球及其他天体的引力影响。对于低轨卫星，地球的引力占绝对优势，太阳和月球的引力影响可以不予考虑。但随着轨道高度的增加，太阳和月球的引力逐渐不容忽略，轨道越高，日月引力摄动越明显。

（4）太阳光压的影响。

对于一般的小尺度卫星来说，太阳光对卫星产生的光辐压力可以忽略；但对于一些展开面积很大的卫星来说，太阳光压不可忽略。卫星接收太阳光照射的面积越大、轨道越高，太阳光压的影响就越明显。

此外，地球的海水和潮汐引力、地磁场、磁流体力学效应、地球辐射、卫星本体自转等也会对卫星轨道产生影响。

这些摄动因素中，地球非球形引力的影响最大，日月引力和潮汐引力摄动较小，而大气阻力摄动又比太阳光压摄动和电磁效应摄动要大。

受摄动影响的卫星轨道虽不是理想的平面椭圆，但任一瞬间的轨道形状和卫星位置仍能用六根数来描述，只不过这时的根数称为瞬时根数，会随时间缓慢变化，不像理想的二体运动模型中有5个不变的常数。

5.3.2 摄动计算模型

由于各种摄动因素的存在，实际的卫星轨道计算，比日月星辰等自然天体的位置计算复杂得多，精度也低得多。例如，恒星位置计算，用20年前（如J2000.0）星表推算现在的恒星位置，精度可以到1″以内，这对于卫星位置计算是不可能的。在不做人为位姿调控的情况下，20年时间，一般卫星轨道已经摄动得远离初始发射入轨的轨道，甚至很多卫星都已坠毁在大气层中。所以，高精度的卫星轨道计算其实是一个很难的课题，远不是上节的二体运动模型那么简单。

为此，一些专业机构（如天文台、空间目标研究中心等）开发了属于自己的卫星轨道计算模型或算法软件。目前，功能全面、广泛流行的卫星轨道计算软件是STK（Satellite Tool Kit，卫星工具包），它是美国Analytical Graphics公司开发的一款在航天领域处于领先地位的商业分析软件,支持航天任务的全过程应用,包括设计、测试、发射、运行及任务实施。STK提供分析引擎,计算卫星及其他对象的运动轨迹和其他参数,核心是产生位置和姿态数据,获取时间、覆盖分析、轨道预报,以及卫星、城市、地面站数据库等。STK场景可包含的对象有卫星、飞机、船只、车辆、运载火箭、导弹、地面站、行星、恒星、目标、区域目标以及遥感器、接收机、转发器、雷达等,是一款非常全面、专业的航天分析软件。在卫星轨道计算方面,STK可以提供二体运动模型、简单摄动模型、高精度摄动模型等多种计算模型。

对于普通科研人员,可以自己编程实现二体模型和SGP4、SDP4等中等精度的简单摄动模型。SGP4、SDP4以双行根数(TLE)为输入,进行卫星轨道预报计算。

SGP4(Simplified General Perturbations,简化的一般摄动模型)由Ken Cranford在1970年开发,用于近地卫星轨道计算,模型是对Lane和Cranford 1969年广泛解析理论的简化,模型考虑地球的非球形引力、日月引力、太阳光压及大气阻力等摄动因素的影响,可以应用于轨道周期小于225 min的近地物体。SDP4(Simplified DeepSpace Perturbations,简化的深空摄动模型)用于远离地球或者轨道周期大于225 min的空间物体。SGP4、SDP4可以求解相应目标在任意时刻的位置和速度。

除了SGP4、SDP4外,还有SGP、SGP8、SDP8 三种模型。这些模型都有相应的FORTRAN、C++、MATLAB源码可以找到。

下面是网络上应用SGP4模型的算法流程。

```
// ====================== SGP4 MODEL ==========
输入的常数:
aE     = 1;
xkmper = 6378.135;      // 地球赤道半径,km (WGS-72)
ge     = 398600.8;      // 地球引力常数 (WGS-72)
ke     = sqrt ( 3600.0*ge/ ( xkmper*xkmper*xkmper ) );   //sqrt ( ge ) ER^3/min^2
J2     = 1.0826158E-3;  // J2 harmonic (WGS '72)
J3     = -2.53881E-6;   // J3 harmonic (WGS '72)
J4     = -1.65597E-6;   // J4 harmonic (WGS '72)
k2     = ( double ) J2/2.0;
k4     = -3.0*J4/8.0;
j3     = ( double ) J3;
qo     = aE + 120.0/xkmper;
s      = aE + 78.0/xkmper;
xmnpda = 1440.0;                // 每日分钟数
secday = 86400;                 // 每日秒数
omega_E = 1.00273790934;        // 地球每日自转圈数
qoms2t = sqr ( sqr ( qo-s ) );    // ( qo-s )^4
```

A30   = -j3*（aE*aE*aE）；   // A（3，0）

（一）先计算原始平运动 n_o'' 和半长轴 a_o''

$$a_1 = \left(\frac{k_e}{n_o}\right)^{\frac{2}{3}} \tag{5-28}$$

$$\delta_1 = \frac{3}{2}\frac{k_2}{a_1^2}\frac{(3\cos^2 i_o - 1)}{(1-e_o^2)^{\frac{3}{2}}} \tag{5-29}$$

$$a_o = a_1(1 - \frac{1}{3}\delta_1 - \delta_1^2 - \frac{134}{81}\delta_1^3) \tag{5-30}$$

$$\delta_o = \frac{3}{2}\frac{k_2}{a_o^2}\frac{(3\cos^2 i_o - 1)}{(1-e_o^2)^{\frac{3}{2}}} \tag{5-31}$$

$$n_o'' = \frac{n_o}{1+\delta_o} \tag{5-32}$$

$$a_o'' = \frac{a_o}{1-\delta_o} \tag{5-33}$$

（二）初始化参数

近地点：

$$perigee = XKMPER * [a_o''(1-e_o) - a_E] \tag{5-34}$$

如果近地点在 98～156 km，则修订 s 为

$$s^* = a_o''(1-e_o) - s + a_E \tag{5-35}$$

如果近地点低于 98 km，则修订 s 为

$$s^* = 20/XKMPER + a_E \tag{5-36}$$

如果因为上面两种情况，修订了 s，则重新计算 $(q_o - s)^4$ 为 $(q_o - s^*)^4$，且之后公式中 s 应使用新值 s^*。

（三）计算常量

$$\theta = \cos i_o \tag{5-37}$$

$$\xi = \frac{1}{a_o'' - s} \tag{5-38}$$

$$\beta_o = (1-e_o^2)^{\frac{1}{2}} \tag{5-39}$$

$$\eta = a_o'' e_o \xi \tag{5-40}$$

$$\begin{aligned}C_2 = (q_o - s)^4 \xi^4 n_o''(1-\eta^2)^{-\frac{7}{2}}\left[a_o''\left(1 + \frac{3}{2}\eta^2 + 4e_o\eta + e_o\eta^3\right) + \right.\\\left. \frac{3}{2}\frac{k_2\xi}{(1-\eta^2)}\left(-\frac{1}{2} + \frac{3}{2}\theta^2\right)(8 + 24\eta^2 + 3\eta^4)\right]\end{aligned} \tag{5-41}$$

$$C_1 = B^* C_2 \quad (B^* \text{为双行根数中的拖调制系数}) \tag{5-42}$$

$$C_3 = \frac{(q_o - s)^4 \xi^5 A_{3,0} n_o'' a_E \sin i_o}{k_2 e_o} \tag{5-43}$$

$$C_4 = 2n_o''(q_o - s)^4 \xi^4 n_o'' \beta_o^2 (1-\eta^2)^{-\frac{7}{2}} \left\{ \left[2\eta(1+e_o\eta) + \frac{1}{2}e_o + \frac{1}{2}\eta^3 \right] - \frac{2k_2\xi}{a_o''(1-\eta^2)} \times \right.$$
$$\left. \left[3(1-3\theta^2)\left(1 + \frac{3}{2}\eta^2 - 2e_o\eta - \frac{1}{2}e_o\eta^3\right) + \frac{3}{4}(1-\theta^2)(2\eta^2 - e_o\eta - e_o\eta^3)\cos 2\omega_o \right] \right\} \tag{5-44}$$

$$C_5 = 2(q_o - s)^4 \xi^4 a_o'' \beta_o^2 (1-\eta^2)^{-\frac{7}{2}} \left[1 + \frac{11}{4}\eta(\eta + e_o) + e_o\eta^3 \right] \tag{5-45}$$

$$D_2 = 4a_o'' \xi C_1^2 \tag{5-46}$$

$$D_3 = \frac{4}{3} a_o'' \xi^2 (17 a_o'' + s) C_1^3 \tag{5-47}$$

$$D_4 = \frac{2}{3} a_o'' \xi^3 (221 a_o'' + 31s) C_1^4 \tag{5-48}$$

（四）计算大气阻力和引力

$$M_{DF} = M_o + \left[1 + \frac{3k_2(-1+3\theta^2)}{2a_o''^2\beta_o^3} + \frac{3k_2^2(13 - 78\theta^2 + 137\theta^4)}{16 a_o''^4 \beta_o^7} \right] a_o''(t - t_o) \tag{5-49}$$

$$\omega_{DF} = \omega_o + \left[-\frac{3k_2(1-5\theta^2)}{2a_o''^2\beta_o^4} + \frac{3k_2^2(7 - 114\theta^2 + 395\theta^4)}{16 a_o''^4 \beta_o^8} + \frac{5k_4(3 - 36\theta^2 + 49\theta^4)}{4 a_o''^4 \beta_o^8} \right] n_o''(t - t_o) \tag{5-50}$$

$$\Omega_{DF} = \Omega_o + \left[-\frac{3k_2\theta}{a_o''^2\beta_o^4} + \frac{3k_2^2(4\theta - 19\theta^3)}{2 a_o''^4 \beta_o^8} + \frac{5k_4\theta(3 - 7\theta^2)}{2 a_o''^4 \beta_o^8} \right] n_o''(t - t_o) \tag{5-51}$$

$$\delta\omega = B^* C_3 \cos\omega_o (t - t_o) \tag{5-52}$$

$$\delta M = -\frac{2}{3}(q_o - s)^4 B^* \xi^4 \frac{a_E}{e_o \eta} \left[(1 + \eta \cos M_{DF})^3 - (1 + \eta \cos M_o)^3 \right] \tag{5-53}$$

$$M_P = M_{DF} + \delta\omega + \delta M \tag{5-54}$$

$$\omega_P = \omega_{DF} - \delta\omega - \delta M \tag{5-55}$$

$$\Omega = \Omega_{DF} - \frac{21}{2} \frac{n_o'' k_2 \theta}{a_o''^2 \beta_o^2} C_1 (t - t_o)^2 \tag{5-56}$$

$$e = e_o - B^* C_4 (t - t_o) - B^* C_5 (\sin M_P - \sin M_o) \tag{5-57}$$

$$a = a_o''[1 - C_1(t - t_o) - D_2(t - t_o)^2 - D_3(t - t_o)^3 - D_4(t - t_o)^4]^2 \tag{5-58}$$

$$IL = M_P + \omega + \Omega + n_o'' \left[\frac{3}{2} C_1 (t - t_o)^2 + (D_2 + 2C_1^2)(t - t_o)^3 + \right.$$
$$\frac{1}{4}(3D_3 + 12C_1 D_2 + 10 C_1^3)(t - t_o)^4 +$$
$$\left. \frac{1}{5}(3D_4 + 12 C_1 D_3 + 6 D_2^2 + 30 C_1^2 D_2 + 15 C_1^4)(t - t_o)^5 \right] \tag{5-59}$$

$$\beta = \sqrt{1-e^2} \tag{5-60}$$

$$n = k_e / a^{\frac{3}{2}} \tag{5-61}$$

（五）计算长周期项

$$a_{xN} = e\cos\omega \tag{5-62}$$

$$IL_L = \frac{A_{3,0}\sin i_o}{8k_2 a\beta^2} e\cos\omega\left(\frac{3+5\theta}{1+\theta}\right) \tag{5-63}$$

$$a_{yNL} = \frac{A_{3,0}\sin i_o}{4k_2 a\beta^2} \tag{5-64}$$

$$IL_T = IL + IL_L \tag{5-65}$$

$$a_{yN} = e\sin\omega + a_{yNL} \tag{5-66}$$

将 $(E+\omega)$ 代入开普勒方程进行迭代，令 $U = IL_T - \Omega$，则有

$$(E+\omega)_{i+1} = (E+\omega)_i + \Delta(E+\omega)_i \tag{5-67}$$

其中

$$\Delta(E+\omega)_i = \frac{U - a_{yN}\cos(E+\omega)_i + a_{xN}\sin(E+\omega)_i - (E+\omega)_i}{-a_{yN}\sin(E+\omega)_i - a_{xN}\cos(E+\omega)_i + 1} \tag{5-68}$$

$$(E+\omega)_1 = U \tag{5-69}$$

（六）计算短周期项

计算初始量：

$$e\cos E = a_{xN}\cos(E+\omega) + a_{yN}\sin(E+\omega) \tag{5-70}$$

$$e\sin E = a_{xN}\sin(E+\omega) - a_{yN}\cos(E+\omega) \tag{5-71}$$

$$e_L = (a_{xN}^2 + a_{yN}^2)^{\frac{1}{2}} \tag{5-72}$$

$$P_L = a(1-e_L^2) \tag{5-73}$$

$$r = a(1-e\cos E) \tag{5-74}$$

$$\dot{r} = k_e \frac{\sqrt{a}}{r} e\sin E \tag{5-75}$$

$$\dot{r}f = k_e \frac{\sqrt{P_L}}{r} \tag{5-76}$$

$$\cos u = \frac{a}{r}\left[\cos(E+\omega) - a_{xN} + \frac{a_{yN} e\sin E}{1+\sqrt{1-e_L^2}}\right] \tag{5-77}$$

$$\sin u = \frac{a}{r}\left[\sin(E+\omega) - a_{yN} - \frac{a_{xN} e\sin E}{1+\sqrt{1-e_L^2}}\right] \tag{5-78}$$

$$u = \tan^{-1}\left(\frac{\sin u}{\cos u}\right) \tag{5-79}$$

$$\Delta r = \frac{k_2}{2P_L}(1-\theta^2)\cos 2u \tag{5-80}$$

$$\Delta u = -\frac{k_2}{4P_L^2}(7\theta^2-1)\sin 2u \tag{5-81}$$

$$\Delta \Omega = -\frac{3k_2\theta}{2P_L^2}\sin 2u \tag{5-82}$$

$$\Delta i = -\frac{3k_2\theta}{2P_L^2}\sin i_o \cos 2u \tag{5-83}$$

$$\Delta \dot{r} = -\frac{k_2 n}{P_L}(1-\theta^2)\sin 2u \tag{5-84}$$

$$\Delta \dot{r}f = \frac{k_2 n}{P_L}\left[(1-\theta^2)\cos 2u - \frac{3}{2}(1-3\theta^2)\right] \tag{5-85}$$

计算密切轨道根数:

$$r_k = r\left[1 - \frac{3}{2}k_2\frac{\sqrt{1-e_L^2}}{P_L^2}(3\theta^2-1)\right] + \Delta r \tag{5-86}$$

$$u_k = u + \Delta u \tag{5-87}$$

$$\Omega_k = \Omega + \Delta \Omega \tag{5-88}$$

$$i_k = i_o + \Delta i \tag{5-89}$$

$$\dot{r}_k = \dot{r} + \Delta \dot{r} \tag{5-90}$$

$$\dot{r}f_k = \dot{r}f + \Delta \dot{r}f \tag{5-91}$$

计算单位方向向量:

$$\boldsymbol{U} = \boldsymbol{M}\sin u_k + \boldsymbol{N}\cos u_k \tag{5-92}$$

$$\boldsymbol{V} = \boldsymbol{M}\cos u_k - \boldsymbol{N}\sin u_k \tag{5-93}$$

其中

$$\boldsymbol{M} = \begin{pmatrix} M_x \\ M_y \\ M_z \end{pmatrix} = \begin{pmatrix} -\sin\Omega_k \cos i_k \\ \cos\Omega_k \cos i_k \\ \sin i_k \end{pmatrix} \tag{5-94}$$

$$\boldsymbol{N} = \begin{pmatrix} N_x \\ N_y \\ N_z \end{pmatrix} = \begin{pmatrix} \cos\Omega_k \\ \sin\Omega_k \\ 0 \end{pmatrix} \tag{5-95}$$

(七) 计算卫星位置和速度

$$\boldsymbol{r} = \begin{pmatrix} x \\ y \\ z \end{pmatrix} = r_k \boldsymbol{U} \tag{5-96}$$

$$\dot{\boldsymbol{r}} = \begin{pmatrix} v_x \\ v_y \\ v_z \end{pmatrix} = \dot{r}_k \boldsymbol{U} + (\dot{r}f)_k \boldsymbol{V} \tag{5-97}$$

```
// ====================== SGP4 MODEL ======================
```

以上就是SGP4模型计算近地卫星轨道数据的过程，得到的结果是卫星在地心天球坐标系中的位置。要想进一步转化成地固坐标和大地经纬度，可以参看上节二体运动模型的最后几步，主要是式（5-26）和式（2-18）。

可以看出，SGP4模型的计算过程完全不同于二体运动模型，甚至都不能显式看出轨道六根数是如何起作用的，其中很多式子，对于非专业人士和未研读SGP4模型原始文献的人来说，含义很不清楚、很不直观，这也说明了卫星摄动计算的复杂性。

可能有读者会问：为什么上一章的日月星辰位置计算与本章的卫星位置计算有着极大的不同，日月星辰位置计算中涉及大量的岁差、章动、极移、自行、光行、视差等术语及计算环节，而卫星位置计算中却丝毫没有这些东西，这是怎么回事？其实原因很简单，日月星辰的位置计算主要是根据某个标准历元（如J2000.0）时的日月星辰位置推算它们在任意时刻的位置，其间的时间跨度可能是几年、十几年、几十年，甚至上百、上千年，在这么长的时间跨度内，天球和地球坐标系都发生了明显变化（岁差、章动、地球极移等因素引起坐标轴指向变化），所以，日月星辰位置计算的大量精力都放在了计算坐标系本身的变化上；而卫星位置计算则不同，它是根据给定时刻已知的卫星轨道根数计算其他时刻的卫星位置，为了保证根数的时效性，这两个时刻一般相差时间很短，如几小时或几天，很少有超过一个月的。在这么短的时间内，岁差、章动、极移、春分点、赤道面的变化都可以忽略不计，即不用考虑地球或天球坐标系自身的变化，所有精力只需放在计算卫星本体运动以及摄动力对卫星轨道的影响上。所以，日月星辰位置的计算方法与人造卫星轨道的计算方法完全不同。

5.4 卫星观测的引导数据计算

前面分别以二体模型和SGP4模型为例，阐述了卫星的地惯和地固坐标计算过程。为了进一步实施卫星观测，还需要将地固坐标转换成测站处的地平坐标AER（方位、俯仰、斜距）。为此，需已知测站处的大地坐标$(L,B,H)_z$（经度、纬度、海拔），之后按以下步骤进行计算。

（1）根据测站的大地坐标计算测站的地固坐标$(x,y,z)_{zg}$，方法见式（2-17）。

（2）将卫星的地固坐标坐标原点由地心处移到测站处$(x,y,z)_{mz}$，得卫星的站心地固坐标$(x,y,z)_{mz}$[原理参阅式（2-28）]。

$$\begin{pmatrix} x \\ y \\ z \end{pmatrix}_{mz} = \begin{pmatrix} x \\ y \\ z \end{pmatrix}_{mg} - \begin{pmatrix} x \\ y \\ z \end{pmatrix}_{zg} \qquad (5\text{-}98)$$

式中，卫星的地固坐标$(x,y,z)_{mg}$就是前面二体模型或SGP4模型算得的地心地固坐标$(x,y,z)_{ecef}$。

（3）将卫星的站心地固坐标转换成站心地平坐标$(x,y,z)_{mp}$[原理参阅（2-26）式]。

$$\begin{pmatrix} x \\ y \\ z \end{pmatrix}_{mp} = \mathfrak{R}_z(90°)\mathfrak{R}_y(90°-B_z)\mathfrak{R}_z(L_z)\begin{pmatrix} x \\ y \\ z \end{pmatrix}_{mz} \tag{5-99}$$

（4）将卫星的站心地平直角坐标转换成站心地平球坐标，即得跟踪引导数据(A,E,R)，方法见式（2-25）。

5.5 覆盖与观测分析

卫星遥感和卫星观测业务中经常涉及一些关于卫星的分析估算，如覆盖分析、可视范围分析、仰角计算、视角计算等，这里做一些简要介绍，以引导读者理解和掌握球面计算的一些基本方法。

5.5.1 已知卫星高度，估算最大可覆盖范围

如图5-13所示，极限情况下（把观星仰角为0°的测站P作为卫星覆盖区域的边界），很容易根据直角三角形关系由卫星高度h算得地心角α、所需半视场角β以及P站观星斜距R。

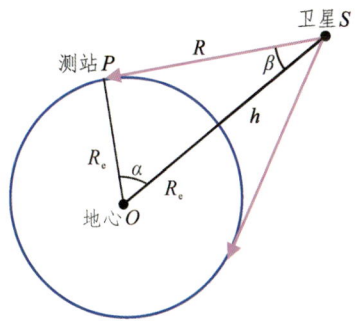

图5-13 覆盖范围计算

$$\cos\alpha = \frac{R_e}{R_e + h} \tag{5-100}$$

$$\beta = 90° - \alpha \tag{5-101}$$

$$R^2 = (R_e + h)^2 - R_e^2 \tag{5-102}$$

式中，$R_e = 6\,378.137$ km，为地球半径。

有了地心角α，就可以根据立体几何中球冠表面积公式计算卫星对地球表面的探测覆盖区域面积。

$$S = 2\pi R_e^2 (1-\cos\alpha) \quad (5\text{-}103)$$

如地球同步卫星的高度h＝35 786 km，可算得α＝81°，β＝9°，最大斜距R＝41 678 km，最短斜距就是卫星高度35 786 km（卫星正下方）。由于α是覆盖区域的半球心角，所以全角为2α＝162°。所以通常意义上说，只要3颗同步卫星就可以对地球覆盖一圈（360°）。

5.5.2 已知卫星高度和半视场角，估算卫星对地探测的覆盖范围及地面观星仰角

如图5-14所示，已知卫星高度h并限定卫星对地探测的半视场角β，则可以根据正弦定理计算地面观星的最小仰角E、斜距R、地心角α。

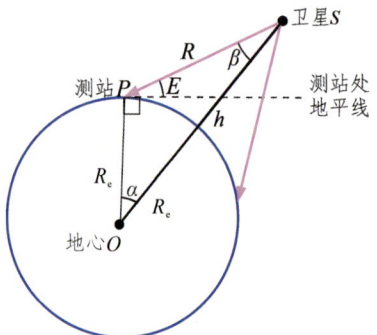

图5-14 观测仰角计算

$$\frac{R_e + h}{\sin(90° + E)} = \frac{R_e}{\sin\beta} \quad (5\text{-}104)$$

$$\alpha = 180° - (90° + E) - \beta \quad (5\text{-}105)$$

$$\frac{R}{\sin\alpha} = \frac{R_e}{\sin\beta} \quad (5\text{-}106)$$

根据α可以进一步算得卫星对地探测的覆盖区域面积S。

如卫星高度h＝600 km、半视场角β＝30°，可以算得地面覆盖区域内站点P观星的最小仰角E＝57°，最大斜距R＝704 km，地心角α＝3°。可见E≠90°-β，这就是球面与平面的区别（如果地球是平面，则卫星对地的俯视角90°-β等于地面对卫星的仰视角E）。

同样地，如果已知卫星高度h、并限定地面观星的最小仰角E，则可用上述公式计算卫星要看到地面点P所必须具备的最小视场角β。

第6章 蒙气差计算

由于地球周围大气层的存在，以及大气层密度的不均匀性，使得从地面观测空间目标时，自目标发出的光线会在大气层中产生折射弯曲，这种弯曲会使观测者看到的目标方向并不是目标的真实方向，尤其在仰角上会被抬高。对于高精度的跟踪引导数据计算，蒙气差引起的仰角变化必须被考虑。本章对蒙气差的计算方法做简要介绍，并以此为基础讨论蒙气色差问题。

6.1 蒙气差

6.1.1 蒙气差的形成与计算方法

如图6-1所示，自地球表面O点发出的光线OA在真空中会沿直线传播至S'方向，但由于大气折射的存在，光线实际上沿曲线传播至S方向，OA和SA分别是此曲线在O点和S点处的切线。光线的理想出射方向OS'与实际出射方向AS的夹角为θ，OS'与OS的夹角ε称为蒙气差，它使得出射的光线会向下俯弯。反过来看，根据光路可逆原理，自空间目标S发出的光线经过曲线传播后到达观测者O，观测者会由于本能的视觉错觉认为目标在S'处，也就是说，目标的真实位置S被抬高到观测位置S'，抬高的量就是蒙气差ε。蒙气差叠加在观测仰角上，对目标的方位角没有影响。

为了计算蒙气差，需要把大气层离散成许多平行的同心圈层，如图6-2所示，在每一层中假设折射

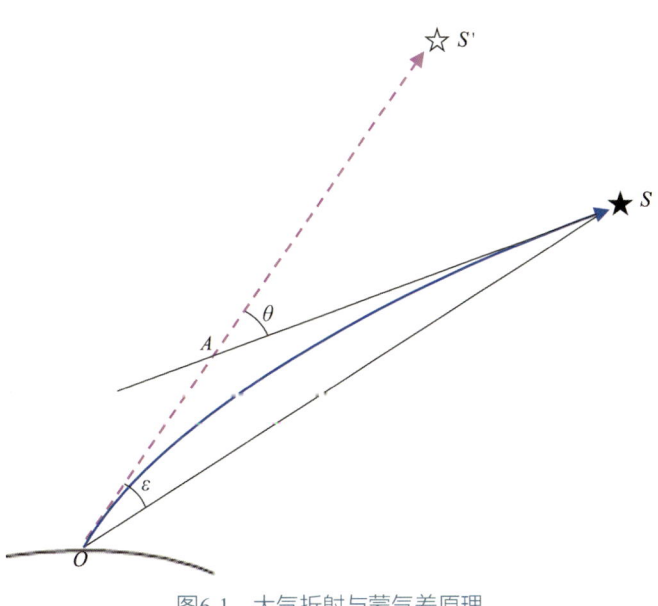

图6-1 大气折射与蒙气差原理

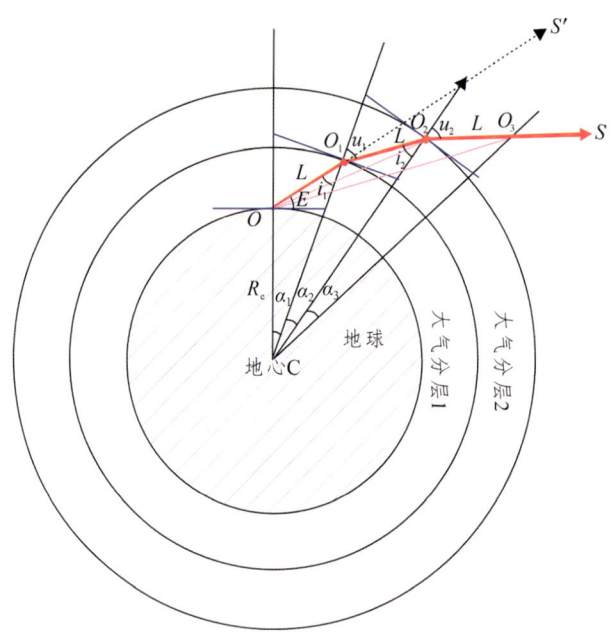

图6-2 蒙气差的逐层计算

率是均匀的,光线在层内直线传播、在层与层的交界处发生折射拐弯。设每层中光线传播距离为L;光线自地面O点发出,沿直线OO_1传播至1、2层的交界处发生折弯、沿O_1O_2出射,在此过程中产生光线偏转ε_1($=\angle O_1OO_2$);然后,光线沿O_1O_2直线传播至2、3层的交界处发生折射、沿O_2O_3出射,在此过程中产生光线偏转ε_2($=\angle O_2OO_3$);依次传播下去,最后产生总的光线偏转ε($=\sum \varepsilon_i$);最后的出射光线O_mO_{m+1}与初始出射光线OO_1构成图6-1中的θ角。

不难看出,O_1处的几何关系具有代表性,即O_2至最后一个折射点位都具有与O_1处相同的几何关系和计算方法。鉴于此,在O_1处做如下详细解析。

光线入射角为i_1,出射角为u_1,在第1、第2层内的折射率分别为n_1、n_2。根据折射定律有

$$\frac{\sin u_1}{\sin i_1} = \frac{n_1}{n_2} \tag{6-1}$$

由地球半径R_e、光线初始出射仰角E、光线传播距离L,根据三角形正弦、余弦定理,可算得距离CO_1、入射角i_1、光线偏转量ε_1($=\angle O_1OO_2$),过程如下:

$$\angle COO_1 = E + 90° \tag{6-2}$$

$$CO_1^2 = CO^2 + OO_1^2 - 2CO \cdot OO_1 \cdot \cos\angle COO_1 = R_e^2 + L^2 - 2R_e \cdot L \cdot \cos\angle COO_1 \tag{6-3}$$

$$\frac{\sin i_1}{R_e} = \frac{\sin \alpha_1}{L} = \frac{\sin \angle COO_1}{CO_1} \tag{6-4}$$

$$\frac{\sin u_1}{\sin i_1} = \frac{n_1}{n_2} \tag{6-5}$$

$$\angle CO_1O_2 = 180° - u_1 \tag{6-6}$$

$$CO_2^2 = CO_1^2 + O_1O_2^2 - 2CO_1 \cdot O_1O_2 \cdot \cos\angle CO_1O_2 = CO_1^2 + L^2 - 2CO_1 \cdot L \cdot \cos\angle CO_1O_2 \tag{6-7}$$

$$\frac{\sin i_2}{CO_1} = \frac{\sin \alpha_2}{L} = \frac{\sin \angle CO_1O_2}{CO_2} \tag{6-8}$$

$$OO_2^2 = CO^2 + CO_2^2 - 2CO \cdot CO_2 \cdot \cos(\alpha_1 + \alpha_2) = R_e^2 + CO_2^2 - 2R_e \cdot CO_2 \cdot \cos(\alpha_1 + \alpha_2) \tag{6-9}$$

$$\cos \angle O_1OO_2 = \frac{OO_1^2 + OO_2^2 - O_1O_2^2}{2OO_1 \cdot OO_2} = \frac{OO_1^2 + OO_2^2 - L^2}{2OO_1 \cdot OO_2} \tag{6-10}$$

按上述过程，在O_2再做同样计算，得光线偏转量 ε_2（$=\angle O_2OO_3$）；依次类推，直至算到期望的截止位置处为止（如O_k达到预定的光线总传输距离，或达到预定的离地高度）。最后，总的光线偏转量为

$$\varepsilon = \sum_{k=1}^{m} \varepsilon_k \tag{6-11}$$

$$\theta = \varepsilon + \angle O_mO_{m+1}O \tag{6-12}$$

式中，m为光线传播的层数，由单层传播距离L和截止传播位置确定。

当目标位置很远时（如至数百千米外的卫星高度），$\angle O_mO_{m+1}O \to 0$，$\theta \approx \varepsilon$，所以这两个量有时不加区别，都称为蒙气差。

上述计算过程中，要用到大气折射率，这个参数与当时的气温与气压有关。Lorentz-Lornz关系式给出了大气折射率和气压、气温、光束波长的关系

$$n - 1 = 77.6(1 + 7.52 \times 10^{-3} \lambda^{-2})\left(\frac{p}{T}\right) \times 10^{-8} \tag{6-13}$$

式中，n为折射率，p为大气压强（Pa），T为大气温度（K），λ为波长（μm）。除了上式以外，还有包含湿度贡献的大气折射率模型，读者可以查阅相关文献。

上式中气压p可按近似分布计算

$$p = p_0 \cdot e^{-Z/H} \tag{6-14}$$

式中，p_0为地面测量所得气压，Z是高度，H为均匀大气等效厚度。对于海平面标准大气压，p_0为101 325 Pa，此时可取H为8 km。

气温T可按表6-1进行近似插值计算。

表6-1 大气层温度结构

名称	层顶高度/km	层顶温度/°C	温度变化
对流层	7~17	−50~−55	约降6.5 °C/km
平流层	50	0	随高度缓慢增加
中间层	85~90	−100	随高度递减
热层	500	400~2 000	随高度增加

由于大气层在越贴近地表的地方越稠密、使光线折射弯曲越厉害，所以沿水平面传输的光线蒙气差最大，最大值为35′。也就是说，沿地平线看出去，看到远处的物体（如地平线上的星星），其实并不在地平线上，而是在地平线以下35′处。不过，太阳的晨昏蒙影（指"太阳未出地平线，天已亮；太阳已没入地平线，天却未黑"的现象）并不主要由蒙气差引起，而是由于强烈的太阳光被大气散射而造成的，天文和民用中分别以地平线以下18°和6°作为晨光始和昏影终的界线。

6.1.2 蒙气差算例

（1）水平传输的蒙气差。

假设气温20 °C、气压980 hPa、光线波长0.55 μm，可算得光线水平出射（即仰角0°）传输50 km的蒙气差如表6-2所示。

表6-2 水平传输的蒙气差

传输距离/km	1	2	3	4	5	6	7	8	9	10
蒙气差/μrad	0.0	7.6	17.5	28.5	40.2	52.4	64.9	77.6	90.5	103.6
传输距离/km	11	12	13	14	15	16	17	18	19	20
蒙气差/μrad	116.7	130.0	143.4	156.8	170.3	183.9	197.5	211.2	224.9	238.6
传输距离/km	21	22	23	24	25	26	27	28	29	30
蒙气差/μrad	252.3	266.1	279.9	293.8	307.6	321.5	335.4	349.3	363.2	377.1
传输距离/km	31	32	33	34	35	36	37	38	39	40
蒙气差/μrad	391.1	405.0	419.0	433.0	447.0	460.9	474.9	488.9	502.9	517.0
传输距离/km	41	42	43	44	45	46	47	48	49	50
蒙气差/μrad	531.0	545.0	559.0	573.0	587.1	601.1	615.1	629.2	643.2	657.2

如果要算水平传输穿出大气层的蒙气差，应在程序中将传输距离设为大于地球半径的一个大值（比如7 000 km），如此，算得的标准大气状况下蒙气差为35.1′，与《大地天文学》第60页给出的值35′相符。

（2）60°斜上行的蒙气差。

假设气温12 ℃、气压750 mmHg、光线波长0.55 μm，可算得光线仰角60°出射斜上行传输的蒙气差如图6-3所示。

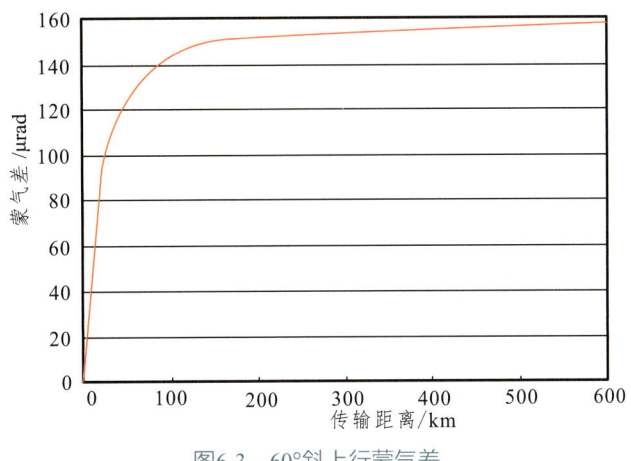

图6-3　60°斜上行蒙气差

可以看出，蒙气差主要发生在100 km以下的底层大气中，因为底层大气更稠密，再往上去，变得稀薄，光线弯曲越来越弱，蒙气差变化越来越慢。

（3）不同仰角的蒙气差。

图6-4对标准大气状况下波长0.55 μm光线在不同仰角下的蒙气差进行了一个汇总计算，可以看出，随着仰角增大，蒙气差急剧降低，仰角90°时没有蒙气差。

注意：图中右侧的附表中仰角0°时的蒙气差单位是角分，主要是便于和其他文献上的值进行比较。

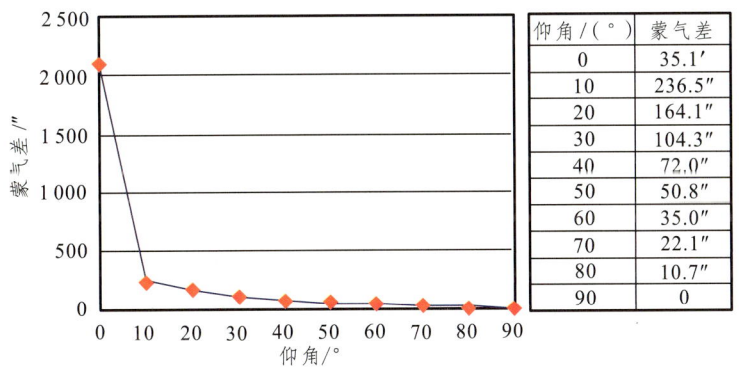

图6-4　不同仰角的蒙气差

6.1.3 天文学中的蒙气差计算

在天文学文献中,蒙气差并不采用上面介绍的几何光学计算,而是直接采用经验公式近似计算或查表。

(1)当仰角不太低时($E \geq 14°$,或者说天顶距$z=90°-E \leq 76°$时),可以用下式估算(穿透大气层的)蒙气差

$$\rho_0 = 60.2'' \tan z \tag{6-15}$$

此式为0 ℃气温、760 mm Hg气压下的蒙气差(天文学书籍中一般把蒙气差记为ρ,它就是本章前节中的ε)。

(2)如果想上式更精确一些,可以采用下式

$$\rho_0 = 60.107\,5'' \tan z - 0.068\,11'' \tan^3 z + 0.000\,30'' \tan^5 z \tag{6-16}$$

它是本书根据《中国天文年历1988》中"蒙气差表"拟合出来的算式,该表刊载了天顶距$z=0 \sim 76°$各个值时对应的蒙气差(该表中记为R_0)。

(3)如果要更进一步精确,则可在上述标准状况蒙气差的基础上进一步加上气温、气压修正。

① 气温改正系数

$$A = \frac{-0.003\,83T}{1+0.003\,67T} \tag{6-17}$$

式中,T为观测时刻的大气温度(℃)。

② 气压改正系数

$$B = \frac{H}{760} - 1 \tag{6-18}$$

式中,H是以毫米汞柱为单位的气压。

③ 当目标的天顶距$z<45°$时,修正蒙气差为

$$\rho = \rho_0(1+A+B) \tag{6-19}$$

④ 当目标的天顶距$z \geq 45°$时,修正蒙气差为

$$\rho = \rho_0(1+\alpha A+B) \tag{6-20}$$

式中,α是以天顶距z为引数的大温度气温修正系数。《中国天文年历》中刊载有ρ_0、A、B、α的查数表。

6.2 蒙气色差

由(6-13)式可以看出,折射率(进而蒙气差)与光线的波长有关,所以对于相

同的大气条件，不同波长的光线产生的蒙气差是不一样的。把两种不同波长的光线在相同大气条件下的蒙气差之差称为蒙气色差（因为波长不同，光的颜色就不同，此为"色"的含义）。

按蒙气色差的定义，其计算方法很简单：先计算两种波长光线各自的蒙气差，再代数相减，即得它们之间的蒙气色差。例如，对于波长 $\lambda_1 = 0.55\,\mu m$、$\lambda_2 = 1.064\,\mu m$ 的两种光线，它们在标准大气状况下穿过大气层蒙气差分别为242.2 μrad和237.9 μrad，所以它们的蒙气色差为242.2−237.9＝4.3 μrad，看得出来，蒙气色差是一个小量。图6-5所示是这两种波长的蒙气差对比情况，图6-6所示是它们之间的蒙气色差随传输距离变化的曲线。

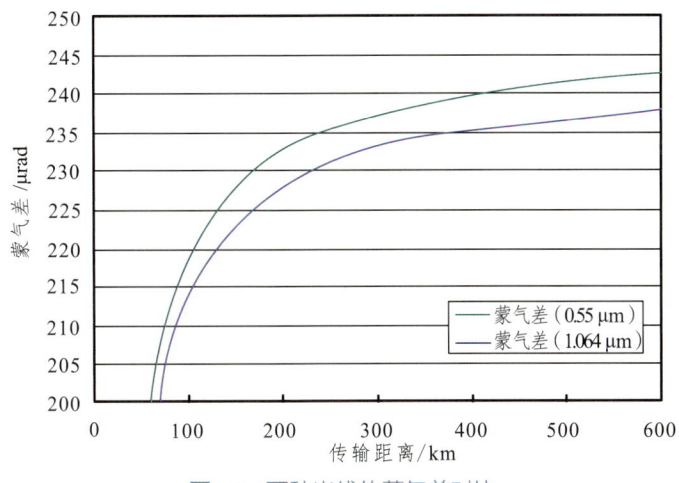

图6-5　两种光线的蒙气差对比

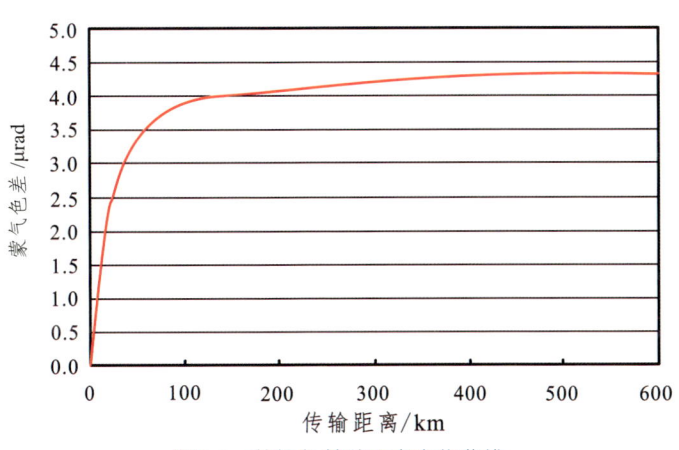

图6-6　蒙气色差随距离变化曲线

注意：

（1）波长越短，蒙气差越大，折射越厉害。

（2）蒙气差使入射光线的视仰角上抬，使出射光线下俯。

有了这两点，那么用一种波长观测目标，用另一种波长照明目标时，就知道蒙气色差是该加在仰角上，还是该减在仰角上。例如，如果照明光波长大于观测光波长，则发射仰角应该在观测仰角的基础上减去蒙气色差，如图6-7所示。理解如下：目标真实位置为S，其发出的光（即观测光）曲线传播至观测者O，由于光线弯曲作用，观测者误以为目标在S'处。这时，如果自O向S'处发射波长更长的照明光（其蒙气差比观测光小），光线将传播到S''处、而没有照到目标S，S''在S上方$\Delta\varepsilon$处。所以，为了能照到S，必须把照明光的发射仰角下压$\Delta\varepsilon$，如此，发射光将正好经过S。

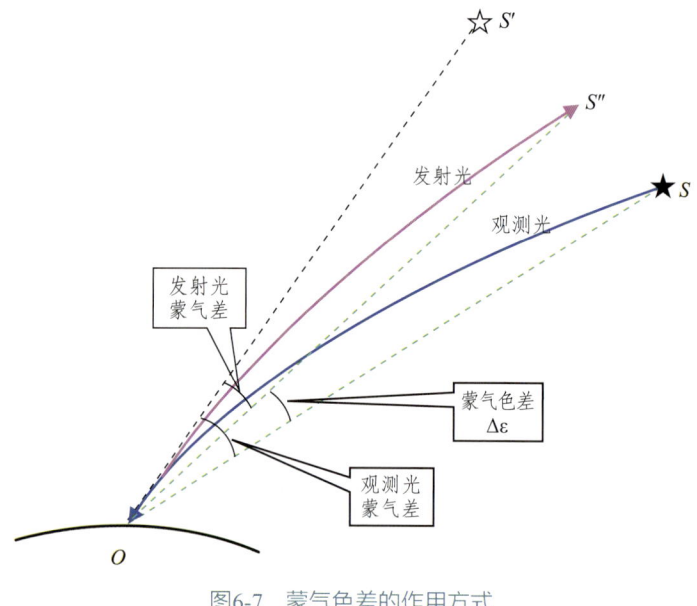

图6-7 蒙气色差的作用方式

反之，如果照明光波长小于观测光波长，则发射照明光时应将发射仰角在观测仰角基础上上抬蒙气色差的量（加上$\Delta\varepsilon$）。

第 7 章 不同构型的跟瞄系统

光电跟瞄系统根据应用场景的不同以及承载平台安装空间的约束，有不同的分类。例如，三轴的、两轴的；正立的、倒伏的、吊舱式的。不同构型的跟瞄系统，其工作过程和跟踪引导数据计算模型有所不同，主要原因有两个：一是旋转关节及旋转顺序不同，二是旋转角度的零位及方向定义不同。本章对常见构型的计算方法做一些介绍。

7.1 三种跟瞄系统构型

7.1.1 三轴系统

三轴系统是一种类似图7-1构型的跟瞄系统，它有三个旋转关节：绕方位轴在水平面内的旋转，绕俯仰轴在竖直面内的旋转，绕滚转轴在倾斜面内的摆动。

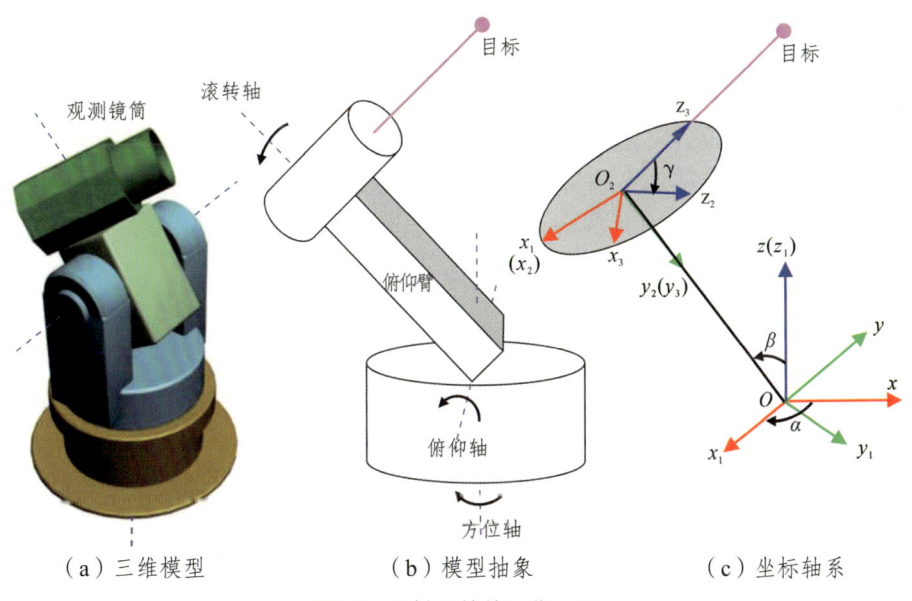

（a）三维模型　　　（b）模型抽象　　　（c）坐标轴系

图7-1　三轴系统的工作原理

对于三维空间的一个目标，要使观测镜筒指向该目标，这三个旋转自由度其实是有冗余的，即有无穷种旋转组合可以使镜筒指向该目标。设目标在坐标系中的位置为

(x,y,z)，让坐标系$Oxyz$先绕z轴顺时针旋转任一指定的α角，得坐标系$Ox_1y_1z_1$，其中z_1重合于z；再绕x_1轴顺时针旋转$(90°-\beta)$角、使y_1轴转到俯仰臂（O_2O连线矢量）方向，得坐标系$O_2x_2y_2z_2$，其中x_2重合于x_1；然后绕y_2轴逆时针旋转γ角，使z_3轴指向目标，得坐标系$O_2x_3y_3z_3$，其中y_3重合于y_2；设目标距离为R，则最终坐标系中目标位置为$(0,0,R)$。这样，上述变换过程可用下式表示（此处忽略O、O_2两个坐标原点的平移量，即认为原点是重合，因为此量为俯仰臂的长度，一般不到1 m，远小于目标距离R，忽略不计）

$$\begin{pmatrix} 0 \\ 0 \\ R \end{pmatrix} = \mathfrak{R}_y(\gamma)\mathfrak{R}_x(\beta-90°)\mathfrak{R}_z(-\alpha)\begin{pmatrix} x \\ y \\ z \end{pmatrix} \quad (7\text{-}1)$$

在已知(x,y,z)的情况下，上式可以有无穷解（因为有3个子等式，却有α、β、γ、R四个未知数），即有无穷种(α,β,γ)组合可以使上式成立，或者说，有无穷种三次角度旋转可以使观测镜筒指向目标。所以，上式其实是不定解的。要想得到确定解，必须把(α,β,γ)三个值中某一个固定，然后解另两个。根据固定方式不同，可以演化出地平式和双俯仰式跟瞄系统。

7.1.2 地平式系统

如果约束三轴系统的滚转自由度γ，即镜筒不能在倾斜面内摆动，则三轴系统演变成最常见的地平式跟瞄系统，如图7-2（a）所示。这时一般记方位角α为A、俯仰角β为E。前面各章论述中的(A, E, R)就是指地平式系统的目标位置数据。

7.1.3 双俯仰系统

如果约束三轴系统的方位自由度α，即让跟瞄装置整体上不能在水平面内转动，则三轴系统演变成双俯仰系统（或称XY型系统），如图7-2（b）所示。这时一般记俯仰角β为Y角、滚转角γ为X角。

（a）地平式系统　　　　（b）双俯仰系统

图7-2　地平式系统与双俯仰系统

7.2 三种系统的工作原理

7.2.1 三轴系统

三轴系统先让机架方位顺时针转过α角[图7-3（a）→（b）]；锁定后，再让镜筒上仰β角，[图7-3（b）→（c）]；再使镜筒左右偏摆γ角[图7-3（c）→（d）]、对准目标。

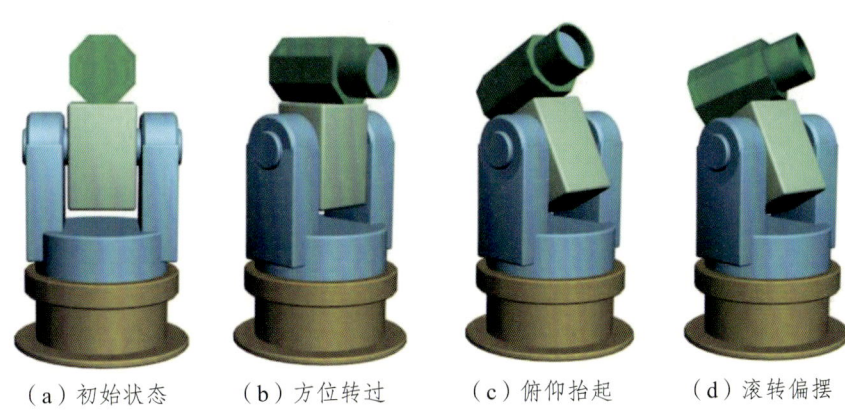

（a）初始状态　（b）方位转过　（c）俯仰抬起　（d）滚转偏摆

图7-3　三轴系统工作过程

7.2.2 地平式系统

地平式系统先让机架方位顺时针转过A角[图7-4（a）→（b）]；再让镜筒上仰E角，[图7-4（b）→（c）]、对准目标。

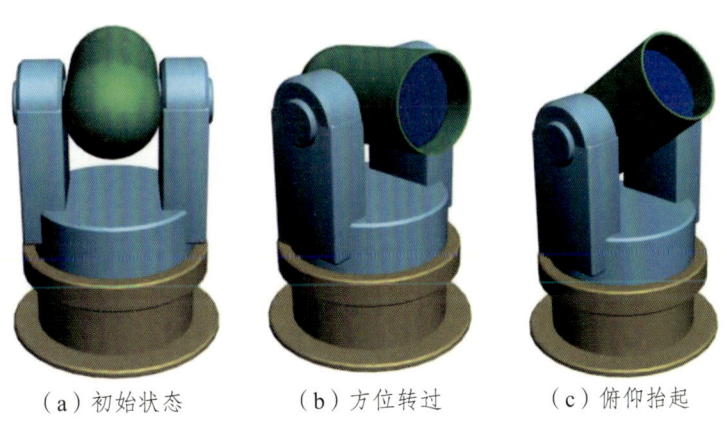

（a）初始状态　　（b）方位转过　　（c）俯仰抬起

图7-4　地平式系统工作过程

7.2.3 双俯仰系统

双俯仰系统先让镜筒抬起Y角[图7-5（a）→（b）]；再使镜筒左右摆动X角[图7-5（b）→（c）]、对准目标。

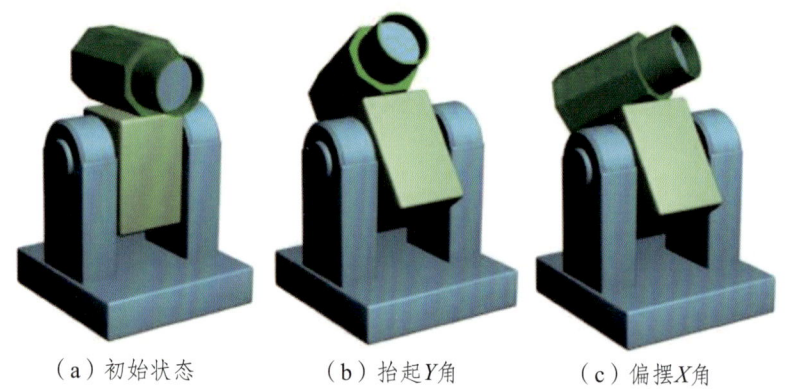

（a）初始状态　　　（b）抬起Y角　　　（c）偏摆X角

图7-5　双俯仰系统工作过程

为这三种构型的跟瞄系统计算跟踪引导数据，一般有两种方式：一种是根据目标在跟瞄系统所在地的地平直角坐标(x,y,z)进行计算，另一种是根据目标的地平球坐标AER进行计算，这两种方式各用适用场景，下面分两节进行介绍。

7.3　由直角坐标计算引导数据

7.3.1　地平式系统

根据地平式系统的工作原理，在式（7-1）中约束$\gamma=0$，并改记α、β为方位角A、俯仰角E，于是得

$$\begin{pmatrix} 0 \\ 0 \\ R \end{pmatrix} = \mathfrak{R}_x(E-90°)\mathfrak{R}_z(-A)\begin{pmatrix} x \\ y \\ z \end{pmatrix} \quad (7\text{-}2)$$

变形、展开、推导

$$\mathfrak{R}_z(A)\mathfrak{R}_x(90°-E)\begin{pmatrix} 0 \\ 0 \\ R \end{pmatrix} = \begin{pmatrix} x \\ y \\ z \end{pmatrix} \quad (7\text{-}3)$$

$$R\begin{pmatrix} \cos A & \sin A & 0 \\ -\sin A & \cos A & 0 \\ 0 & 0 & 1 \end{pmatrix}\begin{pmatrix} 1 & 0 & 0 \\ 0 & \sin E & \cos E \\ 0 & -\cos E & \sin E \end{pmatrix}\begin{pmatrix} 0 \\ 0 \\ 1 \end{pmatrix} = \begin{pmatrix} x \\ y \\ z \end{pmatrix} \quad (7\text{-}4)$$

$$R\begin{pmatrix} \cos A & \sin A & 0 \\ -\sin A & \cos A & 0 \\ 0 & 0 & 1 \end{pmatrix}\begin{pmatrix} 0 \\ \cos E \\ \sin E \end{pmatrix} = \begin{pmatrix} x \\ y \\ z \end{pmatrix} \quad (7\text{-}5)$$

$$R\begin{pmatrix} \sin A \cos E \\ \cos A \cos E \\ \sin E \end{pmatrix} = \begin{pmatrix} x \\ y \\ z \end{pmatrix} \quad (7\text{-}6)$$

$$\begin{cases} \tan A = x/y \\ \sin E = z/R \\ R = \sqrt{x^2 + y^2 + z^2} \end{cases} \quad (7\text{-}7)$$

这是地平式系统中根据目标的地平直角坐标(x, y, z)计算跟踪引导数据(A, E, R)的算式，也正是式（2-25）。

7.3.2 三轴系统

前面说了，三轴系统是一个旋旋自由度有冗余的构型，要想得唯一解，必须固定α、β、γ中的某一个，一般将α固定为某个确定值，β、γ、R保持自由，于是，由式（7-1）做如下推导

$$\Re_x(90° - \beta)\Re_y(-\gamma)\begin{pmatrix} 0 \\ 0 \\ R \end{pmatrix} = \Re_z(-\alpha)\begin{pmatrix} x \\ y \\ z \end{pmatrix} \quad (7\text{-}8)$$

$$R\begin{pmatrix} 1 & 0 & 0 \\ 0 & \sin\beta & \cos\beta \\ 0 & -\cos\beta & \sin\beta \end{pmatrix}\begin{pmatrix} \cos\gamma & 0 & \sin\gamma \\ 0 & 1 & 0 \\ -\sin\gamma & 0 & \cos\gamma \end{pmatrix}\begin{pmatrix} 0 \\ 0 \\ 1 \end{pmatrix} = \Re_z(-\alpha)\begin{pmatrix} x \\ y \\ z \end{pmatrix} \quad (7\text{-}9)$$

$$R\begin{pmatrix} 1 & 0 & 0 \\ 0 & \sin\beta & \cos\beta \\ 0 & -\cos\beta & \sin\beta \end{pmatrix}\begin{pmatrix} \sin\gamma \\ 0 \\ \cos\gamma \end{pmatrix} = \Re_z(-\alpha)\begin{pmatrix} x \\ y \\ z \end{pmatrix} \quad (7\text{-}10)$$

$$R\begin{pmatrix} \sin\gamma \\ \cos\beta\cos\gamma \\ \sin\beta\cos\gamma \end{pmatrix} = \begin{pmatrix} \cos\alpha & -\sin\alpha & 0 \\ \sin\alpha & \cos\alpha & 0 \\ 0 & 0 & 1 \end{pmatrix}\begin{pmatrix} x \\ y \\ z \end{pmatrix} = \begin{pmatrix} x\cos\alpha - y\sin\alpha \\ x\sin\alpha + y\cos\alpha \\ z \end{pmatrix} \quad (7\text{-}11)$$

$$\begin{cases} \sin\gamma = (x\cos\alpha - y\sin\alpha)/R \\ \cos\beta\cos\gamma = (x\sin\alpha + y\cos\alpha)/R \\ \sin\beta\cos\gamma = z/R \end{cases} \quad (7\text{-}12)$$

$$\begin{cases} \sin\gamma = (x\cos\alpha - y\sin\alpha)/R \\ \tan\beta = z/(x\sin\alpha + y\cos\alpha) \end{cases} \quad (7\text{-}13)$$

这是普通三轴系统中根据目标的地平系直角坐标(x, y, z)计算跟踪引导数据(β, γ)角的算式。

7.3.3 双俯仰系统

根据双俯仰式系统的工作原理，在式（7-13）中约束$\alpha=0$，并改记β、γ为Y角、X角，于是得

$$\begin{cases} \sin X = x/R \\ \tan Y = z/y \end{cases} \quad (7\text{-}14)$$

这是双俯仰系统中根据目标的地平系直角坐标(x,y,z)计算跟踪引导数据(X,Y)角的算式。

7.4 由 AE 计算引导数据

上节是根据地平系中目标的直角坐标(x,y,z)计算跟踪引导数据的过程，但在有些应用场合，得不到目标的坐标(x,y,z)（如恒星位置计算中，斜距无穷远且未知，一般不会有xyz数据），但能得到目标相对测站的方位角A、俯仰角E数据。所以，经常有从地平系A、E出发，直接计算目标在三轴或双俯仰系统中引导数据的需求，算法如下。

7.4.1 三轴系统

为了从地平系(A,E)计算三轴系(β,γ)角，将（7-6）式中的直角坐标分别代入式（7-13）得

$$\begin{cases} \sin \gamma = (R\cos E \sin A \cos \alpha - R\cos E \cos A \sin \alpha)/R \\ \tan \beta = R\sin E/(R\cos E \sin A \sin \alpha + R\cos E \cos A \cos \alpha) \end{cases} \quad (7\text{-}15)$$

$$\begin{cases} \sin \gamma = \cos E(\sin A \cos \alpha - \cos A \sin \alpha) \\ \tan \beta = \tan E/(\sin A \sin \alpha + \cos A \cos \alpha) \end{cases} \quad (7\text{-}16)$$

$$\begin{cases} \sin \gamma = \cos E \sin(A-\alpha) \\ \tan \beta = \tan E/\cos(A-\alpha) \end{cases} \quad (7\text{-}17)$$

这是由目标的地平系方位俯仰数据(A,E)计算三轴跟踪引导数据(β,γ)角的算式。

7.4.2 双俯仰系统

将（7-6）式中的直角坐标分别代入（7-14）式，或者将$\alpha=0$代入（7-17）式，得

$$\begin{cases} \sin X = \cos E \sin A \\ \tan Y = \tan E/\cos A \end{cases} \quad (7\text{-}18)$$

这是由目标的地平方位俯仰数据(A,E)计算双俯仰跟踪引导数据(X,Y)角的算式。[①]

7.5 角度、零位、方向与范围

实际应用过程中，对跟瞄系统的各个角度的零位及计数方向的把握很重要，不然很容易出现正负号或正余弦搞错的情况。

7.5.1 地平系统

以"东-北-天"地平坐标系为例，其x轴指向测站所在地的正东方向，y轴指向正北，z轴指向当地天顶，如图7-6所示。它用方位角A、俯仰角E描述目标位置。

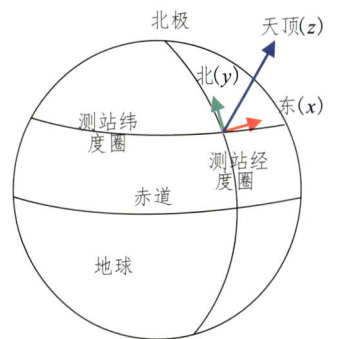

图7-6 地平坐标系的坐标轴方向

方位角A：取值 [0,360°)，正北为0°，顺时针计，正东为90°，正南、正西分别为180°、270°。

俯仰角E：取值 [−90°,90°]；水平面内为0°，上仰为正，最大至+90°；下俯为负，最小至−90°，如图7-7所示。

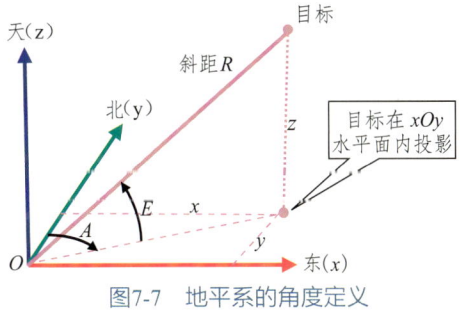

图7-7 地平系的角度定义

[①] 由于三角函数（正弦、余弦、正切等）的可互推性，上述这些算式在不同文献中可能有不同的形式，但它们本质上是等价的，若遇到这种情况，读者可以自行证明。

7.5.2 双俯仰系统

双俯仰系统用 X 角、Y 角描述目标位置，如图7-8所示。

Y 角：取值 $[0,360°)$；y 轴正向上为0，绕 x 轴逆时针旋转计，z 轴正向、y 轴负向、z 轴负向上分别为90°、180°、270°；$[0,180°]$ 在水平面以上，$(180°,360°)$ 在水平面以下。

X 角：取值 $[-90°,90°]$；yOz 面内为0，该面偏 x 轴正向侧为正，最大至 $+90°$；偏 x 轴负向侧为负，最小至 $-90°$。

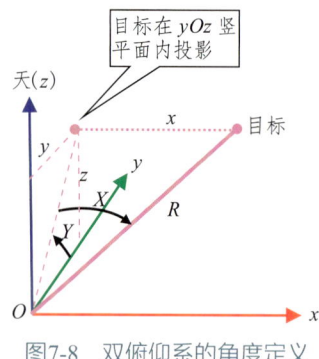

图7-8 双俯仰系的角度定义

7.5.3 三轴系统

三轴系统用 α、β、γ 三个角描述目标位置。[①]

α 角：与地平系的 A 角定义相同，取值 $[0,360°)$，水平面内顺时针计，正北为0°，正东为90°。

β 角：取值 $[-180°,180°]$；以图7-1或7-3中的观测镜筒水平时为0；后仰为正，最大仰至 $+180°$，用以观测水平面以上空间；前俯为负，最大俯至 $-180°$，用以观测水平面以下空间。

γ 角：取值 $[-90°,90°]$；人站在观测镜筒的尾端，镜筒出口右摆为正，最大至 $+90°$；左摆为负，最小至 $-90°$。

7.6 其他形态的跟瞄系统

前面的三种跟瞄系统构型常见于地面平台上使用，以观测水平面以上空间中的目标。除了这些系统外，还有倒伏式（卧式）甚至倒立式（吊舱式）跟瞄系统，它们可以在机载或星载等空中平台上使用，用以完成向下方空间观测的任务，如图7-9所示。

---

① 不同文献中对上述定义的坐标轴方向、角度零点、角度计数方向、角度范围可能不同，进而推导得到的引导数算式也不同，但它们本质上是等价的。

 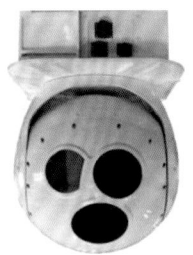

（a）倒伏式　　　　（b）吊舱式

图7-9　其他形态的跟瞄系统

地基平台上使用的跟瞄系统，一般有一个非常有利的工作条件，可以在静止状态下对系统的方位零线和俯仰零位面进行精确标定，即精确对北和精确调平，如此，目标的方位角A（相对正北）、俯仰角E（相对水平面）就有非常明确的刻划。

而倒伏式或吊舱式系统，一般用于空中动平台上，不具备对北和调平的条件，而必须通过某种标定方法，确定设备的方位零线和俯仰零位面。这些系统的引导数据计算方法与前面讲述的模型也有较大差别，下一章将做专门阐述。

7.7　跟踪角速度与盲区成因分析

跟踪盲区与跟踪角速度和角加速度有关，本节以地平式系统为例加以说明。

为了简化计算，做如下假设：

（1）目标做匀速直线运动，速度不变、方向不变。

（2）运动弧段内目标轨迹平行于地面，如图7-10所示。

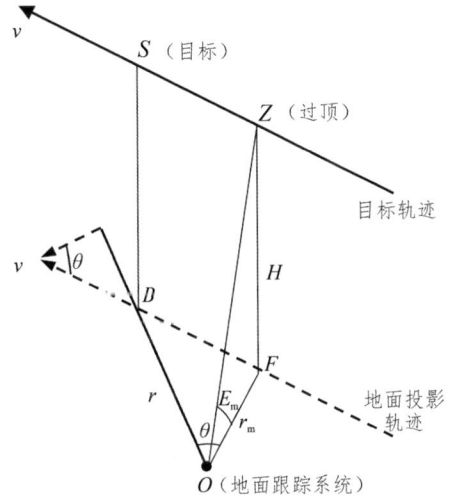

图7-10　地平式跟踪系统方位角速度计算示意图

在上述假设基础上，记目标离地高度为H、速度为v、目标相对跟瞄系统最大仰角（即过顶位置的仰角）为E_m。由图可知，目标过顶位置的地面投影点F距跟瞄系统O的距离为

$$r_m = \frac{H}{\tan E_m} \quad (7\text{-}19)$$

记目标当前位置S的方位线OB与过顶位置的方位线OF的夹角为θ，则BO的距离为

$$r = \frac{r_m}{\cos \theta} \quad (7\text{-}20)$$

B点处目标的方位角速度为

$$\omega = \frac{v \cos \theta}{r} = \frac{v \cos \theta}{\dfrac{r_m}{\cos \theta}} = \frac{v}{r_m} \cos^2 \theta \quad (7\text{-}21)$$

此为方位角速度的计算式。

显然最大方位角速度为

$$\omega_{\max} = \frac{v}{r_m} \quad (\theta = 0°) \quad (7\text{-}22)$$

这意味着，目标的方位角速度最大值出现在过顶位置（$\theta = 0°$位置）。

对角速度进行微分得方位角加速度a。

$$\begin{aligned}
a = \frac{d\omega}{dt} &= \frac{d\left(\dfrac{v}{r_m} \cos^2 \theta\right)}{dt} = \frac{v}{r_m} \frac{d(\cos^2 \theta)}{dt} = \frac{v}{r_m} \frac{2\cos\theta(-\sin\theta)d\theta}{dt} \\
&= \frac{v}{r_m}(-2\cos\theta\sin\theta)\frac{d\theta}{dt} = \frac{v}{r_m}(-2\cos\theta\sin\theta)\omega \\
&= \frac{v}{r_m}(-2\cos\theta\sin\theta)\left(\frac{v}{r_m}\cos^2\theta\right) = -2\left(\frac{v}{r_m}\right)^2 (\cos^3\theta\sin\theta)
\end{aligned} \quad (7\text{-}23)$$

式（7-23）为方位角加速度的计算式。

为求a的最大值，令其导数为零，即

$$\begin{aligned}
\frac{da}{d\theta} &= -2\left(\frac{v}{r_m}\right)^2 \frac{d(\cos^3\theta\sin\theta)}{d\theta} \\
&= -2\left(\frac{v}{r_m}\right)^2 (-3\cos^2\theta\sin\theta\sin\theta + \cos^3\theta\cos\theta) = 0
\end{aligned} \quad (7\text{-}24)$$

显然应该是

$$-3\cos^2\theta\sin^2\theta + \cos^4\theta = 0 \qquad (7\text{-}25)$$

$$\cos^2\theta(-3\sin^2\theta + \cos^2\theta) = 0 \qquad (7\text{-}26)$$

解得 $\theta=90°$ 或 $\theta=\pm30°$。

由于 $\theta=90°$ 不可能发生（图7-10中目标得运动到无穷远才行），所以取 $\theta=\pm30°$。这表明，目标的方位角加速度的最大值出现在过顶方位前后30°处。将 $\theta=\pm30°$ 代回式（7-23）可得最大方位角加速度

$$a_{\max} = \pm\frac{3\sqrt{3}}{8}\left(\frac{v}{r_m}\right)^2 = \pm 0.649\,5\left(\frac{v}{r_m}\right)^2 \qquad (7\text{-}27)$$

将式（7-19）代入式（7-22）、式（7-27）得

$$\omega_{\max} = \frac{v}{r_m} = \frac{v}{H/\tan E_m} = \frac{v}{H}\tan E_m \qquad (7\text{-}28)$$

$$a_{\max} = 0.649\,5\left(\frac{v}{r_m}\right)^2 = 0.649\,5\left(\frac{v}{H/\tan E_m}\right)^2 = 0.649\,5\left(\frac{v}{H}\right)^2\tan^2 E_m \qquad (7\text{-}29)$$

式（17-28）和（7-29）表明，地平式跟瞄系统中，目标观测的最大角速度和最大角加速度分别正比于最大仰角的正切值及其平方。如果目标从跟瞄系统接近正上方飞过，则 $E_m \to 90°$，$\tan E_m \to \infty$，按上面两式，$\omega_{\max} \to \infty$、$a_{\max} \to \infty$。这时，跟瞄系统将来不及做出反应、无法跟上目标，就形成了"一脸茫然"或"反应迟钝"或"飞车"的现象，这便是地平式系统"天顶盲区"形成的原因。为了使系统能够正常、稳定跟踪，必须限定目标观测的最大仰角 E_m 不得大于某一阈值，如85°。这时，把以跟瞄系统所在位置为顶点，仰角在90°±5°范围内的倒立圆锥体所包含的区域称为跟踪盲区。

可以说，各型跟瞄系统都有自己的跟踪盲区，本质上都是由于目标从特殊位置经过空域时跟踪角速度和角加速度过大引起的，更多分析和计算读者可以参考相关文献。

第 8 章 动平台与跨平台跟踪引导

前面各章介绍的多是地基静止跟瞄平台上跟踪引导数据的计算方法。除了地基平台外，还有车载、船载、机载、星载等动平台上的跟瞄系统，它们的一个显著特点是本体坐标系是动的，不像地基平台那样相对地球不动，可以以正北为方位零线、大地水平面为俯仰零位面。动平台不能通过观测北极星或调节水平来固定方位零线和俯仰零位面，而必须通过陀螺、惯导等传感器来实时感知其当前跟瞄设备的姿态。于是，目标相对平台的跟踪引导数据不仅与平台及目标的位置有关，还与平台当前的姿态有关，因此，引导数据计算过程也就不同。

另外，还有一种应用场合，由一个平台（如雷达）搜索发现目标，然后通过计算变成跟踪引导数据，发给另一个平台（如光电系统）进行精密跟踪，这种情形称为跨平台跟踪引导。跨平台引导问题也有它的特别之处，本章将对其进行介绍。

8.1 平台系与观测系

8.1.1 平台坐标系

平台坐标系也称固联坐标系，指定义在装载平台或某个设备上的坐标系，其三轴方向没有统一规定，根据需要而定。例如，一条船，可以定义它的原点为船上某个位置，x轴指向右船舷方向、y轴指向船头方向、z轴指向天顶（头顶天空）方向。还有车辆、飞机、卫星、惯导设备等，都可以定义自己的固联坐标系。

动平台上目标跟踪引导数据计算中，要引入平台的实时位置和姿态。平台位置用GPS等仪器测量，一般用经纬度、海拔来表征；平台姿态用角度传感器（陀螺、惯导等）进行测量，分为航向角 α、俯仰角 β、滚转角 γ（也有把航向角单列单称，不归入"姿态角"范畴）。

以机载平台为例，航向角可以（但非必须）定义为机头方向与飞机所在地的正北方向的夹角，正北为0°，顺时针计，取值 [0,360°)；俯仰角定义为机头方向与飞机所在处的水平面夹角（即机头抬起的角度），水平面内为0°，面上为正，面下为负，取值 [-90°,90°]；滚转角定义为飞机右机翼相对水平面倾斜的角度，下压为正，上抬为负，取值[–90°,90°]。三个姿态角分别是绕z、x、y轴的旋转角，如图8-1所示。

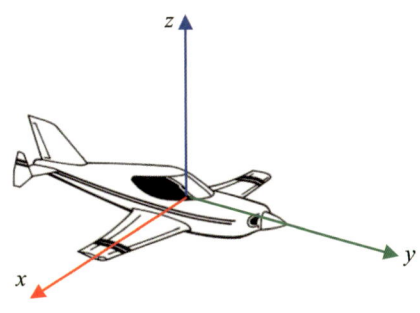

图8-1 机载平台坐标系

注：因为动平台坐标系的位置与姿态通常用组合惯导进行测量，所以平台坐标系一般就是其上所安装的惯导的坐标系：原点在惯导中心，三轴方向为惯导（长方体）的三边方向。这时，平台坐标系（即惯导坐标系）不一定指向头、翼、背（机头、机翼、机背，车头、车侧、车顶，船头、船舷、船顶）三个方向，而取决于惯导在平台上的安装方式。本章以下所说的平台坐标系都是指平台上的惯导坐标系。

8.1.2 观测坐标系

观测坐标系也称机架坐标系，指定义在跟瞄装置上的坐标系，一般用两个或三个角度来表征，如观测方位角、俯仰角。角度的定义取决于跟瞄系统的旋转关节，通过约定每个角度的零位和角度计数方向来刻画。

零位包括设备零位和空间零位。设备零位就是设备所含角度传感器（如编码器）上的零刻度线，它是客观存在的。空间零位是指特定场合中约定俗成的零位，如地平坐标系约定正北方向为方位零位线、水平面为俯仰零位面。一般来说，可以根据空间零位来修改或设置设备零位。例如，当跟瞄系统指向正北时，按空间零位定义，此时方位角为0°，如果此时设备编码器输出的不是0°，而是30°，那么在跟瞄设备的工作参数中就把编码器30°指定为方位0°，相当于凡是读取编码器的读数之后都减去30°再输出给下一级系统使用。如此一来，下级系统从跟瞄设备收到的目标方位数据就都是空间方位角了，不会出现理解上的不一致。设备零位修正量对于跟瞄系统来说是一个重要参数，应予规范记录，在有些场合中会用到这个值，如第12.2节偏置标定作业。

对于地基系统，设备零位与空间零位的统一是经常要做的一项工作，称为方位、俯仰零位标定。方位零位可以通过观测北极星来标定，俯仰零位可以通过"打正倒镜"的方法来标定，具体过程可以参阅有关文献。对于车、船、机载等动平台跟瞄系统，一般不做零位统一工作，而是设法标定机架坐标系相对平台坐标系的位姿关系，图8-2直观展示了这两个坐标系的不同。在不考虑这两个坐标系原点偏移的情况下，两者的相对位姿关系可以用 (u,v,w) 三个姿态角来表征，分别是机架系相对平台系的航向角 u、俯仰角 v、滚转角 w。可以设法分别标定这三个角，但更多的时候是标定它们联合作用的姿态旋转矩阵 $\Re(u,v,w)$，因为这三个角在引导计算模型中其实是以三个姿态旋转矩阵的形式起作用的，把它们合起来作为一个综合矩阵来标定也是可以的，即

$$\Re(u,v,w) = \Re_y(w)\Re_x(v)\Re_z(u) = \begin{pmatrix} r_{11} & r_{12} & r_{13} \\ r_{21} & r_{22} & r_{23} \\ r_{31} & r_{32} & r_{33} \end{pmatrix} \qquad (8\text{-}1)$$

角度计数方向分为顺时针和逆时针两种，方向约定不同，会在计算公式中出现正负号差别。建立跟踪引导计算模型时须格外小心，一个正负号的错误会导致整个计算结果的错误。

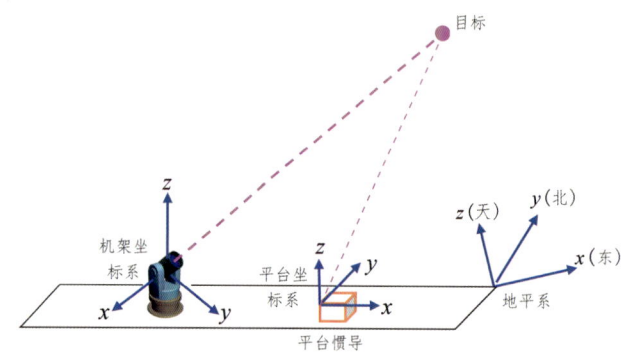

图8-2 机架系、平台系与地平系

8.2 动平台上的跟踪引导计算

已知：（1）目标的实时地固坐标 (x,y,z)。

（2）动平台的实时大地坐标 (L,B,H)（经度，纬度，海拔）。

（3）动平台的实时三轴姿态 (α,β,γ)（航向，俯仰，滚转）。

问题： 求目标在平台坐标系中的球坐标 (A,E,R)（方位，俯仰，斜距）。

求解： 求解过程如图8-3所示。

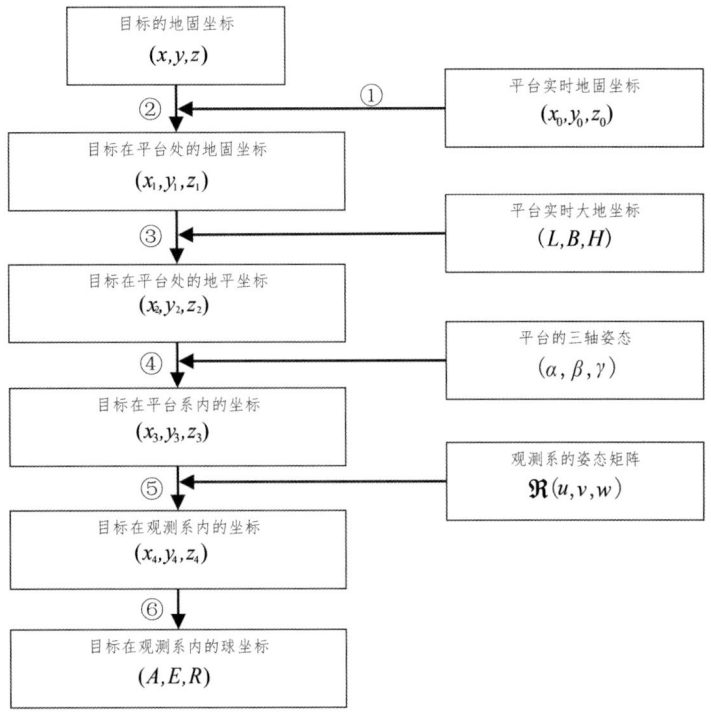

图8-3 动平台跟踪引导数据计算模型

（1）大地坐标→地心地固：由平台的实时大地坐标(L,B,H)计算平台的地固坐标(x_0,y_0,z_0)，方法见式（2-17）。

（2）地心地固→站心地固：由目标的地固坐标(x,y,z)和平台的地固坐标(x_0,y_0,z_0)计算目标在平台处的站心地固坐标(x_1,y_1,z_1)[原理参阅式（2-28）]。

$$\begin{pmatrix} x_1 \\ y_1 \\ z_1 \end{pmatrix} = \begin{pmatrix} x \\ y \\ z \end{pmatrix} - \begin{pmatrix} x_0 \\ y_0 \\ z_0 \end{pmatrix} \tag{8-2}$$

（3）站心地固→地平：由目标的站心地固坐标(x_1,y_1,z_1)和平台的大地坐标(L,B,H)计算目标在平台处的地平坐标(x_2,y_2,z_2)[原理参阅式（2-26）]。

$$\begin{pmatrix} x_2 \\ y_2 \\ z_2 \end{pmatrix} = \Re_z(90°)\Re_y(90°-B)\Re_z(L)\begin{pmatrix} x_1 \\ y_1 \\ z_1 \end{pmatrix} \tag{8-3}$$

（4）地平系→平台系：由目标在平台处的地平坐标(x_2,y_2,z_2)和平台的三轴姿态(α,β,γ)计算目标在平台坐标内的直角坐标(x_3,y_3,z_3)。

$$\begin{pmatrix} x_3 \\ y_3 \\ z_3 \end{pmatrix} = \Re_y(\gamma)\Re_x(\beta)\Re_z(-\alpha) \begin{pmatrix} x_2 \\ y_2 \\ z_2 \end{pmatrix} \quad (8\text{-}4)$$

算式含义：将平台处的地平坐标绕z轴顺时针旋转α角至航向方向，再绕x轴逆时针旋转β角至平台仰起方向，再绕y轴逆时针旋转γ角至平台左右倾斜方向。

（5）平台系→观测系：由目标在平台系内的坐标 (x_3, y_3, z_3) 和观测系相对平台系的三轴安装姿态角 (u, v, w) 计算目标在观测内的直角坐标 (x_4, y_4, z_4)。

$$\begin{pmatrix} x_4 \\ y_4 \\ z_4 \end{pmatrix} = \Re(u,v,w) \begin{pmatrix} x_3 \\ y_3 \\ z_3 \end{pmatrix} \quad (8\text{-}5)$$

（6）观测系直角坐标→观测系球坐标：由目标在观测坐标内的直角坐标 (x_4, y_4, z_4) 计算目标的观测系球坐标 (a, e, R)（这里不用A、E，是想区别于地平系A、E；斜距R不变）。根据跟瞄系统安装方式的不同（地平式、倒伏式、吊舱式），由直角坐标计算球坐标的算式有所不同。

地平式：

$$R \begin{pmatrix} \cos e \sin a \\ \cos e \cos a \\ \sin e \end{pmatrix} = \begin{pmatrix} x_4 \\ y_4 \\ z_4 \end{pmatrix} \quad (8\text{-}6)$$

倒伏式：

$$R \begin{pmatrix} -\sin e \sin a \\ \cos e \\ \sin e \cos a \end{pmatrix} = \begin{pmatrix} x_4 \\ y_4 \\ z_4 \end{pmatrix} \quad (8\text{-}7)$$

吊舱式：

$$R \begin{pmatrix} -\cos e \sin a \\ \cos e \cos a \\ \sin e \end{pmatrix} = \begin{pmatrix} x_4 \\ y_4 \\ z_4 \end{pmatrix} \quad (8\text{-}8)$$

上述计算模型以目标的地固坐标 (x, y, z) 为输入，如果不知道目标的地固坐标，而只有目标相对平台处地平系的方位俯仰数据 (A, E)（跟踪日月星辰就是如此），则用下式代替式（8-2）和式（8-3）计算目标在平台处的地平坐标 (x_2, y_2, z_2)。

$$\begin{pmatrix} x_2 \\ y_2 \\ z_2 \end{pmatrix} = \begin{pmatrix} \cos E \sin A \\ \cos E \cos A \\ \sin E \end{pmatrix} \quad (8\text{-}9)$$

此式暗含了"目标距离$R=1$"之意，因为在式（8-4）~式（8-8）计算各角度的过程中，R 会被约掉，所以 R 设成多少都没有影响。这种处理技巧在远程目标的跟踪引导计算中经常用到。

倒伏式和吊舱式跟瞄系统所用的式（8-7）和式（8-8）不是约定俗成的统一算式，取决于系统的安装方式和坐标系的具体定义，包括 a、e 角的零位以及计数方向。这点不同于地基正立的地平式跟瞄系统，该系统中方位、俯仰角定义基本已约定俗成：正北为方位零线，顺时针计；水平面为俯仰零位面，上正下负。

8.3 实时恒星跟踪引导

近程目标的跟踪引导可以按上面方法实施，但对于恒星目标，却有一点不同：光电观测科学实验中，近程目标的数量一般很少，计算是有针对性的，但恒星在天空中有几百万颗甚至更多，如果只是测试跟瞄系统的探测跟踪能力，而不是对特定恒星进行天文观测，很多时候并不预知会对哪颗恒星进行观测，所以在跟踪引导数据的准备上就没有针对性，但对天上所有恒星的跟踪引导数据都进行实时计算是不现实，也不必要。鉴于此，本节介绍一种简化的实时恒星引导数据计算方法，其流程如图 8-4 所示。

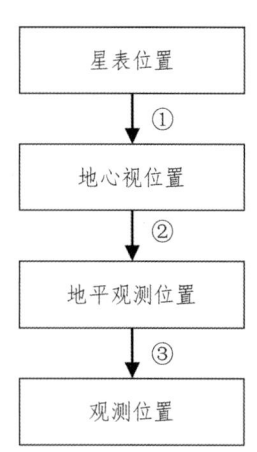

图 8-4 恒星目标的跟踪引导计算流程

其中，第①步与平台所处的位置（经纬度、海拔）及姿态无关，结果随时间缓慢变化（月变化量不超过千分之一度）。所以，可以提前算到实验当日任意时刻即可（比如晚上 8 时整），存成恒星的地心视位置数据文件，文件中含所有目标的视赤经 α、视赤纬 δ。此步计算可用一独立程序完成，程序中设置时间和星等限制，如只观测 6 等以内恒星。

第②步与平台位置有关，与平台姿态无关，结果随时间缓慢变化（不超过 $0.25°/\min$）。此步一般实时计算，计算中要用到平台所在地的经度、纬度、海拔、当前时间等参数。算式如下

$$\begin{pmatrix} \cos E \sin A \\ \cos E \cos A \\ \sin E \end{pmatrix} = \Re_z(90°)\Re_y(90°-\phi)\Re_z(s) \begin{pmatrix} \cos\delta\cos\alpha \\ \cos\delta\sin\alpha \\ \sin\delta \end{pmatrix} \quad (8-10)$$

式中，(α,δ) 为上一步算好的目标赤经、赤纬；(A,E) 为本步要算得的目标在地平系中的位置；ϕ 为平台所在地的天文纬度，可用大地纬度 B 近似；s 为平台所在地的地方恒星时，由天文计算得到。

第③步与平台的姿态有关，由于姿态属快变量，所以此步只能实时计算，计算中要用到平台的三轴姿态：航向角θ、姿态仰角β、横滚角γ（此处用θ代表航向角是因为α角在上面步骤中被用作恒星的视赤经）。

$$\begin{pmatrix} -\sin e \sin a \\ \cos e \\ \sin e \cos a \end{pmatrix} = \Re(u,v,w)\Re_y(\gamma)\Re_x(\beta)\Re_z(-\theta) \begin{pmatrix} \cos E \sin A \\ \cos E \cos A \\ \sin E \end{pmatrix} \quad （8\text{-}11）$$

式中，(A,E)为上一步算好的地平系中恒星位置；(a,e)为本步要算得的观测系中恒星位置，即要发给跟瞄系统的引导数据；平台系相对地平系的三轴姿态(θ,β,γ)由平台惯导/陀螺实时测得；(u,v,w)为观测系相对平台系的三个姿态角，$\Re(u,v,w)$为姿态旋转矩阵，此矩阵需要事先标定得到，当观测在平台上安装固定后，此矩阵只需标定一回。最右侧括号内式子是地平系坐标三分量的常见表达式，最左侧括号内式子是倒伏式跟瞄系统中目标坐标三分量的表达式，其形式与该系统的安装方式与角度定义有关。由上式即可算得观测恒星所需的跟踪引导数据(a,e)角。

8.4 观测系姿态矩阵的标定

从前面的计算模型[尤其式（8-5）和式（8-11）]可以看出：对于动平台上的跟踪引导计算，观测系（或机架系）相对承载平台的姿态旋转矩阵$\Re(u,v,w)$是一个必需量，这个矩阵本质上代表观测系三个轴相对平台系三个轴的安装夹角。这三个角在数学上可以定义，但在物理空间上并不可见，只是抽象概念，不可能通过量角器等工具简单地测量出来，而是要通过某种方法标定出来。标定的思路为：$\Re(u,v,w)$旋转矩阵本质上包含u、v、w三个角，设法建立三个以上关于u、v、w的方程，即可以解出这三个角，并得到综合矩阵$\Re(u,v,w)$。具体过程如下。

（1）将跟瞄系统在平台上安装固定。如此，$\Re(u,v,w)$就成为不变量。

（2）用陀螺或惯导测量平台的位置与姿态，得(θ,β,γ)。

（3）选定空间不同方向上三个以上位置已知的点。这些点称为靶点或标定点，获取其位置的方法包括用GPS测量（适用于地面点），或天文计算（适用于恒星）。

（4）根据第2、3、4章的方法，计算得到标定点相对跟瞄系统的地平系位置(A,E)角。

（5）人工操控跟瞄系统观测这些点，获得各点的观测位置(a,e)角。

（6）逆用（8-11）式，即可求得观测系的姿态矩阵$\Re(u,v,w)$。一般不需要从$\Re(u,v,w)$矩阵中再进一步解出u、v、w的具体值，因为它们在（8-5）和式（8-11）中参与引导数据计算时还会是以$\Re(u,v,w)$矩阵的整体形式起作用。

动平台的"姿态标定"与"跟踪引导"是两个互逆过程，前者是已知若干点的 (a,e)，求 $\Re(u,v,w)$；后者是根据 $\Re(u,v,w)$，实时计算任意点的 (a,e)，如图8-5所示。

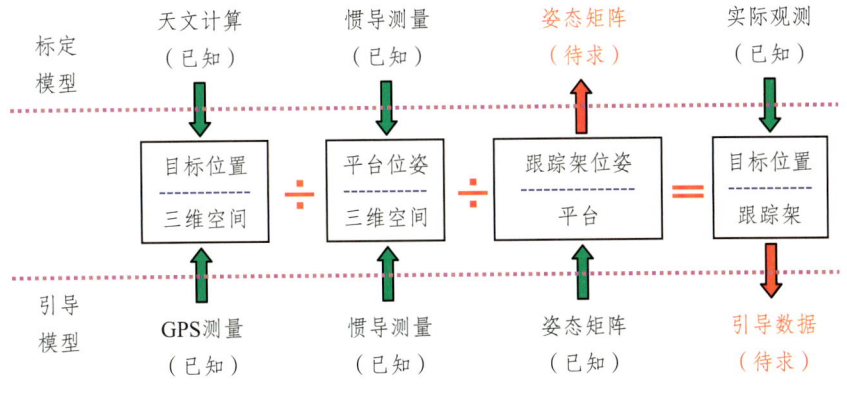

图8-5 动平台观测系统姿态标定与跟踪引导数学模型

8.5 跨平台跟踪引导

在有些应用场景中，需要根据一个平台（如雷达）搜索发现的目标位置，计算给另一个平台（如光电系统）使用的跟踪引导数据。这里把这两个平台分别称为S平台（源平台）、T平台（目的平台），那么跟踪引导问题可以描述成：如何根据S平台中的目标位置数据，计算T平台需要的跟踪引导数据，其关系如图8-6所示。这种跟踪引导问题称为跨平台跟踪引导。

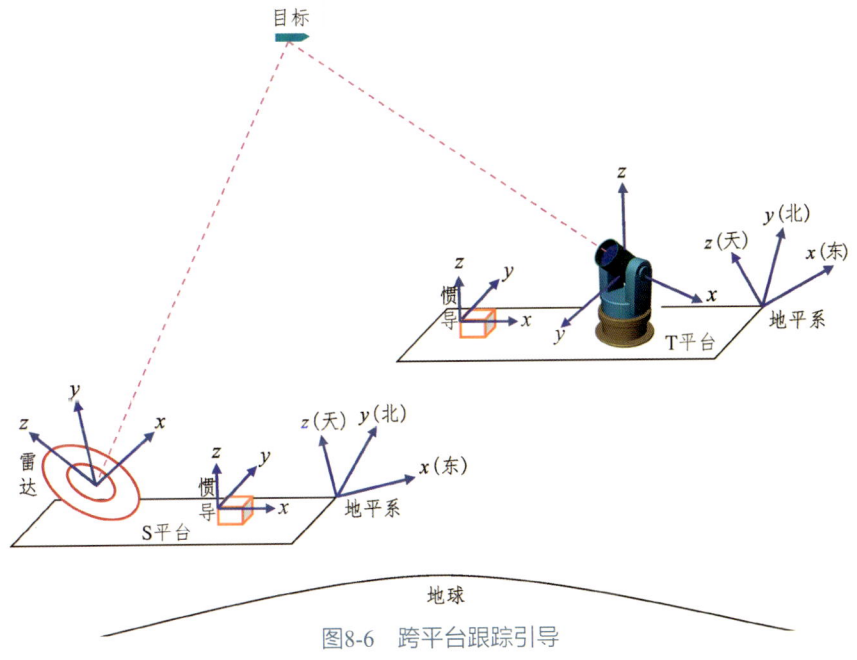

图8-6 跨平台跟踪引导

与之前的跟踪引导计算相比，跨平台跟踪引导问题有一点不同：需要把源平台相对目的平台的位置偏移与姿态旋转引入计算模型。于是，整个系统中就还需要加配一个位姿传感器来感受源平台的位置与姿态，如图8-6中S平台的惯导。

如此一来，全系统的跟踪引导计算就涉及以下8个坐标系：

（1）大地坐标系。一个全局坐标系，固定在地球表面，用空间一点的经纬度、海拔表征。

（2）地平坐标系。一个局部坐标系，地球上不同地方的地平坐标系不同（因为地球是球形的，各地的正东方向并不互相平行，正北方向也不平行、相交于极轴，天顶方向更不平行、分别为各自所在地的球面法线）。

（3）源平台坐标系。由源平台上的惯导实时测量给出。

（4）目的平台坐标系。由目的平台上的惯导实时测量给出。

（5）源平台上观测坐标系。这是末级局部坐标系，由源平台上的跟瞄设备定义。

（6）目的平台上的观测坐标系。末级局部坐标系，由目的平台上的跟瞄设备定义。

（7）地心地固坐标系。与大地坐标系关联，其间存在明确的换算关系。

（8）站心地固坐标系。是地心地固坐标系将原点向测站处的简单平移，与站心地平坐标系之间存在明确的换算关系。[①]

梳理清楚了坐标系及其间的相互关系，就不难得到跨平台跟踪引导问题的计算过程：

（1）根据目标在源平台中的观测位置、源平台观测设备的姿态矩阵，计算目标在源平台系中的坐标。

（2）结合源平台的姿态，计算目标在源平台处的地平坐标。

（3）结合源平台的大地坐标，计算目标在源平台处的站心地固坐标。

（4）结合源平台的地心地固坐标，计算目标的地心地固坐标。

（5）结合目的平台的地心地固坐标，计算目标在目的平台处的站心地固坐标。

（6）结合目的平台的大地坐标，计算目标在目的平台处的地平坐标。

（7）结合目的平台的姿态，计算目标在目的平台系中的坐标。

（8）结合目的平台观测设备的姿态矩阵，计算目标在该观测设备中的位置，即跟踪引导数据。

这个过程看似拗口，其实质却很简单：就是将目标位置，从源平台的局部观测坐标系，转换到全局地心地固坐标系，再转到目的平台的局部观测坐标系，如图8-7所示。

---

① 本书把地面观测者、观测站、动平台、源平台、目的平台等对象的所在地都称为"站"，也就是说，不要把"站"狭义理解为一个不动的地面建筑。

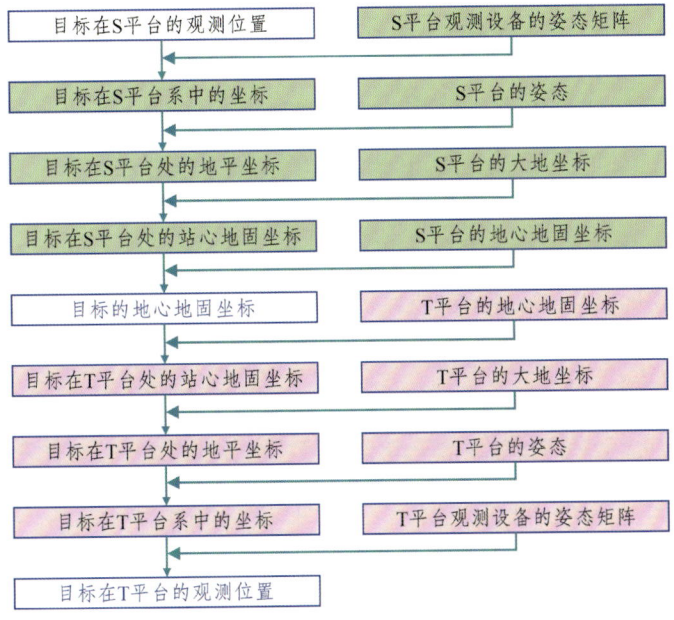

图8-7 跨平台跟踪引导计算模型

这个模型的本质上就是从一个坐标系到另一个坐标系的原点位置平移和坐标轴方向旋转，用公式表示为

$$\begin{pmatrix} x_\text{t} \\ y_\text{t} \\ z_\text{t} \end{pmatrix} = \mathfrak{R}(u_\text{t},v_\text{t},w_\text{t})\mathfrak{R}(\alpha_\text{t},\beta_\text{t},\gamma_\text{t})\mathfrak{R}(L_\text{t},B_\text{t})$$
$$\times \left[\mathfrak{R}^{-1}(L_\text{s},B_\text{s})\mathfrak{R}^{-1}(\alpha_\text{s},\beta_\text{s},\gamma_\text{s})\mathfrak{R}^{-1}(u_\text{s},v_\text{s},w_\text{s})\begin{pmatrix} x_\text{s} \\ y_\text{s} \\ z_\text{s} \end{pmatrix} + \begin{pmatrix} x_\text{sg} \\ y_\text{sg} \\ z_\text{sg} \end{pmatrix} - \begin{pmatrix} x_\text{tg} \\ y_\text{tg} \\ z_\text{tg} \end{pmatrix} \right]$$

（8-12）

注：（1）式中脚标"s""t"分别表示源平台和目的平台，以之为脚标的 (x,y,z) 是目标在两平台观测系的直角坐标。

（2）脚标"g"表示地固，"sg""tg"分别表示源平台和目的平台的地心地固坐标。

（3）$\mathfrak{R}(u,v,w)$ 是两个观测设备相对其各自承载平台的姿态旋转矩阵，都需要通过标定获得。

（4）$\mathfrak{R}(\alpha,\beta,\gamma) = \mathfrak{R}_y(\gamma)\mathfrak{R}_x(\beta)\mathfrak{R}_z(-\alpha)$ 是两个平台相对当地东北天地平坐标系的姿态旋转矩阵，由各平台惯导测量输出的姿态角 (α,β,γ) 计算得到。

（5）L、B 是两平台所在地的大地坐标（经度、纬度）。

（6）$\mathfrak{R}(L,B) = \mathfrak{R}_z(90°)\mathfrak{R}_y(90°-B)\mathfrak{R}_z(L)$ 由两平台的 L、B 计算得到。

（7）顶标"-1"表示矩阵求逆。

（8）观测系直角坐标(x,y,z)与球坐标(a,e)或(A,E)的换算，见式（8-6）~（8-8）。

（9）由大地坐标(L,B,H)计算地心地固坐标$(x,y,z)_g$的方法，见式（2-17）。

至此，跨平台的跟踪引导问题得解，其核心或误差控制环节在于两个姿态旋转矩阵$\Re(u,v,w)$的标定，这也是很多实际系统中的难点和精度瓶颈。

其实，跨平台跟踪引导问题也可以说是一个通用模型，前面各种引导计算模型都是它的特例。这里做几种特殊情况假设，读者可以发现一些规律，从而对数学模型的本质有进一步的理解。①

（1）如果两个平台都是地基跟瞄系统，都可以精确调平和对北，则$(u,v,w)=0$和$(\alpha,\beta,\gamma)=0$，$\Re(u,v,w)$和$\Re(\alpha,\beta,\gamma)$都是单位矩阵，这时，式（8-12）变成

$$\begin{pmatrix} x_t \\ y_t \\ z_t \end{pmatrix} = \Re(L_t,B_t)\left[\Re^{-1}(L_s,B_s)\begin{pmatrix} x_s \\ y_s \\ z_s \end{pmatrix} + \begin{pmatrix} x_{sg} \\ y_{sg} \\ z_{sg} \end{pmatrix} - \begin{pmatrix} x_{tg} \\ y_{tg} \\ z_{tg} \end{pmatrix}\right] \quad (8\text{-}13)$$

这就是下一章弹道测量引导数据计算中的式（9-7）。

（2）如果两个平台可以认为在同一个地方（如紧挨着），则两平台经纬度相同，$(L,B)_t=(L,B)_s$，$(x,y,z)_{sg}=(x,y,z)_{tg}$，$\Re(L_t,B_t)$与$\Re^{-1}(L_s,B_s)$相互抵消，这时，式（8-12）变成

$$\begin{pmatrix} x_t \\ y_t \\ z_t \end{pmatrix} = \Re(u_t,v_t,w_t)\Re(\alpha_t,\beta_t,\gamma_t)\Re^{-1}(\alpha_s,\beta_s,\gamma_s)\Re^{-1}(u_s,v_s,w_s)\begin{pmatrix} x_s \\ y_s \\ z_s \end{pmatrix} \quad (8\text{-}14)$$

此式表明，这时的跟踪引导与两平台位置无关，相当于双目视觉变成了单目视觉，没有双目基线，不产生视差。这是一种中等简化。

（3）如果两个平台是一个平台（如雷达和光电在同一个载车上，且基座刚性连接），则$(\alpha_t,\beta_t,\gamma_t)=(\alpha_s,\beta_s,\gamma_s)$，$\Re(\alpha_t,\beta_t,\gamma_t)$与$\Re^{-1}(\alpha_s,\beta_s,\gamma_s)$相互抵消，上式进一步变成

$$\begin{pmatrix} x_t \\ y_t \\ z_t \end{pmatrix} = \Re(u_t,v_t,w_t)\Re^{-1}(u_s,v_s,w_s)\begin{pmatrix} x_s \\ y_s \\ z_s \end{pmatrix} = \Re(u_{ts},v_{ts},w_{ts})\begin{pmatrix} x_s \\ y_s \\ z_s \end{pmatrix} \quad (8\text{-}15)$$

---

① 如果实际应用场景中不满足这些假设和简化条件，或者想追求高精度的跟踪引导，最好还是使用式（8-12）的通用形式，它是严格、无近似的，精度控制措施主要就是把两个设备的姿态旋转矩阵$\Re(u_t,v_t,w_t)$和$\Re(u_s,v_s,w_s)$标定准确，标定方法见第8.4节并结合工程实现的约束条件进行设计。

此式表明，这时可以不用标定两个跟瞄设备相对平台的姿态矩阵 $\Re(u_t,v_t,w_t)$、$\Re(u_s,v_s,w_s)$，而直接标定T设备相对S设备的姿态矩阵 $\Re(u_{ts},v_{ts},w_{ts})$。这是更进一步的简化。

（4）如果这个共同平台是一个地基平台、两个跟瞄设备都能精确调平和对北，则 $(u,v,w)=0$，上式进一步变成

$$\begin{pmatrix} x_t \\ y_t \\ z_t \end{pmatrix} = \begin{pmatrix} x_s \\ y_s \\ z_s \end{pmatrix} \quad (8\text{-}16)$$

此式表明，S设备产生的观测数据可以直接作为引导数据给T设备使用。这也是最简化的情形。

8.6 跟踪引导计算模型小结

本节以流程图方式对前面几章介绍的几种常见跟踪引导应用进行小结，包括近程目标跟踪引导、卫星目标跟踪引导、恒星目标跟踪引导、动平台跟踪引导，其算法流程和主要公式分别如图8-8～图8-11所示。

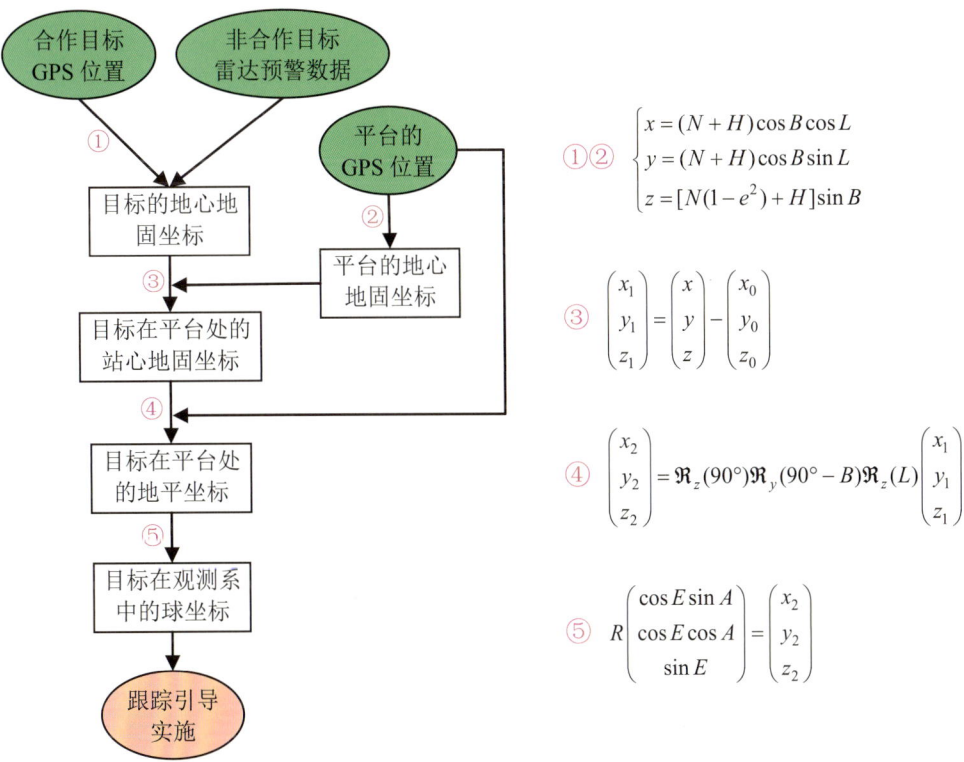

图8-8 近程目标跟踪引导

▲ 跟踪引导计算与瞄准偏置理论

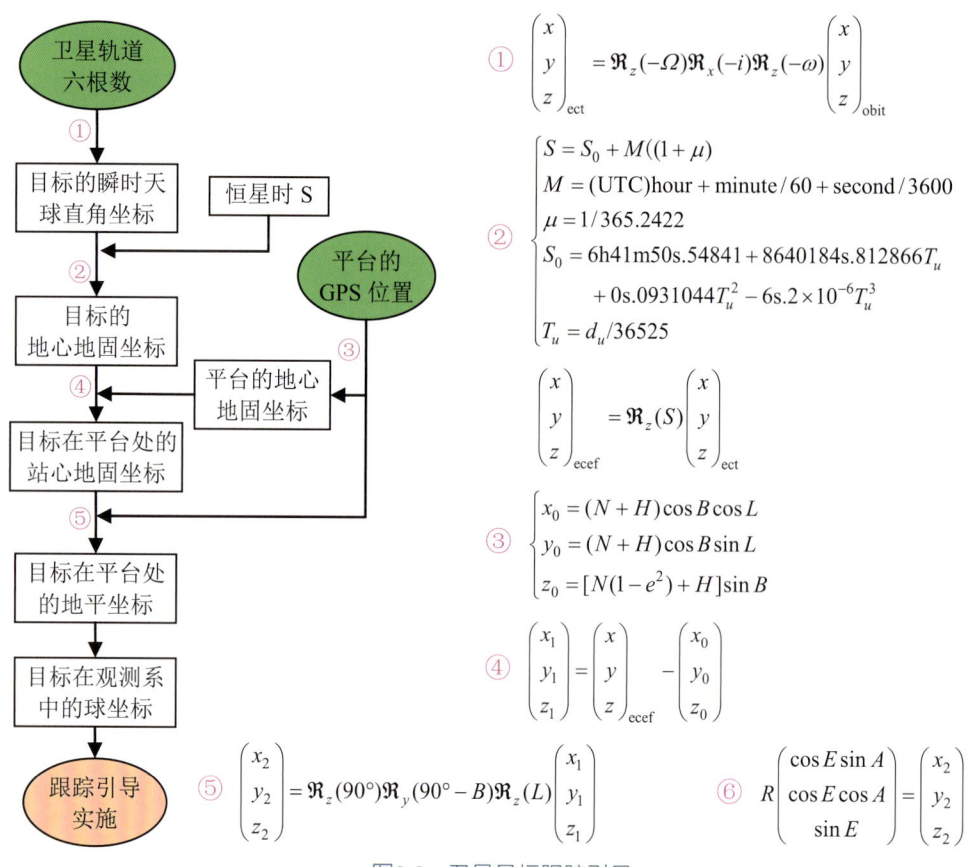

图8-9 卫星目标跟踪引导

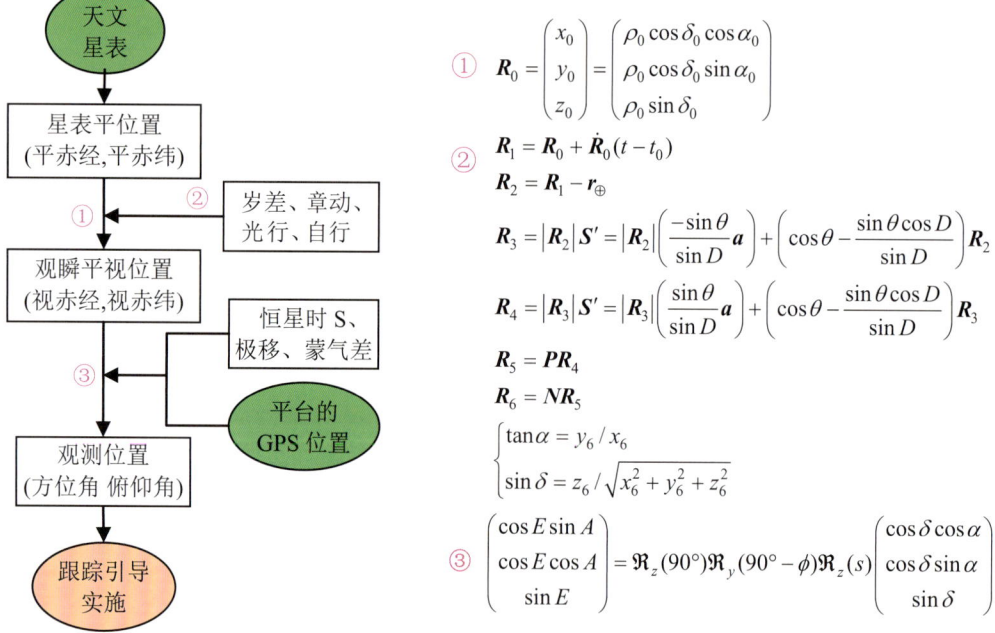

图8-10 恒星目标跟踪引导

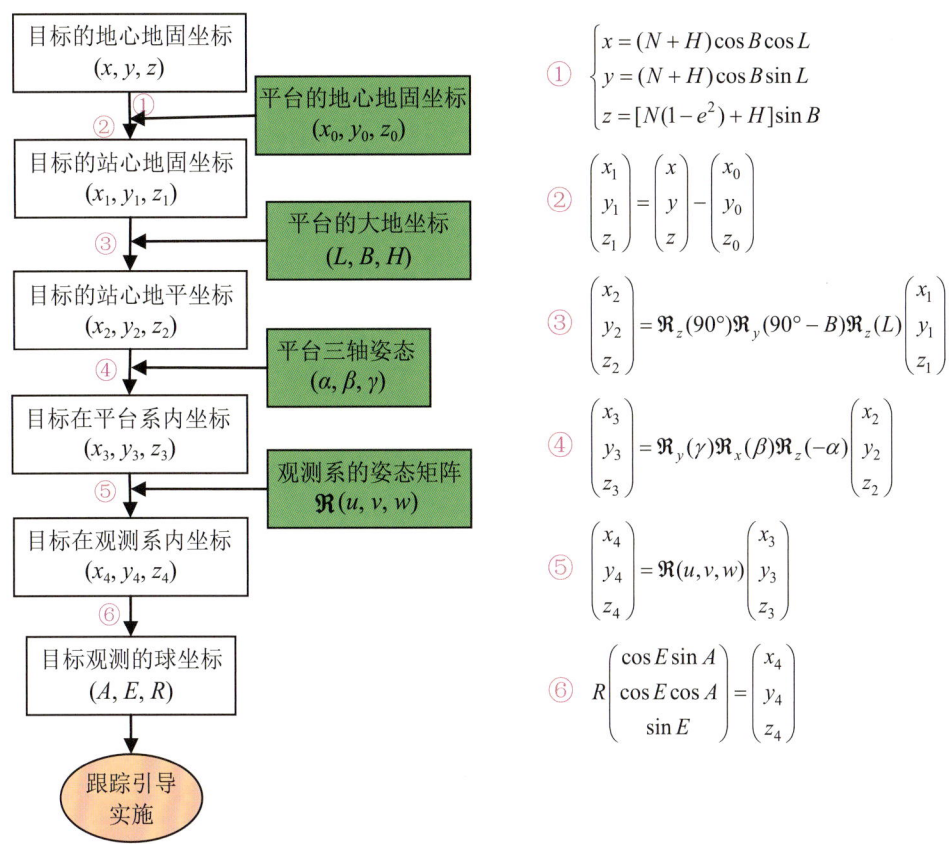

图8-11 动平台跟踪引导

第 9 章 弹道测量计算

在弹道测量等应用中,有时需要根据预设弹道引导光电跟踪系统进行目标搜索、捕获、跟踪,以精确测量目标(弹体)的实际轨迹。这个过程的本质也可以看作是跟踪引导,本章将介绍一些与其相关的计算模型。

9.1 根据预设弹道计算引导数据

根据预设弹道计算引导数据是指根据基于发射架坐标系的预设弹道,计算目标相对某个测站的跟踪引导数据。

已知:(1)发射点(即发射架所在地)的大地坐标 (L_0, B_0, H_0)(经度、纬度、海拔)。

(2)发射方向 θ(以水平面内正北为 $0°$,顺时针 $0\sim360°$ 计)。

(3)发射坐标系下预设弹道上每个时刻目标的位置 (x, y, z)。

(4)测站的大地坐标 (L_b, B_b, H_b)。

问题:求目标在测站处地平坐标系中的每时刻球坐标 (A, E, R)。

此处定义发射坐标系:以发射点为原点,以发射方向在大地水平面的投影射线为 x 轴,以地面上 x 轴右侧法线方向为 z 轴,以垂直于大地水平面向上的天顶方向为 y 轴,如图9-1所示。布置在另一处的弹道测量站则采用通常的"东-北-天"地平坐标系。

求解:(1)大地坐标→地固:由发射点的大地坐标 (L_0, B_0, H_0) 计算其在地球表面的地固坐标 (x_0, y_0, z_0),由测站的大地坐标 (L_b, B_b, H_b) 计算其在地球表面的地固坐标。方法见式(2-17)。

(2)发射→地平:由目标在发射坐标系中的位置 (x, y, z),计算其在发射点处地平坐标系中的位置 (x_1, y_1, z_1)。

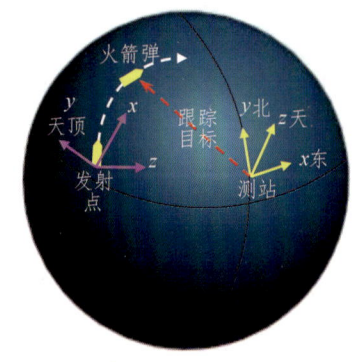

图9-1 发射坐标系与测站坐标系

$$\begin{pmatrix} x_1 \\ y_1 \\ z_1 \end{pmatrix} = \mathfrak{R}_z(\theta)\mathfrak{R}_z(-90°)\mathfrak{R}_x(-90°) \begin{pmatrix} x \\ y \\ z \end{pmatrix} \qquad (9\text{-}1)$$

此式含义，将发射坐标系先绕其x轴顺时针旋转90°，使z轴指向天顶，y轴指向弹道面左侧；再绕z轴顺时针旋转90°，使y轴指向发射方向的地面投影方向，x轴指向弹道面右侧；再绕z轴逆时针旋转θ角，使y轴指向正北，x轴指向正东，即变成发射点处的"东-北-天"地平坐标系。

（3）地平→发射地站心地固：由目标在发射点地平坐标系中的位置 (x_1,y_1,z_1) 和发射点的经纬度 (L_0,B_0)，计算其在发射点处站心地固坐标系中的位置 (x_2,y_2,z_2) [原理参阅式（2-27）]。

$$\begin{pmatrix} x_2 \\ y_2 \\ z_2 \end{pmatrix} = \mathfrak{R}_z(-L_0)\mathfrak{R}_y(B_0-90°)\mathfrak{R}_z(-90°) \begin{pmatrix} x_1 \\ y_1 \\ z_1 \end{pmatrix} \qquad (9\text{-}2)$$

（4）发射地站心地固→地心地固：由目标在发射点处站心地固坐标系中的位置 (x_2,y_2,z_2) 和发射点的地固坐标 (x_0,y_0,z_0)，计算目标在地心地固坐标系中的位置 (x_3,y_3,z_3) [原理参阅式（2-29）]。

$$\begin{pmatrix} x_3 \\ y_3 \\ z_3 \end{pmatrix} = \begin{pmatrix} x_2 \\ y_2 \\ z_2 \end{pmatrix} + \begin{pmatrix} x_0 \\ y_0 \\ z_0 \end{pmatrix} \qquad (9\text{-}3)$$

（5）地心地固→测站地站心地固：由目标在地心地固坐标系中的位置 (x_3,y_3,z_3) 和测站的地固坐标 (x_b,y_b,z_b)，计算目标在测站处站心地固坐标系中的位置 (x_4,y_4,z_4) [原理参阅式（2-28）]。

$$\begin{pmatrix} x_4 \\ y_4 \\ z_4 \end{pmatrix} = \begin{pmatrix} x_3 \\ y_3 \\ z_3 \end{pmatrix} - \begin{pmatrix} x_b \\ y_b \\ z_b \end{pmatrix} \qquad (9\text{-}4)$$

（6）测站地站心地固→地平：由目标在测站处站心地固坐标系中的位置 (x_4,y_4,z_4) 和测站的经纬度 (L_b,B_b)，计算其在测站处地平坐标系中的位置 (x_5,y_5,z_5) [原理参阅式（2-26）]。

$$\begin{pmatrix} x_5 \\ y_5 \\ z_5 \end{pmatrix} = \mathfrak{R}_z(90°)\mathfrak{R}_y(90°-B_b)\mathfrak{R}_z(L_b) \begin{pmatrix} x_4 \\ y_4 \\ z_4 \end{pmatrix} \qquad (9\text{-}5)$$

（7）地平→球坐标：由目标在测站处地平坐标系中的位置 (x_5,y_5,z_5)，计算其地

平观测球坐标 (A, E, R) [原理参阅式（2-25）]。

$$\begin{pmatrix} \tan A \\ \sin E \\ R \end{pmatrix} = \begin{pmatrix} x_5/y_5 \\ z_5/R \\ \sqrt{x_5^2 + y_5^2 + z_5^2} \end{pmatrix} \quad (9\text{-}6)$$

上述计算过程中，式（9-2）~式（9-5）可合并成式（9-7）。

$$\begin{pmatrix} x_5 \\ y_5 \\ z_5 \end{pmatrix} = \Re_z(90°)\Re_y(90° - B_b)\Re_z(L_b)$$
$$\times \left[\Re_z(-L_0)\Re_y(B_0 - 90°)\Re_z(-90°)\begin{pmatrix} x_1 \\ y_1 \\ z_1 \end{pmatrix} + \begin{pmatrix} x_0 \\ y_0 \\ z_0 \end{pmatrix} - \begin{pmatrix} x_b \\ y_b \\ z_b \end{pmatrix} \right] \quad (9\text{-}7)$$

9.2 根据测量数据计算结果弹道

根据测量数据计算结果弹道指根据测站测到的弹体目标实际位置数据 (A, E, R)，计算目标在发射架坐标系的弹道。

已知：（1）测站地平坐标系中的目标球坐标 (A, E, R)。

（2）测站的大地坐标 (L_b, B_b, H_b)（经度、纬度、海拔）。

（3）发射点的大地坐标 (L_0, B_0, H_0)。

（4）发射方向 θ（以水平面内正北为0°，顺时针0~360°计）。

问题：求发射坐标系下目标的每个时刻真实位置 (x, y, z)。

求解：（1）大地坐标→地固：由发射点的大地坐标 (L_0, B_0, H_0)、测站的大地坐标 (L_b, B_b, H_b) 分别计算其在地球表面的地固坐标 (x_0, y_0, z_0)、(x_b, y_b, z_b)。方法见式（2-17）。

（2）球坐标→地平直角坐标：由目标在测站处地平坐标系中的球坐标，计算其在该地平坐标系中的直角坐标 (x_5, y_5, z_5)。

$$\begin{pmatrix} x_5 \\ y_5 \\ z_5 \end{pmatrix} = R \begin{pmatrix} \cos E \sin A \\ \cos E \cos A \\ \sin E \end{pmatrix} \quad (9\text{-}8)$$

（3）地平→测站地站心地固：由目标在测站处地平坐标系中的位置 (x_5, y_5, z_5) 和测站的经纬度 (L_b, B_b)，计算其在测站处站心地固坐标系中的位置 (x_4, y_4, z_4)[原理参阅式（2-27）]。

$$\begin{pmatrix} x_4 \\ y_4 \\ z_4 \end{pmatrix} = \mathfrak{R}_z(-L_b)\mathfrak{R}_y(B_b - 90°)\mathfrak{R}_z(-90°)\begin{pmatrix} x_5 \\ y_5 \\ z_5 \end{pmatrix} \tag{9-9}$$

（4）测站地站心地固→地心地固：由目标在测站处站心地固坐标系中的位置 (x_4, y_4, z_4) 和测站的地固坐标 (x_b, y_b, z_b)，计算目标在地心地固坐标系中的位置 (x_3, y_3, z_3) [原理参阅式（2-29）]。

$$\begin{pmatrix} x_3 \\ y_3 \\ z_3 \end{pmatrix} = \begin{pmatrix} x_4 \\ y_4 \\ z_4 \end{pmatrix} + \begin{pmatrix} x_b \\ y_b \\ z_b \end{pmatrix} \tag{9-10}$$

（5）地心地固→发射地站心地固：由目标在地心地固坐标系中的位置 (x_3, y_3, z_3) 和发射点的地固坐标 (x_0, y_0, z_0)，计算目标在发射点处站心地固坐标系中的位置 (x_2, y_2, z_2) [原理参阅式（2-28）]。

$$\begin{pmatrix} x_2 \\ y_2 \\ z_2 \end{pmatrix} = \begin{pmatrix} x_3 \\ y_3 \\ z_3 \end{pmatrix} - \begin{pmatrix} x_0 \\ y_0 \\ z_0 \end{pmatrix} \tag{9-11}$$

（6）发射地站心地固→地平：由目标在发射点处站心地固坐标系中的位置 (x_2, y_2, z_2) 和发射点的经纬度 (L_0, B_0)，计算其在发射点地平坐标系中的位置 (x_1, y_1, z_1) [原理参阅式（2-26）]。

$$\begin{pmatrix} x_1 \\ y_1 \\ z_1 \end{pmatrix} = \mathfrak{R}_z(90°)\mathfrak{R}_y(90° - B_0)\mathfrak{R}_z(L_0)\begin{pmatrix} x_2 \\ y_2 \\ z_2 \end{pmatrix} \tag{9-12}$$

（7）地平系→发射系：由目标在发射点处地平坐标系中的位置 (x_1, y_1, z_1)，计算其在发射坐标系中的位置 (x, y, z) [原理参阅式（9-1）]。

$$\begin{pmatrix} x \\ y \\ z \end{pmatrix} = \mathfrak{R}_x(90°)\mathfrak{R}_z(90°)\mathfrak{R}_z(-\theta)\begin{pmatrix} x_1 \\ y_1 \\ z_1 \end{pmatrix} \tag{9-13}$$

注：上面第（4）步得到目标的地心地固系坐标 (x_3, y_3, z_3) 之后，如果想转成经纬度、海拔表示的大地坐标，则可用式（2-18）计算得到。

9.3 交会测量计算

从上节的计算模型可以看出，要想得到结果弹道，必须通过测量得到目标的观测坐标(A,E,R)，其中方位角A、俯仰角E可以由光电系统直接得到，但斜距R有时并不能得到，因为光电成像过程是三维场景投影成二维图像的过程，其间会丢失目标的距离信息。要想得到斜距R，一般有两种方式：一是给测量系统加装测距机，直接测得目标离测量系统的距离；二是通过两台或多台光电测量系统对同一目标进行探测跟踪，再通过空间几何关系，解算出目标相对跟踪系统的距离，也就是双目成像原理或交会测量，如图9-2所示。

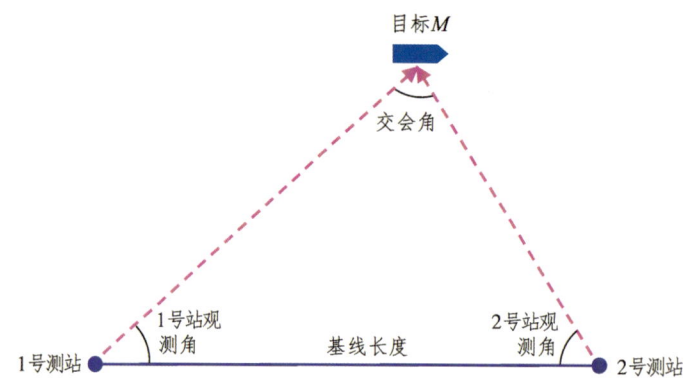

图9-2 双站交会测量定位原理

双站交会测量的计算模型如下。

已知： 同一目标相对两个测站的方位、俯仰角 $(A,E)_i(i=1,2)$，以及两个测站的大地坐标 $(L,B,H)_i$（经度、纬度、海拔）。

问题： 求目标的大地坐标 (L_m, B_m, H_m)。

求解： （1）根据两个测站的大地坐标 $(L,B,H)_i$，分别求它们的地固坐标 $(x_{zg}, y_{zg}, z_{zg})_i$，方法见式（2-17）。

（2）目标在测站地平坐标系中的位置可表达为[原理参阅式（2-23）、式（2-26）或式（2-21）]

$$\begin{pmatrix} x \\ y \\ z \end{pmatrix}_{mp} = \mathfrak{R}_z(A)\mathfrak{R}_x(-E) \begin{pmatrix} 0 \\ R \\ 0 \end{pmatrix} \quad (9-14)$$

（3）设目标的地固坐标为 (x_{mg}, y_{mg}, z_{mg})，根据测站位置，又可将目标相对测站的地平坐标表达为下式[原理参阅式（2-26）和式（2-28）]

$$\begin{pmatrix} x \\ y \\ z \end{pmatrix}_{mp} = \mathfrak{R}_z(90°)\mathfrak{R}_y(90°-B)\mathfrak{R}_z(L) \left[\begin{pmatrix} x \\ y \\ z \end{pmatrix}_{mg} - \begin{pmatrix} x \\ y \\ z \end{pmatrix}_{zg} \right] \quad (9-15)$$

（4）上述两种表达等价，所以联立消去左侧，得

$$\mathfrak{R}_z(90°)\mathfrak{R}_y(90°-B)\mathfrak{R}_z(L)\left[\begin{pmatrix}x\\y\\z\end{pmatrix}_{\mathrm{mg}}-\begin{pmatrix}x\\y\\z\end{pmatrix}_{\mathrm{zg}}\right]=\mathfrak{R}_z(A)\mathfrak{R}_x(-E)\begin{pmatrix}0\\R\\0\end{pmatrix} \quad (9\text{-}16)$$

变形得

$$\begin{pmatrix}x\\y\\z\end{pmatrix}_{\mathrm{mg}}-\begin{pmatrix}x\\y\\z\end{pmatrix}_{\mathrm{zg}}=\mathfrak{R}_z(-L)\mathfrak{R}_y(B-90°)\mathfrak{R}_z(-90°)\mathfrak{R}_z(A)\mathfrak{R}_x(-E)\begin{pmatrix}0\\R\\0\end{pmatrix} \quad (9\text{-}17)$$

将上式中的所有坐标旋转矩阵合乘起来记为 3×3 矩阵 $\mathfrak{R}$。

$$\mathfrak{R}=\mathfrak{R}_z(-L)\mathfrak{R}_y(B-90°)\mathfrak{R}_z(-90°)\mathfrak{R}_z(A)\mathfrak{R}_x(-E)=\begin{pmatrix}r_{11}&r_{12}&r_{13}\\r_{21}&r_{22}&r_{23}\\r_{31}&r_{32}&r_{33}\end{pmatrix} \quad (9\text{-}18)$$

则前式简写为

$$\begin{pmatrix}x\\y\\z\end{pmatrix}_{\mathrm{mg}}-\begin{pmatrix}x\\y\\z\end{pmatrix}_{\mathrm{zg}}=\mathfrak{R}\begin{pmatrix}0\\R\\0\end{pmatrix}=R\begin{pmatrix}r_{12}\\r_{22}\\r_{32}\end{pmatrix} \quad (9\text{-}19)$$

展开得

$$\begin{cases}x_{\mathrm{mg}}-x_{\mathrm{zg}}=R\cdot r_{12}\\y_{\mathrm{mg}}-y_{\mathrm{zg}}=R\cdot r_{22}\\z_{\mathrm{mg}}-z_{\mathrm{zg}}=R\cdot r_{32}\end{cases} \quad (9\text{-}20)$$

式中，一子式分别与二、三子式联立，消去未知的目标斜距 R 得

$$\begin{cases}r_{22}(x_{\mathrm{mg}}-x_{\mathrm{zg}})=r_{12}(y_{\mathrm{mg}}-y_{\mathrm{zg}})\\r_{32}(x_{\mathrm{mg}}-x_{\mathrm{zg}})=r_{12}(z_{\mathrm{mg}}-z_{\mathrm{zg}})\end{cases} \quad (9\text{-}21)$$

展开并左右移项得

$$\begin{cases}r_{22}x_{\mathrm{mg}}-r_{12}y_{\mathrm{mg}}=r_{22}x_{\mathrm{zg}}-r_{12}y_{\mathrm{zg}}\\r_{32}x_{\mathrm{mg}}-r_{12}z_{\mathrm{mg}}=r_{32}x_{\mathrm{zg}}-r_{12}z_{\mathrm{zg}}\end{cases} \quad (9\text{-}22)$$

式中，(r_{12},r_{22},r_{32})、$(x_{\mathrm{zg}},y_{\mathrm{zg}},z_{\mathrm{zg}})_i(i=1,2)$ 已求得，$(x_{\mathrm{mg}},y_{\mathrm{mg}},z_{\mathrm{mg}})$ 为待求的目标地固坐标，未知。对于单个测站，上式代表2个方程、3个未知数，无唯一解；但对于双站，仍然是3个未知数（即同一目标的地固坐标三分量），但方程变成4个，所以得一超定方程组，即

$$\begin{cases} r_{22}^{(1)} x_{\mathrm{mg}} - r_{12}^{(1)} y_{\mathrm{mg}} = r_{22}^{(1)} x_{\mathrm{zg}}^{(1)} - r_{12}^{(1)} y_{\mathrm{zg}}^{(1)} \\ r_{32}^{(1)} x_{\mathrm{mg}} - r_{12}^{(1)} z_{\mathrm{mg}} = r_{32}^{(1)} x_{\mathrm{zg}}^{(1)} - r_{12}^{(1)} z_{\mathrm{zg}}^{(1)} \\ r_{22}^{(2)} x_{\mathrm{mg}} - r_{12}^{(2)} y_{\mathrm{mg}} = r_{22}^{(2)} x_{\mathrm{zg}}^{(2)} - r_{12}^{(2)} y_{\mathrm{zg}}^{(2)} \\ r_{32}^{(2)} x_{\mathrm{mg}} - r_{12}^{(2)} z_{\mathrm{mg}} = r_{32}^{(2)} x_{\mathrm{zg}}^{(2)} - r_{12}^{(2)} z_{\mathrm{zg}}^{(2)} \end{cases} \quad (9\text{-}23)$$

顶标（1）、（2）分别标示1号测站、2号测站对应的值。上式写成矩阵式为

$$\begin{pmatrix} r_{22}^{(1)} & -r_{12}^{(1)} & 0 \\ r_{32}^{(1)} & 0 & -r_{12}^{(1)} \\ r_{22}^{(2)} & -r_{12}^{(2)} & 0 \\ r_{32}^{(2)} & 0 & -r_{12}^{(2)} \end{pmatrix} \begin{pmatrix} x_{\mathrm{mg}} \\ y_{\mathrm{mg}} \\ z_{\mathrm{mg}} \end{pmatrix} = \begin{pmatrix} r_{22}^{(1)} x_{\mathrm{zg}}^{(1)} - r_{12}^{(1)} y_{\mathrm{zg}}^{(1)} \\ r_{32}^{(1)} x_{\mathrm{zg}}^{(1)} - r_{12}^{(1)} z_{\mathrm{zg}}^{(1)} \\ r_{22}^{(2)} x_{\mathrm{zg}}^{(2)} - r_{12}^{(2)} y_{\mathrm{zg}}^{(2)} \\ r_{32}^{(2)} x_{\mathrm{zg}}^{(2)} - r_{12}^{(2)} z_{\mathrm{zg}}^{(2)} \end{pmatrix} \quad (9\text{-}24)$$

将左、中、右三部分分别记为 U、V、W，则上式变为

$$UV = W \quad (9\text{-}25)$$

根据最小二乘原理，其解为

$$V = (U^{\mathrm{T}} U)^{-1} U^{\mathrm{T}} W \quad (9\text{-}26)$$

顶标T表示转置。V 得解，即双站交会测量拟求的目标地固坐标 $(x_{\mathrm{mg}}, y_{\mathrm{mg}}, z_{\mathrm{mg}})$ 得解。

（5）根据目标的地固坐标 (x, y, z) 求其经纬度和海拔 (L, B, H)，方法见式（2-18）。

第 10 章 瞄准偏置理论与计算方法

前面各章介绍的跟踪引导计算方法是本书的第一部分内容，瞄准偏置理论是本书的第二部分内容，从本章起分三章进行介绍，包括瞄准偏置理论与计算方法、偏置旋转关系及其标定方法等。本章先简要介绍偏置形成的原因，再详细讲述几种典型跟瞄系统的偏置计算模型，并讨论偏置执行模式等相关问题。

10.1 瞄准偏置形成的原因

在与运动目标进行激光通信或激光测距时，对目标的跟踪点与发射光的瞄准点不是同一个点。这时，必须对发射光束施加一个相对跟踪轴的瞄准偏角，此操作称为瞄准偏置，这个偏角称为瞄准偏置量。

瞄准偏置本质上是由于瞄准点与跟踪点不重合引起的，这种不重合性一般由三种原因导致：一是光束从目标到跟瞄系统的往返时间内，目标向前运动了一段距离，致使发射光不得不向目标的未来位置瞄准；二是目标上要瞄准的点与实际跟踪点根本就不是同一个点，好比飞机的头部容易跟踪，但瞄准的可能是机腹；三是跟踪与瞄准不是用的同一套光电系统，如用A系统跟踪，但用B系统瞄准，那么A、B系统的距离就会形成视差。本书把这三种情形产生的偏置量分别称为运动偏移量、扩展偏移量、跨距偏移量，如图10-1所示。

此外，还有其他一些偏置小量，如入射光路主轴与出射光路主轴之间的不重合性（也称轴差），入射光束与出射光束在大气中折射弯曲的程

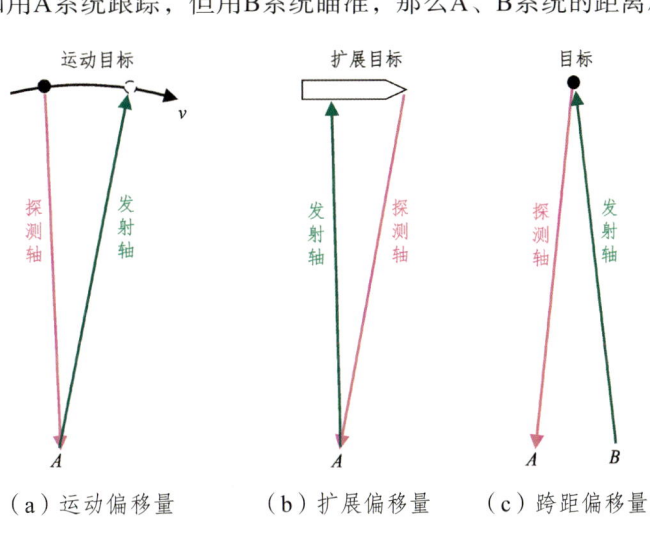

图10-1 不同因素造成的瞄准偏置

度不一样而造成的蒙气色差，不同光束在内光路透镜中折射程度不一样而造成的内光路色差，等等。本书不讨论轴差和内光路色差引起的偏置量，重点讨论其余4种偏置成分。

10.2 典型瞄准偏置及其估算

10.2.1 运动偏移量

运动偏移量是指在光传输时间内目标向前运动导致了瞄准点相对跟踪点位置的变化，它与目标相对跟瞄系统的运动速度和运动方向有关。如图10-2所示，目标T以速度v向右运动，目标光以光速c（3×10^5 km/s）自T点向跟瞄系统A传播，TA距离为R，目标光到达A之前，T向前运动一段距离；A看到目标（即收到目标光）后，向目标的未来位置P发射光（测距光、照明光或通信光），自A点到P点光的传播也需要时间，此间目标又向前运动了一段距离；整个过程（光自T至A，再自A至P）共用时$\mathrm{d}t$，此间目标共前进l距离，于是有

$$\mathrm{d}t = \frac{2R}{c} \tag{10-1}$$

$$l = v \cdot \mathrm{d}t \tag{10-2}$$

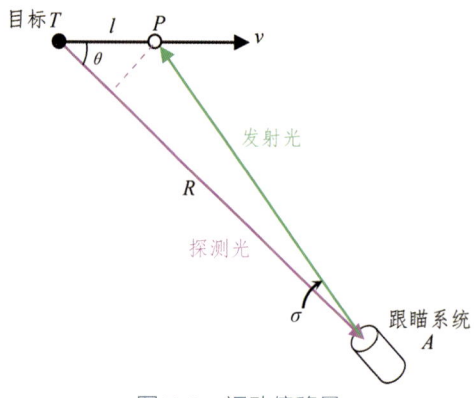

图10-2 运动偏移量

为了能命中P，发射光AP需相对TA偏置一个角度σ，称为运动偏移量。根据图中几何关系有

$$\sigma = \frac{l\cdot\sin\theta}{R} = \frac{v\cdot\mathrm{d}t\cdot\sin\theta}{R} = \frac{v\cdot\frac{2R}{c}\cdot\sin\theta}{R} = 2\frac{v}{c}\sin\theta \tag{10-3}$$

由式（10-3）可以得出两条结论：

（1）运动偏移量与目标到跟瞄系统的距离R无关。这点似乎与直觉不相符（直觉上：目标距离越远，光传播用时越长，此时间内目标向前运动的位移量l越大，偏置角σ似乎应该越大），但这个结论确实是正确的，主要是因为分子分母中的距离R被约掉了。

（2）当$\theta=90°$，即视轴垂直于目标运动方向时，$\sin\theta=1$，偏置量取得最大值

$$\sigma = 2\frac{v}{c} \qquad (10\text{-}4)$$

这时的观测态势称为目标过顶或目标过航捷。此时，目标相对跟瞄系统的斜距最短、仰角最大，如图10-3所示。除了过顶处跟瞄系统垂视目标轨迹外，其他位置都是斜视，偏置量都小于上式所确定的最大值。

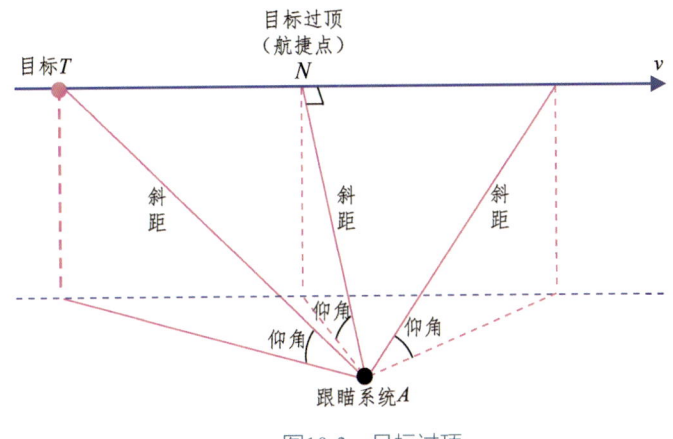

图10-3 目标过顶

为了估算运动偏移量，举两个例子：

（1）设某低轨通信卫星，离地高度600 km，根据式（5-6）可以算得其速度约为7.6 km/s，如果要向它发射通信激光，按式（10-4）可以算得需要光束偏置量 $\sigma = 2\frac{v}{c} = 2 \times \frac{7.6}{300000} \approx 50.6(\mu rad)$。所以，常有"低轨卫星偏置量52 μrad"的说法（按$v=7.8$ km/s估算的结果）。

（2）文献《光行差对高轨卫星激光测距的影响分析》（温冠宇等）中，对一颗离地高度19 140 km的卫星进行了示例计算，按本书（5-6）式可以算得目标速度3.95 km/s，再按式（10-4）可算得最大瞄准偏置量 $\sigma = 26 \mu rad$，与该文献中给出的结果一致。

再次审视式（10-4），可以得到这样的结论：运动偏移量的大小，取决于目标速度，速度越快，需要的瞄准偏置量越大。

运动偏移量主要由光传输延时引起，除了光传输延时外，其实还有其他延时环节，最主要的是成像系统收到目标光后的信号处理延时。只有把目标光信号（如目标的光电

图像）处理完、算出目标位置、驱动伺服机构使光电跟瞄系统闭环指向该位置，才真正建立起视轴，这些过程都需要时间，如果这个时间不为0，那么目标向前运动的距离大于式（10-2）计算的值，发射光需要的瞄准偏置量也就不只有式（10-3）。另一种处理方式是，也可以把所有延时都归入dt，那么式（10-2）、式（10-3）依然成立，但dt本身就不能只按式（10-1）计算光往返的时间，还应加上目标成像和构建视轴所用的时间。除了光传输延时外，其他延时量该取值多少，目前尚无定论，偏置估算时常按0计。

10.2.2 扩展偏移量

扩展偏移量是由于目标上跟踪点与瞄准点不是同一个点造成的，跟踪点和瞄准点之间在客观上存在一个空间位置偏移。为了使发射光能命中瞄准点，必须将发射轴偏置一个角度σ，如图10-4所示，可以算得，偏置量为

$$\sigma = \frac{l \cdot \sin\theta}{R} \quad (10\text{-}5)$$

式中，l为扩展目标上瞄准点P相对跟踪点T的位置偏移长度，R为目标相对跟瞄系统A的斜距，θ代表对l矢量的斜视程度。显然，当$\theta=90°$时，即垂视l矢量时，$\sin\theta=1$，角度偏置量取得最大值

$$\sigma = \frac{l}{R} \quad (10\text{-}6)$$

由上式可以看出：扩展偏移造成的偏置量，与扩展偏移长度、目标到跟瞄系统的距离以及视向有关。目标越近，扩展偏移量越大，出射光越趋于偏置发射；目标越远，扩展偏移量越小，越趋于正轴发射。

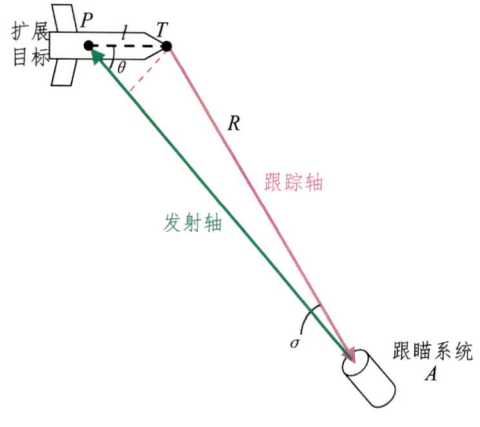

图10-4 扩展偏移量

如果目标距离 $R=3$ km，瞄准点相对跟踪点偏移长度 $l=15$ cm，则需要最大瞄准偏置量 $\sigma = \dfrac{l}{R} = \dfrac{15 \text{ cm}}{3 \text{ km}} = 50$ μrad。

10.2.3 跨距偏移量

如图 10-5 所示，设 A、B 两套光电跟瞄系统相距距离为 d，B 系统向位置 P 发射光束，A 系统探测 P 处的回光，那么，两系统对 P 点的视向就会存在一个角差，这种由于两系统跨距引起的角差称为跨距偏移量。显然，跨距偏移量与两系统的跨距长度 d、视向 θ 以及 P 点离两系统的距离 l 有关，根据正弦定理，有如下关系

$$\sin \sigma = \frac{d \sin \theta}{l} \qquad (10\text{-}7)$$

如果 P 离 A、B 很远，则 σ 很小，这时 $\sin \sigma \approx \sigma$，于是上式变成

$$\sigma = \frac{d \sin \theta}{l} \qquad (10\text{-}8)$$

如果 A、B 之间距离 $d=5$ m，P 到 A（或 B）点距离为 90 km，则可造成的最大跨距偏移量为 $\sigma = \dfrac{d}{l} = \dfrac{5 \text{ m}}{90 \text{ km}} \approx 55$ μrad，这是 90 km 高空纳信标技术研究中的一个常数，后文还有论述。

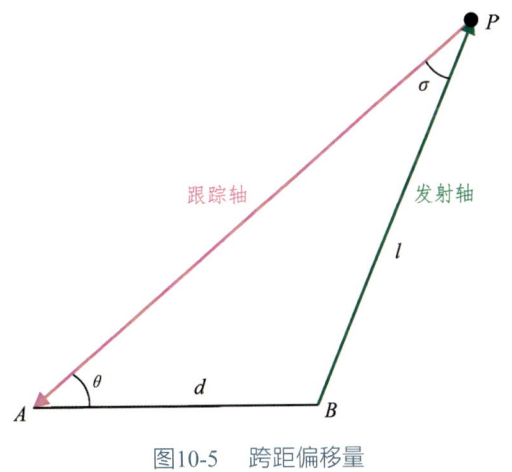

图 10-5　跨距偏移量

10.2.4 蒙气色差

第 6 章讲到，大气对光束的折射效应会使看到的空中目标位置与目标实际位置之间存在角差，这个角差称为蒙气差（ε），如图 6-1 所示。两种不同波长的光束之间又存在蒙气色差（$\Delta \varepsilon$），如图 6-7 或图 10-6 所示。为了使发射光能命中目标，应在视轴上加上

或减去蒙气色差角，作为发射轴方向，由此形成的发射轴相对跟踪轴的偏差称为蒙气色差偏置量，也简称蒙气色差。显然，这个偏置量就直接等于蒙气色差，即

$$\sigma = \Delta\varepsilon \tag{10-9}$$

从量值上讲，两种常见波长光束穿透整层大气层的蒙气色差约在几个微弧度。

需要注意的是，蒙气差（以及蒙气色差）主要改变目标的视俯角，对方位角没有影响，所以，当采用直角坐标系方法进行蒙气差或蒙气色差修正时，一定要把坐标旋转轴转到与目标仰角面垂直的方向，这点对理解本文后面的偏置计算式非常重要。

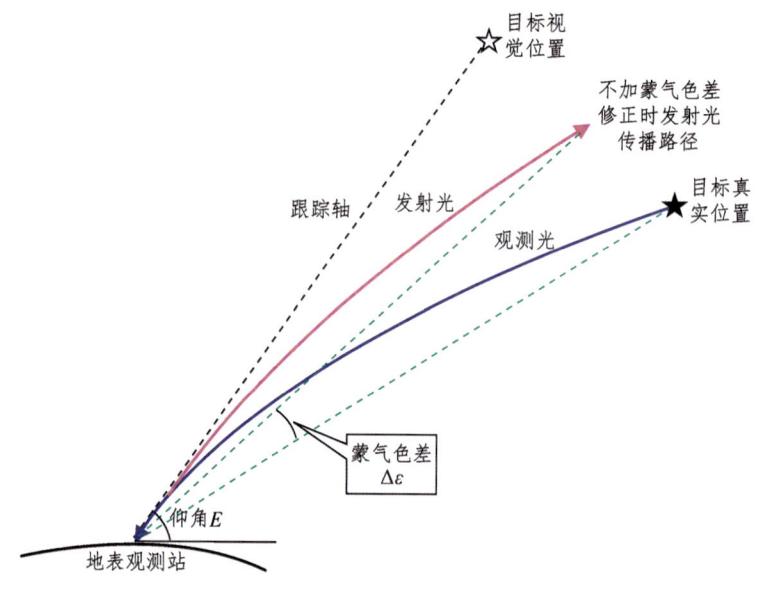

图10-6　蒙气色差

10.3　瞄准偏置精确计算

10.3.1　偏置实现原理

上节描述了几种偏置因素造成瞄准偏置的内在原因及量值估算方法，在实际应用中，偏置是靠对系统中某块反射镜（可称为"偏置镜"）实施方向控制来实现的。如图10-7所示，通过小角度转动这块镜子，使得发射轴相对跟踪轴错开一定角度，角度的大小就是上节各式给出的偏置量。

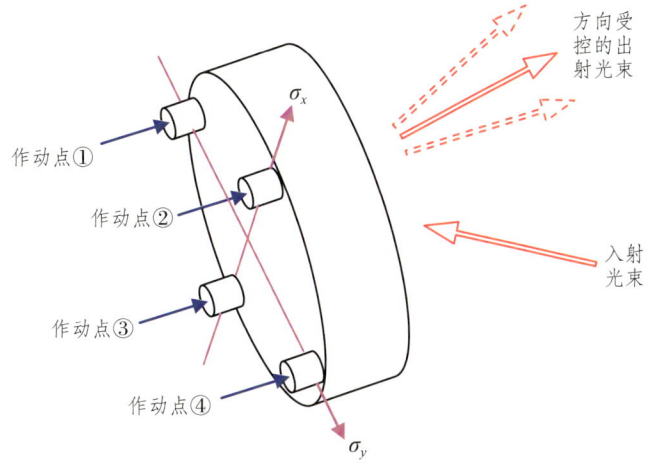

图10-7 偏置镜原理

但上节各式给出的是三维空间的总偏置量,并不直接是施加在偏置镜上的角度转动量,因为镜子的转动是二维的,包括左右转动和俯仰转动,即图10-7中分别绕 σ_x 轴和绕 σ_y 轴的转动。因此,实际光学系统要实现偏置瞄准,还必须将空间的总偏置量转化成施加在偏置镜上的两个转角分量 σ_x、σ_y,这才是真正的"瞄准偏置计算",计算原理远比上节给出的各式复杂。本节以地平式跟瞄系统为例,对近程扩展目标和远程运动点目标两种常见情形的偏置计算模型进行介绍。

10.3.2 近程扩展目标偏置计算

这里说的近程扩展目标主要是指离跟瞄系统距离比较近(如50 km以内)有一定扩展度的目标,如飞机、无人机、气球等。对这类目标,如果瞄准点与跟踪点不在同一个部位,则必须对发射光束施加瞄准偏置量。

如果系统是单套的,即跟和瞄是同一套光电系统,则不存在上节所述4种偏置量中的跨距偏移量;如果目标速度不快(如小于音速),则运动偏移量也很小,本节也不讨论。由此,本节主要考虑扩展偏移及蒙气色差所造成的偏置量。先给出算式如下,再做解释。

$$R_a \begin{pmatrix} \sigma_x \\ \sigma_y \\ 1 \end{pmatrix} = \Re(\Omega)\Re_x(\Delta\varepsilon) \begin{bmatrix} 0 \\ 0 \\ R_t \end{bmatrix} + \Re_x(E-90°)\Re_z(-A)\Re_z(\alpha)\Re_x(-\beta)\Re_y(-\gamma) \begin{pmatrix} d_x \\ d_y \\ d_z \end{pmatrix} \quad (10\text{-}10)$$

式中,(σ_x, σ_y) 为要施加在偏置镜上的两个瞄准偏置分量,合成为总偏置量 σ;R_a 为瞄准点斜距;R_t 为目标斜距;$R_a \approx R_t$,所以经常都简记为 R;$\Re(\Omega)$ 为偏置旋转矩阵,含义及计算方法在后面两章专门论述；Ω为偏置旋转角，$\Omega = B \pm A \pm E$；B为基础方位角，取决于光路布局和承载光学平台的载车朝向；$\Delta\varepsilon$为蒙气色差，$\Delta\varepsilon=(\varepsilon_{sh}-\varepsilon_{ob})$，即发射光蒙气差－观测光蒙气差），一般几个微弧度（除非观测仰角很低或两波长差别很大）；A为目标方位角；E为目标俯仰角；(α,β,γ)为扩展目标的三维姿态，即扩展目标固联坐标系相对其所在位置处地平坐标系的三轴姿态角（航向、俯仰、滚转）；(d_x,d_y,d_z)为在扩展目标固联坐标系中瞄准点相对跟踪点的三维位置偏移。

注：式（10-10）没有将R_t和R_a简记为同一符号，是为了保证方程展开后的第三子式能成立，如果都简记为R，左右不会相等。

上式的计算原理解释如下：

图10-8中，假设跟踪的是扩展目标上的T点，要瞄准的是P点；$Txyz$为目标上的固联坐标系，x轴指向右翼方向，y轴指向机（或弹）头方向，z轴按右手螺旋关系指向机背方向；P点相对T点存在空间位置偏移d，但d是三维空间的，将它分解到固联坐标系的三个轴上，得P点坐标：$P = (d_x, d_y, d_z)$。

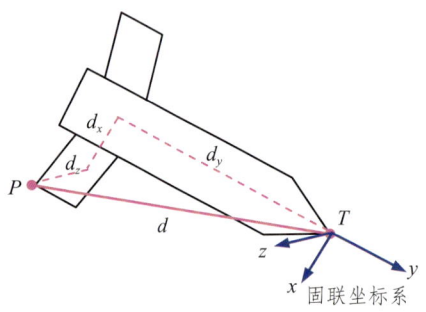

图10-8　扩展目标的固联坐标系与扩展偏移

图10-9给出了目标固联坐标系和目标处地平坐标系的关系，前者相对后者存在三轴姿态(α,β,γ)（航向、俯仰、滚转）；对于合作目标，可以由目标自带的陀螺等姿态测量设备给出这三个角；对于非合作目标，必须通过图像反演等方式计算出这三个姿态角；有了这三个角，就可以将目标固联坐标系中瞄准点P的坐标转到地平坐标系中，即

$$P = \mathfrak{R}_z(\alpha)\mathfrak{R}_x(-\beta)\mathfrak{R}_y(-\gamma)\begin{pmatrix}d_x\\d_y\\d_z\end{pmatrix} \quad (10\text{-}11)$$

式中，坐标旋转的含义为：将地平坐标系绕z轴顺时针旋转航向角α，使y轴指向机头方向；再绕x轴逆时针旋转β角，使y轴指向机头抬起方向；再绕y轴逆时针旋转γ角，使x轴指向右机翼转向下压方向，即得目标固联坐标系。上式是这个过程的逆过程，也可

以结合式（8-4）理解。

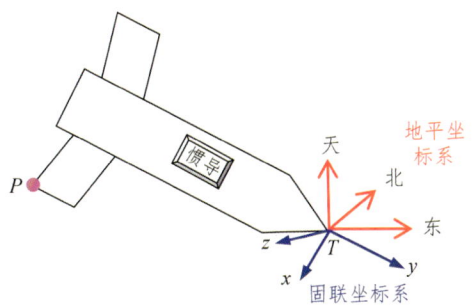

图10-9　目标固联坐标系向地平坐标系转换

图10-10给出了跟瞄系统所在地的"东-北-天"地平坐标系与跟踪视线坐标系的关系。参看图7-7可知，从地平系到视线坐标系：先要绕z轴顺时针旋转A角，使y轴指向目标在地面的投影点；再绕x轴顺时针旋转（90°−E）角，使z轴指向目标。A、E为目标的方位角、俯仰角。将上步中的目标处地平坐标系经过这组坐标旋转，再将原点平移到跟瞄系统所在地（平移距离为跟踪点斜距 R_t），则得P点在跟瞄系统视线坐标系中的坐标，即

$$P = \begin{pmatrix} 0 \\ 0 \\ R_t \end{pmatrix} + \Re_x(E-90°)\Re_z(-A)\Re_z(\alpha)\Re_x(-\beta)\Re_y(-\gamma)\begin{pmatrix} d_x \\ d_y \\ d_z \end{pmatrix} \quad (10\text{-}12)$$

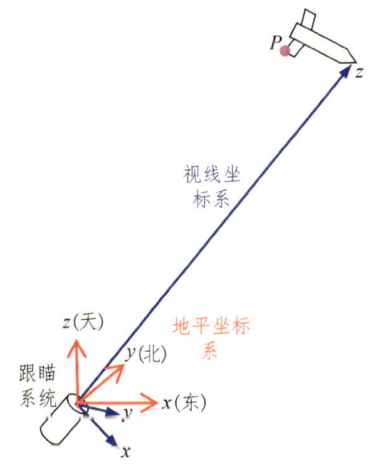

图10-10　地平坐标系向视线坐标系转换

注：式（10-12）其实包含了一个近似，假设了目标处地平坐标系与跟瞄系统处地平坐标系是平行的（只有平行坐标系才能通过平移原点使一者变成另一者）。由于地球是球形的，地球上任意两点处的地平坐标系都是不平行的。只是当目标距离比较近时，目

标处和跟瞄系统处的地平坐标系才接近平行；较远（如大于50 km）时，两处的地平系很明显不平行，再使用上式，就会产生较大误差，这时可以建立更严格的算式来代替简单的原点平移，方法可参阅8.5节和图8.7实现从一个地平系到另一个地平系的转换。

接下来是对P点位置作蒙气色差修正，以便抵消观测光与出射光波长不同造成的光线弯曲差异，于是P点坐标变成

$$P = \mathfrak{R}_x(\Delta\varepsilon)\left\{\begin{pmatrix} 0 \\ 0 \\ R_t \end{pmatrix} + \mathfrak{R}_x(E-90°)\mathfrak{R}_z(-A)\mathfrak{R}_z(\alpha)\mathfrak{R}_x(-\beta)\mathfrak{R}_y(-\gamma)\begin{pmatrix} d_x \\ d_y \\ d_z \end{pmatrix}\right\} \quad (10\text{-}13)$$

如图10-11所示，出射光束通过相对视轴在x、y方向上分别偏开σ_x、σ_y角，使得能够命中瞄准点P，所以P点坐标又可表示为

$$P = \begin{pmatrix} R_a \cdot \sigma_x \\ R_a \cdot \sigma_y \\ R_a \end{pmatrix} = R_a \begin{pmatrix} \sigma_x \\ \sigma_y \\ 1 \end{pmatrix} \quad (10\text{-}14)$$

式中，R_a为瞄准点P的斜距，并利用了小角度$\sigma \approx \sin\sigma \approx \tan\sigma$的关系。

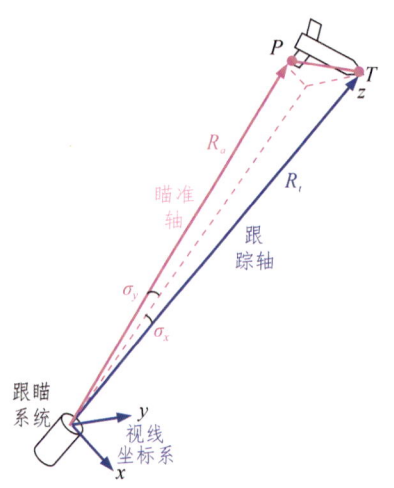

图10-11 视线坐标向偏置量转换

联立上两式，即得

$$R_a\begin{pmatrix} \sigma_x \\ \sigma_y \\ 1 \end{pmatrix} = \mathfrak{R}_x(\Delta\varepsilon)\left[\begin{pmatrix} 0 \\ 0 \\ R_t \end{pmatrix} + \mathfrak{R}_x(E-90°)\mathfrak{R}_z(-A)\mathfrak{R}_z(\alpha)\mathfrak{R}_x(-\beta)\mathfrak{R}_y(-\gamma)\begin{pmatrix} d_x \\ d_y \\ d_z \end{pmatrix}\right] \quad (10\text{-}15)$$

再考虑内光路对光束的旋转作用$\mathfrak{R}(\Omega)$，最终得式（10-10）。

从上面的解释过程可以看出，建立偏置计算模型的过程就是把瞄准点坐标从内外光路两个角度进行表达，然后使它们相等，即可求得偏置角(σ_x, σ_y)。

由于一般情况下,目标相对跟瞄系统的斜距 R_t 远大于目标上瞄准点相对跟踪点的位置偏移 d,所以,把式(10-10)中蒙气色差的作用提到方括号中去,对偏置计算结果影响很小,于是,式(10-10)经常也写成

$$R_a \begin{pmatrix} \sigma_x \\ \sigma_y \\ 1 \end{pmatrix} = \Re(\Omega) \left[\Re_x(\Delta\varepsilon) \begin{pmatrix} 0 \\ 0 \\ R_t \end{pmatrix} + \Re_x(E-90°)\Re_z(-A)\Re_z(\alpha)\Re_x(-\beta)\Re_y(-\gamma) \begin{pmatrix} d_x \\ d_y \\ d_z \end{pmatrix} \right] \quad (10\text{-}16)$$

举例:如图10-12所示,有一扩展目标 T 绕跟瞄系统 O 做斜距为 R 的等高度(或等仰角 E)的圆形轨迹飞行,目标上有一瞄准点 P 相对跟踪点 T 沿轴线向后偏移长度 l,在忽略蒙气差、目标俯仰和滚转姿态角(即 $\Delta\varepsilon=0$、$\beta=\gamma=0$)的情况下,可以估算发射光束命中 P 点所需的偏置量。

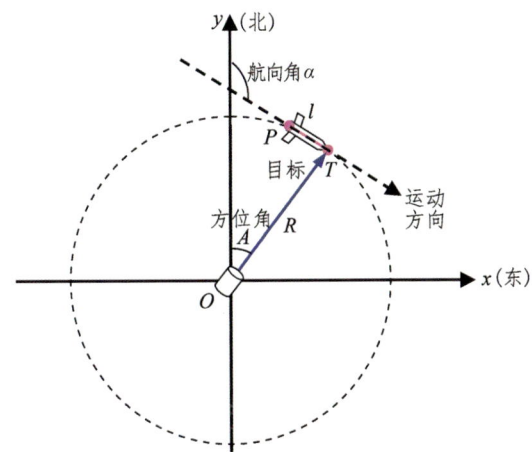

图10-12 圆轨迹运动目标的跟瞄(俯视投影图)

$$\begin{aligned}
R_a \begin{pmatrix} \sigma_x \\ \sigma_y \\ 1 \end{pmatrix} &= \Re(\Omega) \left[\begin{pmatrix} 0 \\ 0 \\ R \end{pmatrix} + \Re_x(E-90°)\Re_z(-A)\Re_z(\alpha) \begin{pmatrix} 0 \\ -l \\ 0 \end{pmatrix} \right] \\
&= \Re(\Omega) \left[\begin{pmatrix} 0 \\ 0 \\ R \end{pmatrix} + \Re_x(E-90°)\Re_z(\alpha-A) \begin{pmatrix} 0 \\ -l \\ 0 \end{pmatrix} \right] = \Re(\Omega) \left[\begin{pmatrix} 0 \\ 0 \\ R \end{pmatrix} + \Re_x(E-90°)\Re_z(90°) \begin{pmatrix} 0 \\ -l \\ 0 \end{pmatrix} \right] \\
&= \Re(\Omega) \left[\begin{pmatrix} 0 \\ 0 \\ R \end{pmatrix} + \Re_x(E-90°) \begin{pmatrix} 0 & 1 & 0 \\ -1 & 0 & 0 \\ 0 & 0 & 1 \end{pmatrix} \begin{pmatrix} 0 \\ -l \\ 0 \end{pmatrix} \right] = \Re(\Omega) \left[\begin{pmatrix} 0 \\ 0 \\ R \end{pmatrix} + \Re_x(E-90°) \begin{pmatrix} -l \\ 0 \\ 0 \end{pmatrix} \right] \\
&= \Re(\Omega) \left[\begin{pmatrix} 0 \\ 0 \\ R \end{pmatrix} + \begin{pmatrix} 1 & 0 & 0 \\ 0 & \sin E & -\cos E \\ 0 & \cos E & \sin E \end{pmatrix} \begin{pmatrix} -l \\ 0 \\ 0 \end{pmatrix} \right] = \Re(\Omega) \left[\begin{pmatrix} 0 \\ 0 \\ R \end{pmatrix} + \begin{pmatrix} -l \\ 0 \\ 0 \end{pmatrix} \right] = \Re(\Omega) \begin{pmatrix} -l \\ 0 \\ R \end{pmatrix}
\end{aligned} \quad (10\text{-}17)$$

根据第11、12章可知道，$\Re(\Omega)$经常具有以下形式

$$\Re(\Omega) = \begin{pmatrix} \cos\Omega & \sin\Omega & 0 \\ -\sin\Omega & \cos\Omega & 0 \\ 0 & 0 & 1 \end{pmatrix} \tag{10-18}$$

代入前式可得

$$R_a \begin{pmatrix} \sigma_x \\ \sigma_y \\ 1 \end{pmatrix} = \begin{pmatrix} \cos\Omega & \sin\Omega & 0 \\ -\sin\Omega & \cos\Omega & 0 \\ 0 & 0 & 1 \end{pmatrix} \begin{pmatrix} -l \\ 0 \\ R \end{pmatrix} = \begin{pmatrix} -l\cos\Omega \\ l\sin\Omega \\ R \end{pmatrix} \tag{10-19}$$

于是可算得

$$\begin{pmatrix} \sigma_x \\ \sigma_y \end{pmatrix} = \frac{-l}{R} \begin{pmatrix} \cos\Omega \\ -\sin\Omega \end{pmatrix} \tag{10-20}$$

总偏置量为

$$\sigma = \sqrt{\sigma_x^2 + \sigma_y^2} = \frac{l}{R} \tag{10-21}$$

与式（10-6）相符。

10.3.3 远程点目标偏置计算

与近程扩展目标不同，远程点目标的偏置计算主要考虑目标与跟瞄系统之间光传输延时时间内目标自身的运动。与上节的处理方式相同，先给出算式，再作解释。

$$R_a \begin{pmatrix} \sigma_x \\ \sigma_y \\ 1 \end{pmatrix} = \Re(\Omega)\Re_x(\Delta\varepsilon) \left[\begin{pmatrix} 0 \\ 0 \\ R_t \end{pmatrix} + \Re_x(E-90°)\Re_z(-A) \begin{pmatrix} v_x \\ v_y \\ v_z \end{pmatrix} \left(\frac{2R_t}{c} + \Delta t_d \right) \right] \tag{10-22}$$

式中，(σ_x, σ_y)为要施加在偏置镜上的两个瞄准偏置分量，合成为总偏置量σ；R_a为瞄准点斜距；R_t为目标斜距；$R_a \approx R_t$，所以经常都简记为R；$\Re(\Omega)$为偏置旋转矩阵；Ω为偏置旋转角，$\Omega = B \pm A \pm E$；B为基础方位角，取决于光路布局和载车朝向；$\Delta\varepsilon$为蒙气色差，一般几个微弧度（除非观测仰角很低或两波长差别很大）；A为目标方位角；E为目标俯仰角；c为光速，3×10^5km/s；(v_x, v_y, v_z)为惯性坐标系中目标相对测站的速度矢量，合成为v；$\dfrac{2R_t}{c}$为光传输延时，指光从目标上发出到达跟瞄系统的时间+光从跟瞄系统发出到达目标的时间，俗称往返延时；Δt_d为跟瞄系统指向延时，指跟瞄系统从收到目标光到算出目标位置并驱动伺服机构指向该位置所用的时间。

比较式（10-10）和式（10-22），可以发现，它们的大部分都是相同的，只有等式右端最后部分不同：前者用d表示瞄准点相对跟踪点的空间偏移，后者用$v \cdot \Delta t$表示

瞄准点相对跟踪点的空间偏移。所以，下面的解释中对相同部分的说明从简。

先看图10-13，在跟瞄系统处的地平坐标系中，运动目标T具有速度矢量v；一束光从目标传播距离R_t到达跟瞄系统O，而后一束光再从O传到目标，总共用时$\frac{2R_t}{c}$，再考虑跟瞄系统对目标信号的处理延时Δt_d，总共用时$\Delta t = \frac{2R_t}{c} + \Delta t_d$；此间，目标从$T$运动到了$P$，运动量为$TP$；为了使出射光命中目标，则应向$P$位置发射。$TP$的算式为

$$TP = v \cdot \Delta t = \begin{pmatrix} v_x \\ v_y \\ v_z \end{pmatrix} \left(\frac{2R_t}{c} + \Delta t_d \right) \quad (10\text{-}23)$$

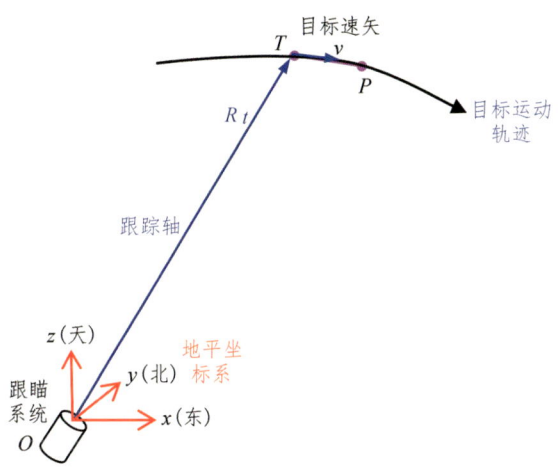

图10-13 目标运动量

式（10-23）给出了跟瞄系统处地平坐标系中TP矢量的表达式（其中速度分量是在该地平坐标系中的分解）。与上节类似，继续把地平坐标转成视线坐标，得TP在视线坐标系中的表达

$$TP = \Re_x(E - 90°)\Re_z(-A) \begin{pmatrix} v_x \\ v_y \\ v_z \end{pmatrix} \left(\frac{2R_t}{c} + \Delta t_d \right) \quad (10\text{-}24)$$

式中，两个坐标旋转的原理见上节。

在视线系中，P点坐标由"OT矢量+TP矢量"得到，即

$$P = OT + TP = \begin{pmatrix} 0 \\ 0 \\ R_t \end{pmatrix} + \Re_x(E - 90°)\Re_z(-A) \begin{pmatrix} v_x \\ v_y \\ v_z \end{pmatrix} \left(\frac{2R_t}{c} + \Delta t_d \right) \quad (10\text{-}25)$$

式中，$(0,0,R_t)$ 为 T 点坐标，也即 OT 矢量。

接下来，对 P 点位置作蒙气色差修正，以便抵消观测光与出射光波长不同造成的光线弯曲差异，于是 P 点坐标变成

$$P = \Re_x(\Delta\varepsilon)\begin{bmatrix} 0 \\ 0 \\ R_t \end{bmatrix} + \Re_x(E-90°)\Re_z(-A)\begin{pmatrix} v_x \\ v_y \\ v_z \end{pmatrix}\left(\frac{2R_t}{c} + \Delta t_d\right) \quad (10\text{-}26)$$

最后，如图10-14所示，出射光束通过相对跟踪轴在 x、y 方向上分别偏开 σ_x、σ_y 角，使得能够命中瞄准点 P，所以，P 点坐标又可表示为

$$P = R_a\begin{pmatrix} \sigma_x \\ \sigma_y \\ 1 \end{pmatrix} \quad (10\text{-}27)$$

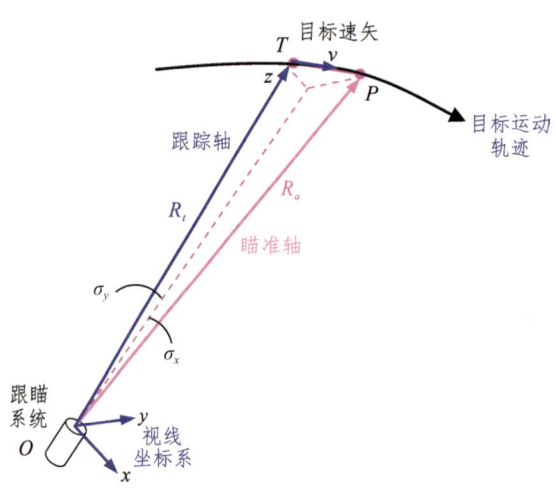

图10-14　视线坐标向偏置量转换

联立式（10-26）和（10-27），得

$$R_a\begin{pmatrix} \sigma_x \\ \sigma_y \\ 1 \end{pmatrix} = \Re_x(\Delta\varepsilon)\begin{bmatrix} 0 \\ 0 \\ R_t \end{bmatrix} + \Re_x(E-90°)\Re_z(-A)\begin{pmatrix} v_x \\ v_y \\ v_z \end{pmatrix}\left(\frac{2R_t}{c} + \Delta t_d\right) \quad (10\text{-}28)$$

再考虑内光路对光束的旋转作用 $\Re(\Omega)$，最终得式（10-22）。

10.4 关于远程点目标偏置的几点讨论

由于卫星测距定轨和卫星激光通信的需要，此处对上节所讲的远程点目标偏置计算模型再做进一步讨论。

10.4.1 精算与估算的一致性

如果在式（10-22）中，不考虑蒙气色差 $\Delta\varepsilon$、信号处理延时 Δt_d，且目标速度矢量平行于视线坐标系的 x 轴（即垂视目标轨迹，这时目标在地平坐标系中的运动方向角为 $90°+A$，原理可参考图10-12），则式（10-22）变成

$$R_a \begin{pmatrix} \sigma_x \\ \sigma_y \\ 1 \end{pmatrix} = \Re(\Omega)\left[\begin{pmatrix} 0 \\ 0 \\ R_t \end{pmatrix} + \Re_x(E-90°)\Re_z(-A)\begin{pmatrix} v\cdot\sin(90°+A) \\ v\cdot\cos(90°+A) \\ 0 \end{pmatrix}\frac{2R_t}{c}\right]$$

$$= \Re(\Omega)\left[\begin{pmatrix} 0 \\ 0 \\ R_t \end{pmatrix} + \begin{pmatrix} 1 & 0 & 0 \\ 0 & \sin E & -\cos E \\ 0 & \cos E & \sin E \end{pmatrix}\begin{pmatrix} \cos A & -\sin A & 0 \\ \sin A & \cos A & 0 \\ 0 & 0 & 1 \end{pmatrix}\begin{pmatrix} \cos A \\ -\sin A \\ 0 \end{pmatrix}\frac{2vR_t}{c}\right]$$

$$= \Re(\Omega)\left[\begin{pmatrix} 0 \\ 0 \\ R_t \end{pmatrix} + \begin{pmatrix} 1 & 0 & 0 \\ 0 & \sin E & -\cos E \\ 0 & \cos E & \sin E \end{pmatrix}\begin{pmatrix} 1 \\ 0 \\ 0 \end{pmatrix}\frac{2vR_t}{c}\right] \quad (10\text{-}29)$$

$$= \Re(\Omega)\left[\begin{pmatrix} 0 \\ 0 \\ R_t \end{pmatrix} + \begin{pmatrix} 1 \\ 0 \\ 0 \end{pmatrix}\frac{2vR_t}{c}\right]$$

$$= \Re(\Omega)\begin{pmatrix} 2vR_t/c \\ 0 \\ R_t \end{pmatrix}$$

用式（10-18）的 $\Re(\Omega)$ 代入式（10-29），则变成

$$R_a\begin{pmatrix} \sigma_x \\ \sigma_y \\ 1 \end{pmatrix} = \Re(\Omega)\begin{pmatrix} 2vR_t/c \\ 0 \\ R_t \end{pmatrix} = \begin{pmatrix} \cos\Omega & \sin\Omega & 0 \\ -\sin\Omega & \cos\Omega & 0 \\ 0 & 0 & 1 \end{pmatrix}\begin{pmatrix} 2vR_t/c \\ 0 \\ R_t \end{pmatrix} = \begin{pmatrix} \dfrac{2vR_t}{c}\cos\Omega \\ -\dfrac{2vR_t}{c}\sin\Omega \\ R_t \end{pmatrix} \quad (10\text{-}30)$$

解得偏置量为

$$\begin{pmatrix} \sigma_x \\ \sigma_y \end{pmatrix} = \frac{2v}{c} \begin{pmatrix} \cos\Omega \\ -\sin\Omega \end{pmatrix} \qquad (10\text{-}31)$$

总偏置量为

$$\sigma = \sqrt{\sigma_x^2 + \sigma_y^2} = 2\frac{v}{c} \qquad (10\text{-}32)$$

与式（10-4）相符。

比较式（10-20）和式（10-31），会发现两者在形式上很相似，这说明通过设定特定场景，可以使扩展目标和点目标的偏置计算模型互相印证。这是多角度验证数学模型正确性的方法之一。

10.4.2 关于速度的计算

式（10-22）中要求目标的速度 v 为惯性系中目标相对测站的速度，它既不只是目标在空间的自身运动，也不是地固系中目标的目视速度（如地球静止轨道目标，目视是不动的，速度为0），而是包含了目标自身运动和地球自转运动（即观测站运动）的共同结果。因此，要从这两个方面进行计算。

（1）测站的运动速度。

由于测站固定在地球表面上，所以测站在空间的速度就是地球自转的速度，其大小与测站纬度有关。设测站的经纬度海拔为 (L, B, H)，则测站随地球自转的速率为

$$v_e = \frac{2\pi \cdot R_e \cos B}{24\ \text{h}} \qquad (10\text{-}33)$$

式中，$R_e = 6\ 378.137\ \text{km}$ 为地球赤道半径，$R_e \cos B$ 为测站所在地纬度圈半径，24 h 为地球自转周期。由上式可算得：赤道上的地表速率为0.47 km/s；40°纬度地区的地表速率为0.36 km/s。

除了速率以外，速度的方向也很重要，也更复杂。地表自转的速度矢量沿纬度圈切线方向水平指向正东、垂直于当地经度圈，如果地惯系x轴至测站所在经度圈的夹角为 s（即"地方恒星时"），则测站在地惯系中的速度为

$$\begin{pmatrix} v_x \\ v_y \\ v_z \end{pmatrix}_{zi} = v_e \begin{pmatrix} \cos(90°+s) \\ \sin(90°+s) \\ 0 \end{pmatrix} = \mathfrak{R}_z(-90°-s) \begin{pmatrix} v_e \\ 0 \\ 0 \end{pmatrix} \qquad (10\text{-}34)$$

式中，脚标zi表示"测站z在地惯系i中"。

（2）目标的运动速度。

如果有地惯系的目标xyz直角坐标数据，则可以直接用前后两时刻的xyz坐标差分得到其速度，计算过程简单。

如果没有地惯系的目标xyz坐标数据，而是有地平系的目标AER数据，这时，要得到目标在地惯系中的速度，需要经过一系列的转换。

① 由目标在测站地平系的球坐标(A,E,R)计算其地平系直角坐标[原理参阅式（2-19）]。

$$\begin{pmatrix} x \\ y \\ z \end{pmatrix}_p = R \begin{pmatrix} \cos E \sin A \\ \cos E \cos A \\ \sin E \end{pmatrix} \quad (10\text{-}35)$$

式中，脚标p代表地平。

② 由前后两相距很近时刻(t_1,t_2)的直角坐标计算目标在地平系中的速度。

$$\begin{pmatrix} v_x \\ v_y \\ v_z \end{pmatrix}_p = \frac{1}{t_2 - t_1} \left[\begin{pmatrix} x_{t_2} \\ y_{t_2} \\ z_{t_2} \end{pmatrix} - \begin{pmatrix} x_{t_1} \\ y_{t_1} \\ z_{t_1} \end{pmatrix} \right]_p \quad (10\text{-}36)$$

③ 由目标的地平系速度计算其在站心地固系的速度[原理参阅式（2-27）]。

$$\begin{pmatrix} v_x \\ v_y \\ v_z \end{pmatrix}_g = \Re_z(-L)\Re_y(B-90°)\Re_z(-90°) \begin{pmatrix} v_x \\ v_y \\ v_z \end{pmatrix}_p \quad (10\text{-}37)$$

式中，脚标g代表地固。

④ 由目标的站心地固系速度计算其地心地固系速度：由于速度矢量与坐标原点无关，同一矢量在两个轴系互相平行、原点不重合的坐标系中不会改变，所以地心地固系中目标速度等于其在站心地固系的速度，仍为上式。

⑤ 计算瞬时地惯系中目标相对地固系的速度[原理参阅式（5-26）]。

$$\begin{pmatrix} v_x \\ v_y \\ v_z \end{pmatrix}_{mgi} = \Re_z(-S) \begin{pmatrix} v_x \\ v_y \\ v_z \end{pmatrix}_g \quad (10\text{-}38)$$

式中，脚标"mgi"表示地惯系i中目标m相对地固g；S表示地惯系x轴至0°经线圈的夹角（即"恒星时"）。

⑥ 由目标的地固系速度计算地惯系速度。

这个计算比较复杂，因为地固系相对地惯系是转动的（转速为地球自转速度），所以地固系是非惯性系，如此，"目标在地惯系的速度"就要分解成"地惯系中目标相对地固系的速度"和"地固系相对地惯系的速度"两个成分，前者已由上式算得，后者可根据目标的地心距 R_{me}、目标在地球表面的投影点（如星下点）的纬度 B_m、地惯系 x 轴至投影点经度圈的夹角 s_m 算得。

$$\begin{pmatrix} v_x \\ v_y \\ v_z \end{pmatrix}_{gi} = \frac{2\pi \cdot R_{me} \cos B_m}{24\text{ h}} \begin{pmatrix} -\sin s_m \\ \cos s_m \\ 0 \end{pmatrix} = \Re_z(-90° - s_m) \begin{pmatrix} v_m \\ 0 \\ 0 \end{pmatrix} \quad (10\text{-}39)$$

式中，脚标"gi"表示地固系 g 相对地惯系 i；$v_m = \frac{2\pi \cdot R_{me} \cos B_m}{24\text{ h}}$ 为目标处的"虚拟地球（地球膨胀到经过目标点的假想球）"的纬度圈自转线速率；脚标"m"表示目标。上式在形式上其实是式（10-33）和式（10-34）的合并，并做了符号代换：地球半径 R_e 换成了目标地心距 R_{me}，测站纬度 B 换成了目标地面投影点的纬度 B_m，测站经度圈的 s 换成了目标投影点经度圈的 s_m。算式形式的一致性说明二者的计算原理是相同的。

于是，目标在地惯系中的速度为上面两个速度的合成。

$$\begin{pmatrix} v_x \\ v_y \\ v_z \end{pmatrix}_{mi} = \begin{pmatrix} v_x \\ v_y \\ v_z \end{pmatrix}_{mgi} + \begin{pmatrix} v_x \\ v_y \\ v_z \end{pmatrix}_{gi} \quad (10\text{-}40)$$

（3）目标相对测站的运动速度。

有了式（10-34）测站在地惯系中的速度和式（10-40）目标在地惯系中的速度后，即可求得惯性系中目标相对测站的速度。

$$\begin{pmatrix} v_x \\ v_y \\ v_z \end{pmatrix}_i = \begin{pmatrix} v_x \\ v_y \\ v_z \end{pmatrix}_{mi} - \begin{pmatrix} v_x \\ v_y \\ v_z \end{pmatrix}_{zi} \quad (10\text{-}41)$$

需要将上式速度旋转到测站地平系中，才能代入式（10-22）中使用，所以做如下转换[原理参阅式（2-26）]

$$\begin{pmatrix} v_x \\ v_y \\ v_z \end{pmatrix} = \Re_z(90°)\Re_y(90° - B)\Re_z(s) \begin{pmatrix} v_x \\ v_y \\ v_z \end{pmatrix}_i \quad (10\text{-}42)$$

至此，式（10-22）所需的所有输入均已明确，可以计算偏置量了。

10.4.3 模型的简化

将式（10-34）、式（10-37）～式（10-42）依次前者代入后者，最终得到速度的综合表达式，并可做如下推导与化简

$$\begin{aligned}
\begin{pmatrix} v_x \\ v_y \\ v_z \end{pmatrix} &= \Re_z(90°)\Re_y(90°-B)\Re_z(s)\left[\Re_z(-S)\Re_z(-L)\Re_y(B-90°)\Re_z(-90°)\begin{pmatrix} v_x \\ v_y \\ v_z \end{pmatrix}_p + \Re_z(-90°-s_m)\begin{pmatrix} v_m \\ 0 \\ 0 \end{pmatrix} - \Re_z(-90°-s)\begin{pmatrix} v_e \\ 0 \\ 0 \end{pmatrix}\right] \\
&= \Re_z(90°)\Re_y(90°-B)\left[\Re_z(s)\Re_z(-S)\Re_z(-L)\Re_y(B-90°)\Re_z(-90°)\begin{pmatrix} v_x \\ v_y \\ v_z \end{pmatrix}_p + \Re_z(s)\Re_z(-90°-s_m)\begin{pmatrix} v_m \\ 0 \\ 0 \end{pmatrix} - \Re_z(s)\Re_z(-90°-s)\begin{pmatrix} v_e \\ 0 \\ 0 \end{pmatrix}\right] \\
&= \Re_z(90°)\Re_y(90°-B)\left[\Re_z(s-S)\Re_z(-L)\Re_y(B-90°)\Re_z(-90°)\begin{pmatrix} v_x \\ v_y \\ v_z \end{pmatrix}_p + \Re_z(s-90°-s_m)\begin{pmatrix} v_m \\ 0 \\ 0 \end{pmatrix} - \Re_z(s-90°-s)\begin{pmatrix} v_e \\ 0 \\ 0 \end{pmatrix}\right] \\
&= \Re_z(90°)\Re_y(90°-B)\left[\Re_z(L)\Re_z(-L)\Re_y(B-90°)\Re_z(-90°)\begin{pmatrix} v_x \\ v_y \\ v_z \end{pmatrix}_p + \Re_z(L-90°-L_m)\begin{pmatrix} v_m \\ 0 \\ 0 \end{pmatrix} - \Re_z(-90°)\begin{pmatrix} v_e \\ 0 \\ 0 \end{pmatrix}\right] \quad (10\text{-}43) \\
&= \Re_z(90°)\Re_y(90°-B)\left[\Re_y(B-90°)\Re_z(-90°)\begin{pmatrix} v_x \\ v_y \\ v_z \end{pmatrix}_p + \Re_z(L-90°-L_m)\begin{pmatrix} v_m \\ 0 \\ 0 \end{pmatrix} - \Re_z(-90°)\begin{pmatrix} v_e \\ 0 \\ 0 \end{pmatrix}\right] \\
&= \begin{pmatrix} v_x \\ v_y \\ v_z \end{pmatrix}_p + \Re_z(90°)\Re_y(90°-B)\left[\Re_z(L-90°-L_m)\begin{pmatrix} v_m \\ 0 \\ 0 \end{pmatrix} - \Re_z(-90°)\begin{pmatrix} v_e \\ 0 \\ 0 \end{pmatrix}\right] \\
&= \begin{pmatrix} v_x \\ v_y \\ v_z \end{pmatrix}_p + \Re_z(90°)\Re_y(90°-B)\Re_z(-90°)\left[\Re_z(L-L_m)\begin{pmatrix} v_m \\ 0 \\ 0 \end{pmatrix} - \begin{pmatrix} v_e \\ 0 \\ 0 \end{pmatrix}\right]
\end{aligned}$$

即

$$v = v_p + \Re_z(90°)\Re_y(90°-B)\Re_z(-90°)\left[\Re_z(L-L_m)\begin{pmatrix} v_m \\ 0 \\ 0 \end{pmatrix} - \begin{pmatrix} v_e \\ 0 \\ 0 \end{pmatrix}\right] \quad (10\text{-}44)$$

式中，L、B、L_m 分别是测站的经度、纬度、目标的地面投影点经度，化简过程利用了"地方恒星时s＝恒星时S+地方经度L"的关系。

由上式可以看出，式（10-22）所需的目标速度v主要由目标在测站地平系中的速度v_p和测站处的地球自转速率v_e、目标处的虚拟地球自转速率v_m确定，而且并不需要计算恒星时S、测站处地方恒星时s、目标星下点处地方恒星时s_m（这三个量的含义和计算原理比较复杂，非专业人员一般很难理解和计算正确）。

用上式对两个典型场景做近似计算：

（1）低轨目标。

以600 km高的低轨目标为例，对它进行激光通信或测距时，由式（10-33）和式（10-39）可以算出，40°纬度地区的地表自转速度 $v_e = 0.36$ km/s，目标处虚拟地球的自转速度 $v_m = 0.39$ km/s，目标相对地球表面测站的速度 $v_p = 7.56$ km/s，代入式（10-44），得 $v = 7.6$ km/s，代入式（10-32）得偏置量 $\sigma = 50.6$ μrad，也就是说，如果要与此类目标进行激光通信或测距，激光需向其运动方向偏离跟踪轴50.6 μrad的角度进行发射。

讨论：上面的低轨目标偏置计算中，地球表面的自转速度v_e对目标相对地表的速度v_p改变很小（$v_p=7.56$ km/s，合成速度$v=7.6$ km/s），所以，计算中直接用v当v_p，不会引起太大误差，结果偏置量仍为50 μrad左右，所以，当精度要求不是特别高时，可以采用这种简化计算，即不用式（10-44）的复杂算式，而直接用式（10-36）的简便算式。

（2）地球静止轨道目标。

这类目标离地高度35 786 km（地心距42 164 km），由式（10-33）和式（10-39）可以算出，赤道上地球自转速度$v_e=0.47$ km/s，目标处虚拟地球自转速度$v_m=3.1$ km/s，目标相对地球表面的速度$v_p≈0$，代入式（10-44），得$v≈2.63$ km/s，代入式（10-32）得偏置量$\sigma=17.6$ μrad，也就是说，如果要对地球静止轨道目标进行激光测距，激光需向其运动方向偏离跟踪轴17.6 μrad的角度进行发射，而不能因为该目标"看起来是不动"的就正轴发射测距激光。显然，这时地球自转速度为主要因素，用式（10-36）不能得到正确结果，而必须使用式（10-44）进行计算。如果只考虑单程光传输延时，则偏置量为17.6 μrad的一半，即8.8 μrad。

由于测站的纬度越低，v_e越大，对v_m的抵消作用越大，当测站纬度为0°（即在赤道上）时，v_e达到最大值0.47 km/s，这时，合成速度v最小可达2.63 km/s，由此得光束单程最小偏置量就是上面所说的8.8 μrad。反之，测站的纬度越高，v_e越小，对v_m的抵消作用越小。当测站纬度达到最大值90°（即在南北极）时，$v_e=0$，合成速度v达到最大值$v=v_m=3.1$ km/s，由此算得光束单程最大偏置量为10.4 μrad。所以，对于地球静止轨道目标，光束单程偏置量的取值范围为8.8~10.4 μrad，具体值取决于目标和测站的具体位置。

10.4.4 对地球静止轨道目标偏置的进一步阐述

乍一看，地球静止轨道目标相对地球表面的观测者来说，是静止不动的，似乎向它发射光束也应该是0偏置的正轴发射，但实际并非如此。如图10-15所示，惯性空间中，地球表面的测站O随地球自转有一个速度v_e，地球静止轨道上的目标T随"虚拟地球自转"有一个速度v_m，这两个速度大小不相等，方向也不相同；如果自O点0偏置向T点发射光束，根据运动合成原理，光束将打在Q点处，而光束自O至Q的传输时间内，目标T运动到了P，所以光束不能命中目标；要想光束命中目标，必须使瞄准点偏移QP矢量，显然这个矢量正好对应式（10-44）右侧中括号内部分，计算结果也不为0。至于该括号之前的部分，那是地固系转地平系的旋转矩阵，目的是经此转换后才能与地平系的目标相对运动速度v_p进行矢量相加。需要说明一点：上述运动合成遵循洛仑兹变换，其结果会改变光束传输方向，但不会改变光速大小或超越光速，这点与低速领域中的经典伽利略变换不同。

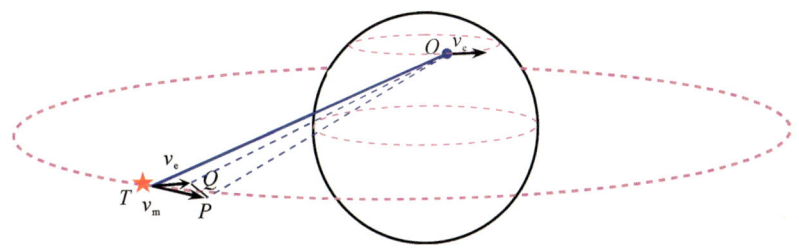

图10-15　地球静止轨道目标的偏置成因

换句话说，造成地球静止轨道上目标偏置量不为0的根本原因是，光束自跟瞄系统发出后，带着跟瞄系统的运动速度在惯性空间中做匀速直线运动，而目标却是在做非惯性的圆周运动，这就使得经历 Δt 时间后，两者会分道扬镳，不会相合，要想使它们相合，必须对光束施加一个非0的偏置量。

有人也许会问，在上面的理论推导和计算过程中，只考虑了地球自转（0.47 km/s）导致的 P、Q 点位置分离，那地球还在绕太阳公转（30 km/s）、太阳又在绕银河系公转（200 km/s），这些速度更快，岂不是更要考虑？事实上，在上述计算模型中真正起作用的是转动的角速率，这个角速率导致了 P 点与 Q 点的分离，虽然地球绕太阳公转和太阳绕银河公转的速度更快，但角速率却比地球自转小得多（同样是转过360°，地球自转一周只要24小时，绕日公转一周要1年，随太阳绕银河公转一周要2.2亿年）。而且，地球绕日公转轨道和太阳绕银河公转轨道的半径都非常非常大（分别是 1.5×10^8 km 和 2.6×10^4 光年），在如此大的半径上，轨道圆周已经非常非常接近直线，圆周效应完全可以忽略不计。更重要的是，地球绕日公转和太阳绕银河公转，对 O 点和 T 点的作用是同时存在的，而且几乎完全等量，所以 O、T 的相对运动中，绕日公转和绕银河公转的成分被抵消了。因此，地球上轨道目标的瞄准偏置计算只需考虑地球自身的转动，不需要考虑地球绕日公转和随太阳绕银河的公转。

10.5　不同构型系统的偏置计算

10.5.1　地平式系统

在式（10-22）中，记总延时量 $\mathrm{d}t = \dfrac{2R_t}{c} + \Delta t_d$，并记瞄准偏移矢量 $\begin{pmatrix} \mathrm{d}x \\ \mathrm{d}y \\ \mathrm{d}z \end{pmatrix} = \begin{pmatrix} v_x \\ v_y \\ v_z \end{pmatrix} \mathrm{d}t$，结合（2-23）式原理，可将式（10-22）改写成下式

$$R_a\begin{pmatrix}\sigma_x\\ \sigma_y\\ 1\end{pmatrix}=\Re(\Omega)\Re_x(\Delta\varepsilon)\left[\Re_x(E-90°)\Re_z(-A)\begin{pmatrix}x\\ y\\ z\end{pmatrix}+\Re_x(E-90°)\Re_z(-A)\begin{pmatrix}\mathrm{d}x\\ \mathrm{d}y\\ \mathrm{d}z\end{pmatrix}\right] \quad (10\text{-}45)$$

$$R_a\begin{pmatrix}\sigma_x\\ \sigma_y\\ 1\end{pmatrix}=\Re(\Omega)\Re_x(E-90°)\Re_x(\Delta\varepsilon)\Re_z(-A)\left[\begin{pmatrix}x\\ y\\ z\end{pmatrix}+\begin{pmatrix}\mathrm{d}x\\ \mathrm{d}y\\ \mathrm{d}z\end{pmatrix}\right] \quad (10\text{-}46)$$

式（10-46）的含义：先将地平系中目标位置 (x,y,z) 与瞄准偏移矢量 $(\mathrm{d}x,\mathrm{d}y,\mathrm{d}z)$ 合成，再将地平坐标系绕z轴顺时针旋转A角，使x轴转到与E角所在竖平面垂直，再在该平面内修正蒙气色差 $\Delta\varepsilon$，并绕x轴顺时针旋 $(90°-E)$ 角，使出射光线指向瞄准点。

10.5.2 三轴系统

$$R_a\begin{pmatrix}\sigma_x\\ \sigma_y\\ 1\end{pmatrix}=\Re(\Omega)\Re_y(\gamma)\Re_x(\beta-90°)\Re_z(-\alpha)\Re_z(A)\Re_x(\Delta\varepsilon)\Re_z(-A)\left[\begin{pmatrix}x\\ y\\ z\end{pmatrix}+\begin{pmatrix}\mathrm{d}x\\ \mathrm{d}y\\ \mathrm{d}z\end{pmatrix}\right] \quad (10\text{-}47)$$

式（10-47）的含义：先将地平系中目标位置与瞄准偏移矢量合成，再将地平系绕z轴顺时针旋转A角、使x轴转到与E角所在竖平面垂直，在该平面内修正蒙气色差，然后逆旋A角回到地平坐标系，再按三轴系的工作原理进行三次角度旋转[原理参阅式（7-1）]，使出射光线指向瞄准点。

10.5.3 双俯仰系统

$$R_a\begin{pmatrix}\sigma_x\\ \sigma_y\\ 1\end{pmatrix}=\Re(\Omega)\Re_y(X)\Re_x(Y-90°)\Re_z(A)\Re_x(\Delta\varepsilon)\Re_z(-A)\left[\begin{pmatrix}x\\ y\\ z\end{pmatrix}+\begin{pmatrix}\mathrm{d}x\\ \mathrm{d}y\\ \mathrm{d}z\end{pmatrix}\right] \quad (10\text{-}48)$$

式（10-48）的含义：先将地平系中目标位置与瞄准偏移矢量合成，再将地平系绕z轴顺时针旋转A角、使x轴转到与E角所在竖平面垂直，在该平面内修正蒙气色差，然后逆旋A角回到地平系，再按双俯仰系的工作原理进行两次角度旋转，使出射光线指向瞄准点。

从式（10-46）~式（10-48）可以看出：三种不同构型跟瞄系统的偏置计算模型可以有非常相似的形式，尤其是右端一半乘子完全相同。将计算模型整理成这样的目的，一是便于对比研究，二是建立统一理论和统一数学模型，不至于由于系统构型的变化，让人觉得要掌握几套完全不同的计算方法，会大大增加学习量，不利于对跟瞄过程本质的理解。

从三个式子及含义描述还可以看出：计算模型中都有一个把坐标系 x 轴转到与俯仰角 E 所在竖直面垂直的环节，这是因为蒙气差只发生在俯仰面内，切不可在其他角上随意加减蒙气差，包括 A、α、β、γ、X 角、Y 角等。

10.6 分孔径体系瞄准偏置计算

分孔径体系是指体系中有两个光电系统，一个用来发射光束，一个用来接收从空中某处"反射"回来的光束，这种收发分体的系统在大气钠信标科学研究中有时会遇到：信标光从B系统发射，在大气层中约90 km高空钠离子层激发后形成钠信标回光，再由A系统探测接收，以辅助A系统进行大气光学测量研究。A、B两系统为不同孔径（可以通俗地理解为两个不同的镜筒），所以称为分孔径体系。分孔径体系的偏置计算比前面介绍的复杂，除了要考虑传统的目标位置偏移外，还要考虑两孔径跨距（即基线）的视差。

如图10-16所示，目标 T 发出的光线被A、B两个跟踪系统同时探测；A系统瞄准目标未来位置 P，AP 与信标层交于 K 点；信标光自B系统向 K 点发射，以资探测 AP 路线上的大气光学参数；所以，信标光的偏置就是 BN 线转向 BK 线所需的偏转量；此偏置量由两部分组成：一是 BA 跨距 D 在信标层的投影 $d = NM$，二是目标运动偏移量在信标层的投影 $l = MK$。

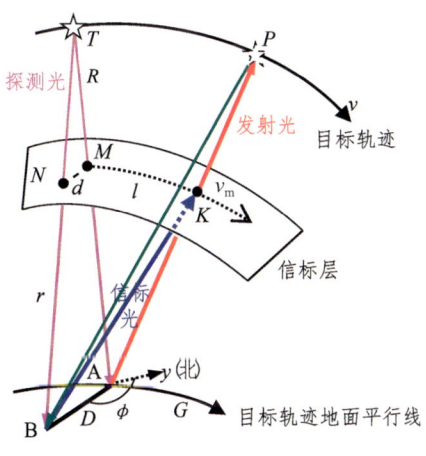

图10-16 分孔径偏置的形成原理

设 MN 矢量在 A 处地平坐标系中的方位角为 ϕ、与水平面无夹角（即A、B两系统无高差），则在地平系中，NM 矢量（MN 矢量的反向矢量）可以表示为

$$\vec{d} = \begin{pmatrix} -d\sin\phi \\ -d\cos\phi \\ 0 \end{pmatrix} \quad (10\text{-}49)$$

矢量 MK 由目标在信标层的投影点的运动引起，它在 A 处地平坐标系中可以表示为

$$\vec{l} = \begin{pmatrix} v_x \\ v_y \\ v_z \end{pmatrix} dt \quad (10\text{-}50)$$

式中，dt 为光束传输延时，(v_x, v_y, v_z) 为目标在信标层投影点的速度，即图中 v_m，可由目标两时刻的方位、俯仰、斜距求得（先求位置，再差分得速度）。

所以，总偏移量 NK 在地平坐标系中的计算式为

$$NK = NM + MK = \vec{l} + \vec{d} = \begin{pmatrix} v_x \\ v_y \\ v_z \end{pmatrix} dt + \begin{pmatrix} -d\sin\phi \\ -d\cos\phi \\ 0 \end{pmatrix} \quad (10\text{-}51)$$

与传统偏置计算的原理类似，这个偏移量经过两次坐标旋转可以得到在视轴坐标系中的表达（仍用 NK 记）

$$NK = \Re_x(E - 90°)\Re_z(-A)\left[\begin{pmatrix} v_x \\ v_y \\ v_z \end{pmatrix} dt + \begin{pmatrix} -d\sin\phi \\ -d\cos\phi \\ 0 \end{pmatrix}\right] \quad (10\text{-}52)$$

式中，A、E 为目标跟踪的方位、俯仰角。

由于 N 点在 B 系统的视线坐标系中位置为 $(0, 0, r)$，所以，K 点在视线坐标系中的位置为

$$K = N + NK = \begin{pmatrix} 0 \\ 0 \\ r \end{pmatrix} + \Re_x(E - 90°)\Re_z(-A)\left[\begin{pmatrix} v_x \\ v_y \\ v_z \end{pmatrix} dt + \begin{pmatrix} -d\sin\phi \\ -d\cos\phi \\ 0 \end{pmatrix}\right] \quad (10\text{-}53)$$

再加上蒙气色差和偏置旋转矩阵 $\Re(\Omega)$ 的作用，得 K 点坐标

$$K = \Re(\Omega)\Re_x(\Delta\varepsilon)\left\{\begin{pmatrix} 0 \\ 0 \\ r \end{pmatrix} + \Re_x(E - 90°)\Re_z(-A)\left[\begin{pmatrix} v_x \\ v_y \\ v_z \end{pmatrix} dt + \begin{pmatrix} -d\sin\phi \\ -d\cos\phi \\ 0 \end{pmatrix}\right]\right\} \quad (10\text{-}54)$$

然后参照式（10-15）的原理，得偏置镜上偏置量 (σ_x, σ_y) 的计算式为

$$r_a \begin{pmatrix} \sigma_x \\ \sigma_y \\ 1 \end{pmatrix} = \Re(\Omega)\Re_x(\Delta\varepsilon)\left\{\begin{pmatrix} 0 \\ 0 \\ r \end{pmatrix} + \Re_x(E - 90°)\Re_z(-A)\left[\begin{pmatrix} v_x \\ v_y \\ v_z \end{pmatrix} dt + \begin{pmatrix} -d\sin\phi \\ -d\cos\phi \\ 0 \end{pmatrix}\right]\right\} \quad (10\text{-}55)$$

式中，r 为信标跟踪点（N 点）斜距，不用字母 R 是为了和目标 T 的斜距相区分；r_a 为信标瞄准点（K 点）斜距，由于 d 和 l 都远小于 r，所以 $r_a \approx r$。

从上式右侧的方括号可以看出，分孔径偏置主要由两个因素引起：目标的运动偏移量（v 相关项）和分孔径跨距偏移量（d 相关项）。它们共同作用，形成了分孔径信标偏置量。

10.7 分孔径偏置中 dt 的计算

对于空中动态目标，运动偏移量和跨距偏移量同时存在，偏置计算式（10-55）中，A、E、R、r、v、d、ϕ、Ω 均为确定量，唯有延时量 dt 为不确定量，它与实验模式有关，主要包括四部分：

（1）探测光传输延时，指目标上发出来的光到达跟踪系统的时间，典型值 2 ms（@600 km），对应目标在空间运动 26 μrad（简计为 2 ms//26 μrad，下同）。

（2）发射光传输延时，指发射光从跟踪系统到达目标的时间，典型值 2 ms//26 μrad。

（3）信标光传输延时，指信标光从跟踪系统到达信标层的时间。对于 90 km 钠信标，单程 0.3 ms//4 μrad；双程 0.6 ms//8 μrad。

（4）光学校正延时，指自适应光学系统根据信标回光进行波面校正所用的时间，典型值 2.5 ms//32 μrad。

不同偏置计算的关键就是选用适用的延时组合，以计算运动偏移量，目前有几种不同的处理方式（适用于不同的实验情形）：

（1）dt＝探测光延时+发射光延时+信标光往返延时+AO 校正延时。

（2）dt＝max（探测光延时+发射光延时+信标光往返延时+AO 校正延时）。

（3）dt＝信标光往返延时+AO 校正延时。

（4）dt＝信标光单程延时+AO 校正延时。

10.7.1 信标成像校正实验

对于空中动态目标的信标成像校正实验，最可能的是延时模式（3），即"dt＝信标光往返延时+AO 校正延时"，如图 10-17 所示。其过程为：以目标光到达 A、B 两跟踪系统的时刻为当前时刻；理想情况下，信标光应刚好略早于目标光到达 A；为此，信标光需提前发射。假设当目标在 S 点时发射信标光，那么信标偏置量就是 $\angle SBK = \angle SBP + \angle PBK$；$\angle SBP$ 为运动偏移量，由信标光自 B 点发出、经 K 点、到达 A 点、指导 A

点进行波面校正的时间确定，所以"dt=信标光往返延时+AO校正延时"；∠PBK为AB跨距偏移量。

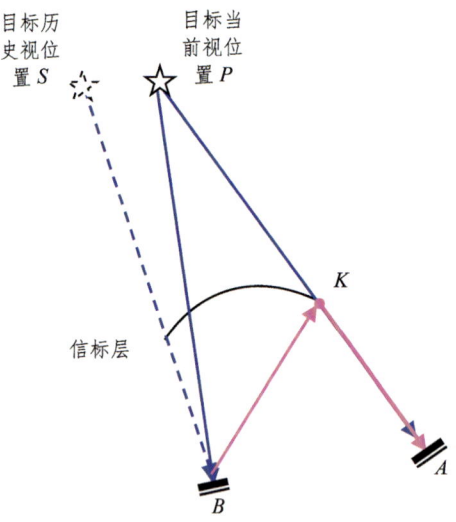

图10-17　成像校正模式下的信标偏置

10.7.2　发射光路校正实验

对于发射光路校正实验，最可能的是延时模式（1），即"dt=探测光延时+发射光延时+信标光往返延时+AO校正延时"，其过程如图10-18所示。以目标光到达A、B两系统的时刻为当前时刻，同时，发射光准备发射；理想情况下，信标光应刚好略早于发射光发射时刻到达A；为此，信标光需提前发射。假设当目标在S点时发射信标光，因此信标偏置量就是∠SBK=∠SBP+∠PBQ+∠QBK；∠SBP为运动偏移量，由信标光自B点发出、经K点、到达A点、指导A点进行波面校正的时间确定；∠PBQ=∠PAQ，也是运动偏移量，由探测光自P点发出到达A点、然后发射光自A点发出、到达Q点的时间确定，所以"dt=探测光延时+发射光延时+信标光往返延时+AO校正延时"；∠QBK为AB跨距偏移量。

注：目前，关于dt的取值或计算，不同专家之间尚存在一定分歧，需要通过更多的科学实验进行验证。

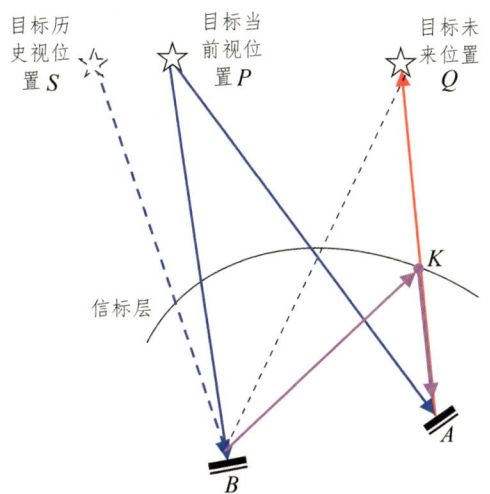

图10-18 发射光路校正模式的信标偏置

10.8 三种偏置执行模式及比较

为了便于表述，本节把从目标发出、进入跟瞄系统的光，称为入射光，或探测光；把从跟瞄系统内部光源发出、向外发射到目标的光，称为出射光，或发射光。

探测光所经历的光路称为探测光路，相应的光轴称为探测轴，或目标轴。

发射光所经历的光路称为发射光路，相应的光轴称为发射轴，或瞄准轴。

根据控制光束方式的不同，把瞄准偏置的执行模式分为"正看正瞄""正看歪瞄""歪看正瞄"三种基本模式：

（1）正看正瞄：发射轴相对探测轴无角度偏置，所见即所瞄。

（2）正看歪瞄：发射轴相对探测轴有角度偏置；探测光是正轴入射的，目标在图像视场中心；发射光是偏角出射的，不瞄在当前看到的跟踪点上，而是瞄在别的某个地方。

（3）歪看正瞄：目标不在图像视场中心，探测光"看起来"是偏轴入射；发射光经过图像视场中心，"看起来"是正轴出射的。"看起来"的意思表示其实不然，下文有详细解释。

作为瞄准偏置理论的一个难点，有必要用图详细解释这三种模式的区别。图10-19用简化光路展示了三种模式的成因。

跟踪引导计算与瞄准偏置理论

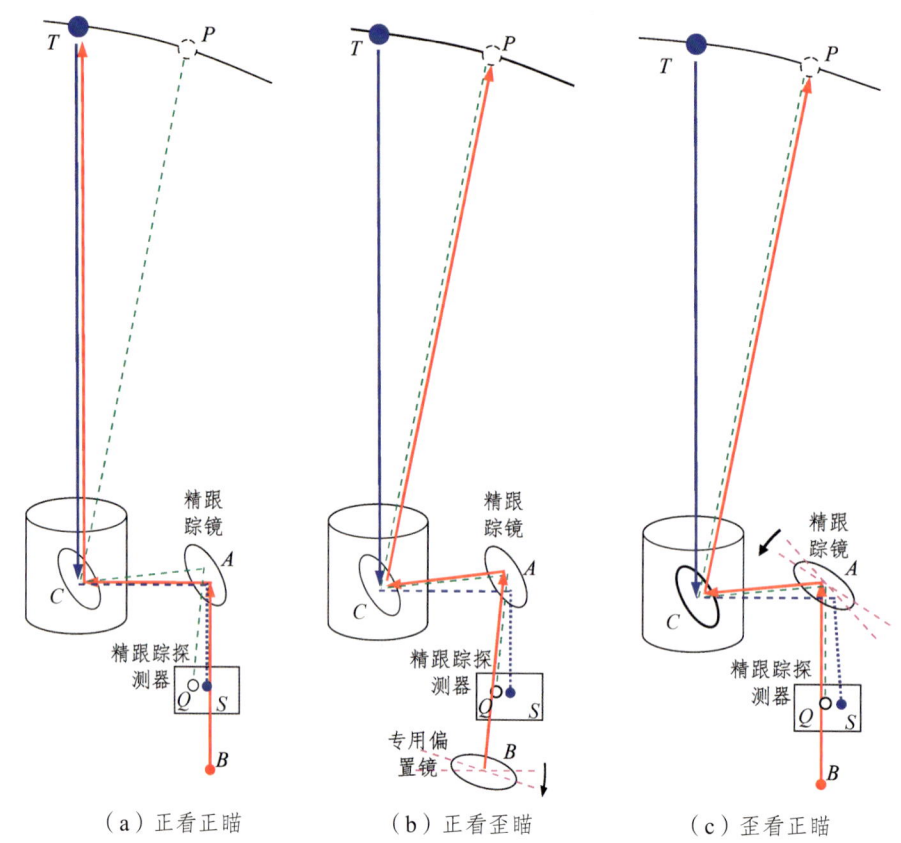

（a）正看正瞄　　　　（b）正看歪瞄　　　　（c）歪看正瞄

T—当前跟踪点（目标或目标上的某个部位）；P—瞄准点；C—光心；A—精跟踪镜，可在"歪看正瞄"模式（c）中兼作偏置镜中；B—专用偏置镜，专用于"正看歪瞄"模式（b）中；S—跟踪点T在精跟踪探测器中的像点（蓝点）；Q—瞄准点P在精跟踪探测器中的假想像点（小圆圈）（"假想"就是瞄准点处常常并不存在一个实际的物点，也就不会产生实际像点）；蓝线—探测光路（入射光）；红线—发射光路（出射光）；绿线—瞄准点的假想成像光路。

图10-19　不同的瞄准偏置模式

10.8.1　成像与瞄准过程

（1）正看正瞄，如图10-19（a）所示。

① 跟踪点T的像点S落于精跟踪探测器中心，瞄准点P的像点Q旁落。

② 出射光束自B无偏发射，沿S点传播，经A、C反射后到达T。

③ 出射光路完全逆向于T的成像光路，命中T，不命中P。

（2）正看歪瞄，如图10-19（b）所示。

① 跟踪点T的像点S落于视场中心，瞄准点P的像点Q旁落。

② 给偏置镜B施加一旋转量，使出射光束沿Q点传播，经A、C反射后到达P。

③ 出射光路完全逆向于P的假想成像光路，命中P。

（3）歪看正瞄，如图10.19（c）所示。

① 给精跟踪镜A施加一旋转量，使瞄准点P的像点Q落于视场中心，跟踪点T的像点S旁落。

② 发射光束自B正位出射，沿Q点传播，经A、C反射后到达P。

③ 出射光路完全逆向于P的假想成像光路，命中P。

10.8.2 轴的变化

（1）从图10.19（a）到（b）。

① 探测光路不变，正轴入射。

② 出射光路被B镜调整，由"正轴出射"变成"偏轴出射"。

（2）从图10.19（a）到（c）。

① A镜以外的探测光路不变，正轴入射；A镜以内的探测光路被A镜调整，使S点旁落，形成"歪看"态势（仅仅是图像中S点位置是歪的，但CT仍然正轴于主镜筒）。

② A镜以内的出射光路不变，但瞄准点P的像点Q被A镜调整到视场中心，形成"正瞄"态势；A镜以外的出射光路被A镜调整，仍然偏轴。

10.8.3 正看歪瞄与歪看正瞄的比较

（1）相同点。

① 入射光都是正轴入射（指主镜筒的轴）。

② 发射光都是偏轴出射。

（2）不同点：

① 正看歪瞄的出射光路被调整的光程长，$L=BA+AC$，在相同的主次镜边沿余量情况下，能承受的偏置角度小。

② 歪看正瞄的出射光路被调整的光程短，$L=AC$，在相同的主次镜边沿余量情况下，能承受的偏置角度大。

③ 歪看正瞄不需要光路中有一块专用偏置镜R，而是用A镜兼起偏置作用。

10.9 偏置影响因素分析

从式（10-10）、式（10-22）、式（10-55）可以看出，影响瞄准偏置计算精度的因素主要包括9个方面。

(1)基础方位角B的标定误差（B角包含在Ω中）。

(2)延时量dt误差。包括目标图像处理延时、偏置解算延时、偏置传输延时、偏置执行延时。

(3)目标位置误差。包括方位角A、俯仰角E、斜距R的误差。

(4)蒙气色差误差，即$\Delta\varepsilon$。

(5)扩展目标姿态误差，包括目标航向角α、俯仰角β、滚转角γ。

(6)扩展目标扩展偏移测量误差，包括(d_x, d_y, d_z)。

(7)分孔径体系跨距偏移矢量误差，包括d和ϕ。

(8)偏置执行误差。

(9)偏置计算模型原理误差，包括各向同性误差和正交性误差。

这9个因素对偏置精度的影响方式和影响程度各不相同，下面做一些讨论。

10.9.1 基础方位角B

基础方位角B通过偏置旋转角$\Omega(\Omega = B \pm A \pm E)$进而偏置旋转矩阵$\mathfrak{R}(\Omega)$起作用。B的本质代表内光路中各反射镜的布局和朝向，它通过式（10-10）、式（10-22）、式（10-55）的运算，影响三维空间中瞄准点P相对跟踪点T的偏移矢量方向（只改变方向，不改变矢量长度），如图10-20所示。当B角在0～360°变化时，会使P点在以T为圆心的周围上滑动一周；当B角误差小角度ΔB时，会使瞄准点从P位置误差到P′位置，由此带来的最大瞄准误差为

$$\Delta\sigma = \frac{PP'}{R} = \frac{l \times \Delta B}{R} \quad (10\text{-}56)$$

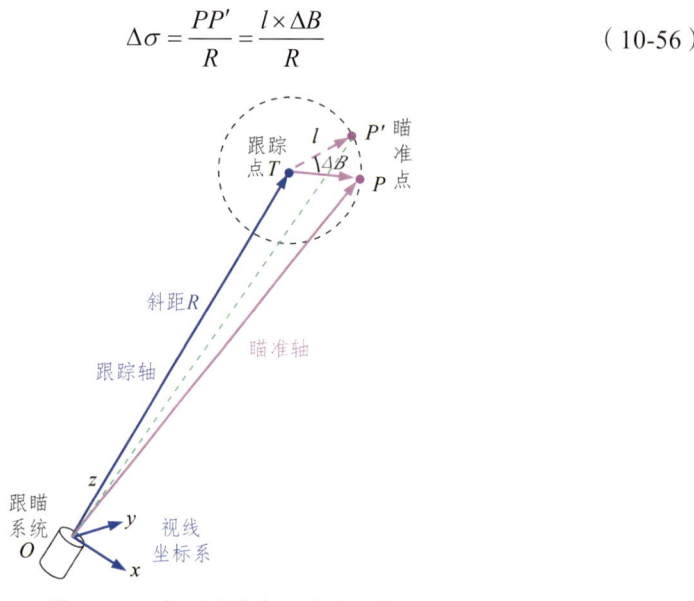

图10-20　B角对瞄准点滑动的影响

如果 l = 31.2 m（相当于7.8 km/s的物体运动4 ms的距离）、斜距R = 600km，则1°的ΔB将带来的瞄准误差为$\Delta \sigma = \dfrac{31.2\,\text{m} \times 1°}{600\,\text{km}}$=0.9 μrad。所以，业内有"$B$角误差1°，产生瞄准误差1 μrad"的近似说法。如果要降低这个瞄准误差，可以设法降低B角误差，如降到0.2°，由此带来的瞄准偏差将降到0.2 μrad。但是从第12章将得知，B角是通过标定得到的，由于标定过程受长程大气传输的气流扰动和光斑弥散等因素影响，很难标定到更高精度。

10.9.2 延时量dt

本节所讨论的延时量不包括光在空中传播所用的时间。

延时量分为并行延时量和串行延时量。

并行延时量：指与跟踪系统伺服机构转动动作并行发生的延时量。如果跟踪系统连续两次输出目标位置（A，E）需要的时间较长，如10 ms，那么，在这期间，并行进行的数据传输、偏置计算、偏置输出、偏置执行等延时，都可以不重复计入总延时，因为这些延时造成的瞄准方向误差都已经通过跟踪轴的闭环转动消化掉了。

串行延时量：指与跟踪系统伺服机构转动动作串行发生的延时量。主要是目标过来的光信号向电信号（或图像信号）转化过程所用的时间。因为跟瞄系统对目标位置的计算都是基于图像的，如果（实际也是必然）图像信号较实际的目标光信号有滞后，则图像处理给出的目标位置就不是目标的当前位置，而是有滞后。以图像提取的目标位置为跟踪轴，跟踪轴方向就会较实际目标方向有滞后，此滞后量会传递给瞄准轴，形成瞄准误差。如果在跟踪系统输出目标位置时加入预测机制，输出的是加了延时补偿的"目标未来位置"，则串行延时量带来的瞄准误差会大大降低，降低后的残差大小取决于目标位置预测方法及延时量的抖动量。

并行延时量的影响不大，但要控制在跟踪系统连续两次输出目标位置的时间间隔内完成，不然会演变成串行延时量。

串行延时量的影响很大，直接决定跟踪轴的准确性，必须设法降低或消除，方法有二：一是提高成像系统的光电转换速度和图像处理速度，越快越好；二是引入延时补偿和目标位置预测机制，并尽可能提前把延时量测准并稳住。

非光束传输的延时量目前还很难评估或测量，在瞄准误差估算中，暂时都按0处理。

10.9.3 目标位置(A, E, R)

对于开环跟踪系统（跟踪方向完全按照引导数据走的系统），目标方位角A、俯

仰角 E 的误差会直接代数叠加在瞄准误差上，因为 A、E 误差就是跟踪轴误差，而跟踪轴又是瞄准轴的基准。但对于闭环跟踪系统，由于系统实时跟踪并指向目标，所以 A、E 误差并不直接反映在跟踪轴上。这时，可以认为跟踪轴是准的。而 A、E 的误差则通过式（10-10）、式（10-22）、式（10-55）中的坐标旋转矩阵 $\Re_x(E-90°)\Re_z(-A)$ 起作用，由于旋转矩阵中主要是正余弦三角函数运算，A、E 的误差经过三角函数运算后影响会大大减小。比如，如果 $\Delta A=1°$，对于 $\sin A$，将在 $A=0°$ 处产生最大误差 $\Delta\sin A=\sin 1°-\sin 0°\approx 0.01745$；如果此时目标的运动偏移量为 31.2 m，目标斜距 600 km，则瞄准误差为

$$\Delta\sigma=\frac{31.2\text{ m}\times 0.01745}{600\text{ km}}=0.9\text{ μrad} \tag{10-57}$$

斜距 R 的影响通过在三个算式中的分母和 $\Re_x(E-90°)$ 起作用，经仿真，如果 $\Delta R=1$ km，对于斜距 600 km 的目标，可产生瞄准误差约为 1 μrad。

幸运的是，目标位置 (A,E,R) 误差一般比较小，性能良好的系统，AER 误差都在 0.1° 或 0.1 km 以内，由此带来的误差很小。

10.9.4　蒙气色差 $\Delta\varepsilon$

很显然，由于蒙气色差 $\Delta\varepsilon$ 直接代数叠加在瞄准点的俯仰角上，所以，$\Delta\varepsilon$ 误差多少，瞄准偏置就误差多少。比如，$\Delta\varepsilon$ 误差 0.1 μrad，偏置量 σ 就误差 0.1 μrad。由于蒙气色差是小量，绝对值一般只有 2～5 μrad，所以，它的误差是一个更高阶小量，如 0.2 μrad。这个误差与所采用的大气模型和输入参数（气温、气压、湿度）等因素有关。

10.9.5　目标姿态 (α,β,γ)

这组误差因素主要针对近程扩展目标而言。如果扩展目标上瞄准点与跟踪点相距 l、目标斜距 R，则目标姿态角每误差 $1°$，引起的最大瞄准误差为

$$\Delta\sigma=\frac{l\cdot\tan 1°}{R}=\frac{l}{57.3R} \tag{10-58}$$

式中，分子为图 10-4 中 P 点的位置误差。当 $l=0.2$ m、$R=3$ km 时，$1°$ 姿态误差造成的瞄准误差不超过 1.16 μrad；实际的瞄准误差还与视向有关。对于大多数光电成像系统，想从二维图像中反演目标姿态，一般都比较困难，而且精度比较低，所以，姿态计算是扩展目标瞄准偏置计算的难点。

由于远程目标很难成像为扩展目标，一般成像为点目标，所以，远程目标的瞄准偏置计算一般不考虑此项误差。

10.9.6 扩展偏移矢量

与上节类似，这个误差因素主要针对近程扩展目标。如果目标上瞄准点相跟踪点的位置偏移矢量误差Δd，则带来的最大瞄准误差为

$$\Delta\sigma = \frac{\Delta d}{R} \qquad (10\text{-}59)$$

如果$\Delta d = 1$ cm、$R = 3$ km，则此项造成的瞄准误差不超过3.33 μrad，实际的瞄准误差还与视向及目标姿态有关，因而会比这个值小很多。

10.9.7 跨距偏移矢量

这项误差因素只针对分孔径体系，即图10-16中A、B两个光电系统的基线矢量D的长度与方向误差。由于图中d矢量要与l矢量进行合成，所以不好用一个简单式子表达d矢量（进而D矢量）对瞄准精度的影响，但可以肯定这个误差会比较小，一是因为D可以比较准确地测量，二是因为d的少量误差在与l矢量合成时会被大大弱化。非分孔径体系的瞄准偏置计算不考虑此项误差。

10.9.8 偏置执行误差

这项误差是指偏置执行机构是否能按指令的角度转到要求的位置，如，控制指令要求偏置镜转动5 μrad，它实际可能转动4.9 μrad或5.1 μrad。这种执行误差是客观存在的，不可能完全消除，它主要取决于执行机构角位置传感器的灵敏度和执行分辨率（或最小步长）、执行机构两个轴向的正交性。此项误差不能计算，只能标定，然后设法消除。

10.9.9 模型原理误差

前面建立的偏置计算模型都是假设出射光被偏置镜执行时具有正交性和各向同性，即偏置镜分别绕两个垂直的轴转动等量角度时，出射光达到目标（或靶屏）后形成的光斑往两个垂直方向移动等量距离。但是，11.5节将证明实际情况并非如此，光斑在两个方向上的移动量既不垂直，也不等量。这种非正交性和各向异性，也会给瞄准偏置带来误差，具体原理和分析参见11.5节。一般偏置计算中，此项误差不考虑。

表10-1以某通信卫星为例，对部分主要因素对瞄准偏置的影响进行了仿真计算，输入参数包括目标轨道高度587 km，飞行速度7.5 km/s，最大跟踪仰角76.5°。由表可以看出，各因素对瞄准精度的影响程度大致排序为：引导数据时刻误差>目标位置误差

>基础方位角误差 > 解算延时误差。

注：这只是一个算例，不是普遍结论，与输入参数（尤其是目标的空间轨迹）有关，准确的瞄准精度影响评估，还是要根据式（10-10）、式（10-22）、式（10-55）一例一算。

表10-1 影响瞄准精度的因素及其影响程度分析

序号	影响因素	假设影响因素的误差量	将导致的瞄准误差	影响程度排序
1	偏置解算、传输与执行延时	0.1 s	0.54 μrad	6
2	引导数据时刻误差	1 s	5.31 μrad	1
3	目标位置A	1°	0.90 μrad	3
4	目标位置E	1°	0.82 μrad	4
5	目标位置R	1 km	1.03 μrad	2
6	基础方位角B	1°	0.87 μrad	5

第 11 章　偏置旋转关系

光束从跟瞄系统向外发射的过程中，由于所经历的内光路结构的影响，偏轴发射的光束出射时要随跟瞄系统当前方位、俯仰指向的变化而发生绕主轴的旋转，旋转量与光路布局、结构、镜筒当前指向有关。要实施预期的瞄准偏置，首先要理解光束旋转形成的原因，在此基础上，才能对瞄准偏置进行高精度控制。本章用几何光学的方法对偏置旋转关系的成因进行分析。

11.1　两个坐标系

入射坐标系：如图11-1所示，以光源P为原点，自P面向反射镜M时右手方向为x轴，光束传播方向为z轴，按右手螺旋法则定出的另一个方向为y轴，由此定义的坐标系为入射坐标系，即图中的$Pxyz$。

注：这个坐标系看起来有点不习惯，尤其是y轴向下似乎与传统的习惯相反，这里之所以把y轴定义为向下，是为了使z轴指向光束传播方向，这与在三维空间中观测和瞄准目标的视线一致，对理解目标跟踪和瞄准偏置有利。

出射坐标系：把入射坐标系在M点处绕平行于x轴的方向逆时针旋转 $180°-2\alpha$（α为入射角），使z轴转向出射光束方向，所得的坐标系为出射坐标系，即图11-1中的$P'x'y'z'$。

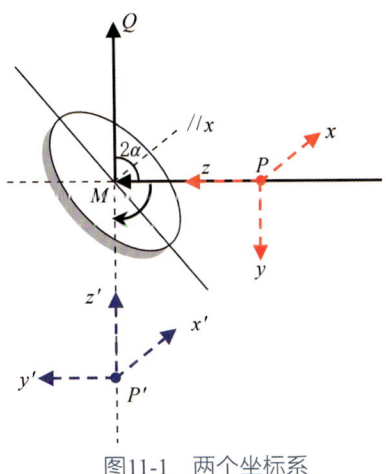

图11-1　两个坐标系

11.2　五个引理

引理一：自反射镜前一点入射至镜面的光束，其反射光束方向等于该点的虚像发出的光线直线、透明传播。如图11-2（a）所示，光束自物点P发出后入射至平面镜M，出射光束MQ的方向等于像点P′经M点的直线传播方向，即P′、M、Q三点共线。这其实是平面镜成像原理的内容，很容易证明。这里之所以用"透明"一词，是为了等价地简化光路、消去镜子对光束传播建模的思维干扰，即11-2（a）图中的出射光束就像从P′发出，直线、透明传播，跟没有M镜一样。

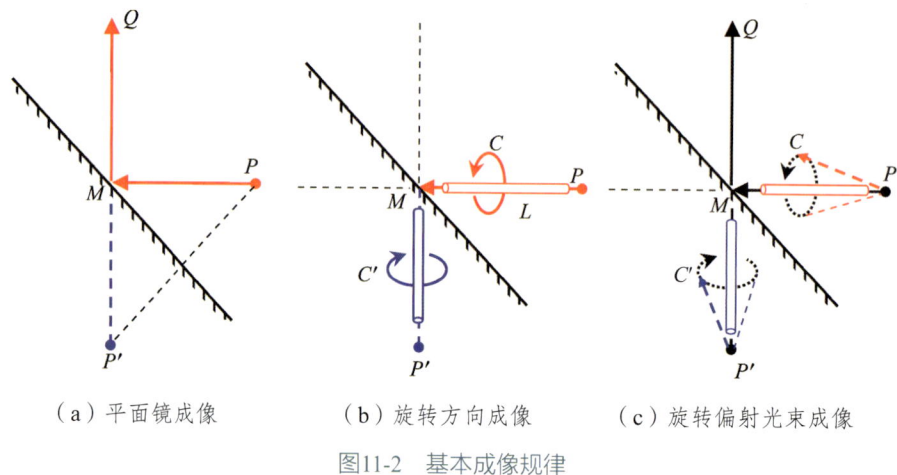

（a）平面镜成像　　（b）旋转方向成像　　（c）旋转偏射光束成像

图11-2　基本成像规律

引理二：在入射系中做逆时针运动的物点，其像点在出射系中做顺时针运动，即镜像效应会使旋转方向反向。如图11-2（b）所示，从P点看，物点C做逆时针运动；从P′点看，像点C′做顺时针运动。

注：图中瘦长矩形条主要用于表达轴与旋转弧的遮挡关系，便于理解绕转方向，无其他含义，下同。

引理二证明如下：

首先，在图11-3所示的入射坐标系中，设C点的运动轨迹为

$$C = \begin{pmatrix} \sigma\cos\theta \\ \sigma\sin\theta \\ 0 \end{pmatrix} = \Re_z(-\theta)\begin{pmatrix} \sigma \\ 0 \\ 0 \end{pmatrix} \quad (11-1)$$

显然，这是xPy平面内一个半径为σ的圆（因为$C_x^2 + C_y^2 + C_z^2 = \sigma^2$）；$\Re_z(-\theta)$表示坐标系顺时针旋转，这就相当于C点在坐标系中做逆时针运动，θ为转过的角度。

其次，求像点C'在入射系中的坐标。图中M点坐标为$M(0,0,L)$，L为M离原点P的距离（说明：本文在不导致歧义的地方，省掉通常用于向量行、列转置的上标T）；镜面M的单位法线矢量为$n(0,-\sin\alpha,-\cos\alpha)$（设法线$n$在$yPz$平面内，所以$x$分量为0，并注意$y$、$z$轴方向）；镜面$M$的方程一般式为

$$n_x(x-M_x)+n_y(y-M_y)+n_z(z-M_z)=0 \tag{11-2}$$

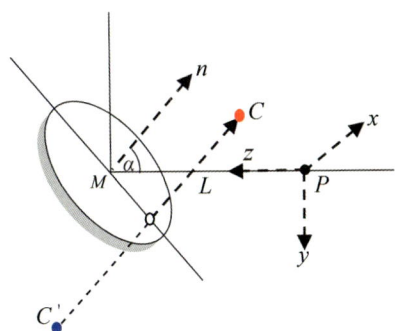

图11-3　基本成像原理

代入n、M的具体值得

$$0(x-0)-\sin\alpha(y-0)-\cos\alpha(z-L)=0 \tag{11-3}$$

$$y\sin\alpha+(z-L)\cos\alpha=0 \tag{11-4}$$

由于像点C'同时满足两个条件：① CC'中点在M面上；② $CC'//n$，所以有

$$\begin{cases}\dfrac{C_y+C'_y}{2}\sin\alpha+\left(\dfrac{C_z+C'_z}{2}-L\right)\cos\alpha=0\\[2mm]\dfrac{C_x-C'_x}{n_x}=\dfrac{C_y-C'_y}{n_y}=\dfrac{C_z-C'_z}{n_z}\end{cases} \tag{11-5}$$

代入n的具体值，得C'点坐标

$$\begin{cases}C'_x=C_x\\C'_y=C_y+\sin\alpha[-2C_y\sin\alpha-(2C_z-2L)\cos\alpha]\\C'_z=C_z+\cos\alpha[-2C_y\sin\alpha-(2C_z-2L)\cos\alpha]\end{cases} \tag{11-6}$$

最后，根据上节出射坐标系的定义，它与入射系存在如下坐标变换关系

$$\begin{pmatrix}x'\\y'\\z'\end{pmatrix}=\mathfrak{R}_x(180°-2\alpha)\left[\begin{pmatrix}x\\y\\z\end{pmatrix}-\begin{pmatrix}0\\0\\L\end{pmatrix}\right]+\begin{pmatrix}0\\0\\L\end{pmatrix} \tag{11-7}$$

将式（11-6）C'点在入射系中的坐标代入上式的(x,y,z)，经展开、化简后，得C'点在出射系中的坐标（仍记为C'，以减少符号数量）

$$C' = \begin{pmatrix} C_x \\ -C_y \\ C_z \end{pmatrix} \quad (11\text{-}8)$$

把式（11-1）中C点坐标的具体值代入上式得

$$C' = \begin{pmatrix} \sigma\cos\theta \\ -\sigma\sin\theta \\ 0 \end{pmatrix} = \mathfrak{R}_z(\theta)\begin{pmatrix} \sigma \\ 0 \\ 0 \end{pmatrix} \quad (11\text{-}9)$$

对比式（11-1）可知，式（11-9）代表一个大小不变、方向相反的圆。由此，旋转运动的镜像反向效应得证。

从式（11-8）还可以得出两个推论：

（1）像点在出射系中的坐标只与物点在入射系中的坐标有关（仅把y分量取反即可），与镜子朝向（即法线n）、光束入射角α都无关。

（2）如果物点是入射系原点$P(0,0,0)$，则像点在出射系坐标为$P'(0,0,0)$，也正好是出射系原点。

引理三：一个绕主轴旋转运动的偏轴发射光束被镜面反射后，等价于从光源的像点发出、等偏幅、等转速但旋转方向相反的直线透明传播偏轴光束。如图11-2（c）所示，绕主轴PM逆时针旋转的偏射光束PC，反射后成为绕出射主轴$P'Q$顺时针旋转的偏射光束$P'C'$。结合引理一、引理二可证。

虽然图11-1和图11-2中画得很像$MP \perp MQ$，但这些引理的成立并不要求以垂直关系为前提（从图中的角度标注和前面的证明过程看得出来），也就是说，不管PM以什么角度入射在M镜上，这些引理都成立。

引理四：当镜子绕入射主轴做逆时针转动时，在与镜子固联的出射系中看物点做顺时针运动。如图11-4（a）所示，M镜绕主轴z做逆时针转动时，在出射系中看，物点C做顺时针运动。这其实就是相对运动原理。

引理五：当镜子绕入射主轴做逆时针转动时，与主轴成夹角入射的偏射光束的反射光束，等价于从光源像点发出、做逆时针转动、直线透明传播的偏光束，转动方向、转动角度、转动角速度都不变。如图11-4（b）所示，当M镜绕主轴z做逆时针转动时，偏射光束PC的反射光束DG绕$P'Q$轴做等角度的逆时针转动。证明：由引理四知，

M的逆时针转动，等价于C的顺时针转动；再由引理三知，C的顺时针转动，等价于C'的逆时针转动；再由引理一知，DG与$P'C'$共线，所以DG也做逆时针转动。

也就是说，对于固定不动的偏轴入射光束，反射镜绕主光轴的顺/逆时针转动，会转变成出射光束的顺/逆时针转动。这就是偏置旋转形成的原因。

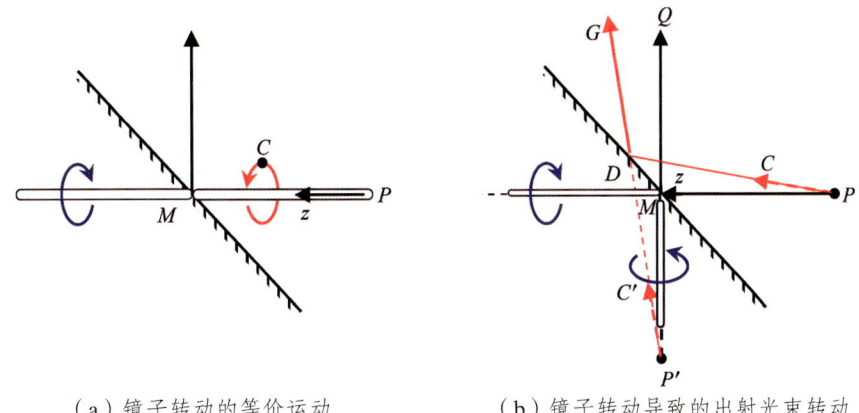

（a）镜子转动的等价运动　　　　（b）镜子转动导致的出射光束转动

图11-4　镜子转动的结果

11.3 偏置旋转角

根据引理五，当光路中存在多块法线不共面（即相互之间存在旋转关系）的反射镜时，原本向右偏的出射光束，在最后出口处或接收靶面上不会刚好向右或向左偏，而是斜方向偏。如图11-5所示，自光源P发出、过x轴上C点向右侧偏射的光束，经过光路后，出射光束在接收靶面上不会也打在x轴上，而是打在C'点，C'点的位置相对x轴转过了Ω角。Ω称为偏置旋转角，它的值与光路结构有关。

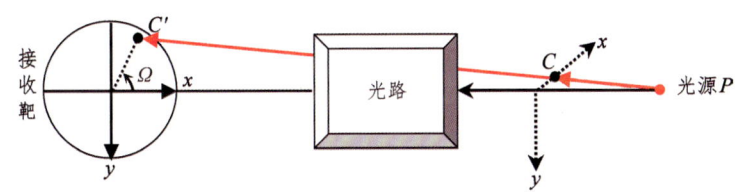

图11-5　偏射光束的偏转

图11-6是典型的地平式跟瞄系统的光路模型，共包括8块反射镜：M_1用于出射光束的偏射方向控制，M_2称为下45°镜，M_3为上45°镜，M_7、M_8分别是凸面镜和凹面镜，它们虽然不是平面镜，但与平面镜一样也是反射镜，所以，前面的各条引理对它们也成立，M_7称为次镜，M_8称为主镜；HK代表一个水平面，其上部分称为机上，其下部分称为机下；M_2、M_3之间的主光轴也称为方位轴，M_5、M_6之间的主光轴也称为俯仰

轴；机上部分可整体在HK水平面上绕方位轴旋转，主镜筒部分可以整体绕俯仰轴旋转，即M_3镜可以发生绕其入射光轴的A角顺时针转动，M_6镜可以发生绕其入射光轴的E角顺时针转动。

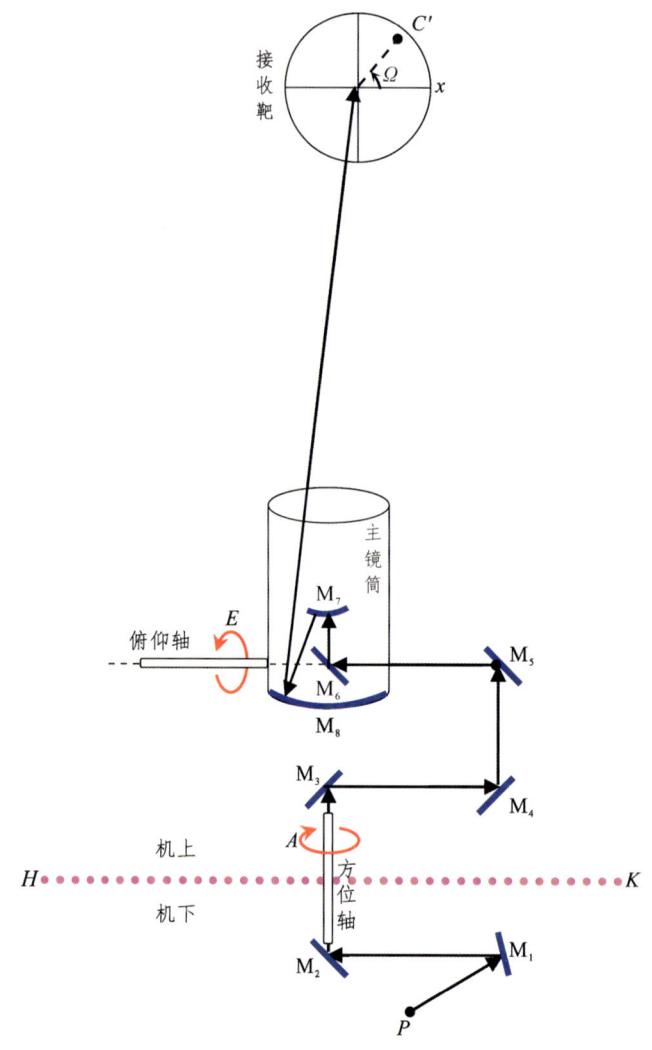

图11-6 地平式跟瞄系统常见光路

当A、E角都等于0时，称系统处于初始状态，这时，自P点偏轴发射的光束将最终在接收靶上打在旋了一定角度的位置C'（注意：即便是在$A=0$、$E=0$的初始状态，光束在靶面上的落点也是转了角度的，因为初始状态中，系统中各镜子的法线并不共面，而是在三维空间立体交错的），这时的落点旋转角度记为B，称为基础方位角。

当M_3、M_6分别发生不为0的A、E角转动时，靶上光束落点位置将在B角的基础上进一步旋转。根据引理五，镜子的旋转量将等量转化为出射光束绕主轴的旋转量，所以光束最终落点将在靶面上旋转了$\Omega = B \pm A \pm E$角，式中的正负号取决于光路结构，因为根据引理三，光路中每增加一块反射镜，就会使出射光束的旋转方向改变一次，所以，A、E前正负号取决于光路中镜子的数量，这一点在后文还有论述。

特殊情形一：当偏置镜M_1在M_3镜之后时，偏置旋转角Ω将与A无关，即与机上部分的方位旋转无关，这时$\Omega = B \pm E$，这样的光路称为机上偏置。相对地，图11-6所示的M_1在机下的情形称为机下偏置，它们的区别在于，Ω的计算是否与A角有关。

特殊情形二：当偏置镜M_1在M_6镜之后时，偏置旋转角Ω将与E无关，即与整个机构中的方位、俯仰旋转都无关，这时$\Omega = B$，为常数。但这样的光路很少见。

11.4 偏置旋转关系式

有了偏置旋转角Ω，那么入射光束的偏转量σ与光束在靶上的落点位置就有了对应关系

$$\begin{pmatrix} x \\ y \end{pmatrix} = \Re(\Omega) \begin{pmatrix} R\sigma_x \\ R\sigma_y \end{pmatrix} \qquad (11\text{-}10)$$

式（11-10）的原理如图11-7所示：如果没有光路的旋转效应，偏轴发射光束PC最终将直接打在靶面上的D点，其坐标为$D = \begin{pmatrix} R\sigma_x \\ R\sigma_y \end{pmatrix}$（$R$为靶面离光源的距离，$\sigma_x$、$\sigma_y$分别为出射光束相对主光轴向$x$、$y$方向的偏角）；由于光路旋转效应的存在，到靶光束被旋到了打在C'点，所以C'点坐标为$C' = \begin{pmatrix} x \\ y \end{pmatrix} = \Re(\Omega) D = \Re(\Omega) \begin{pmatrix} R\sigma_x \\ R\sigma_y \end{pmatrix}$，即式（11-10）。

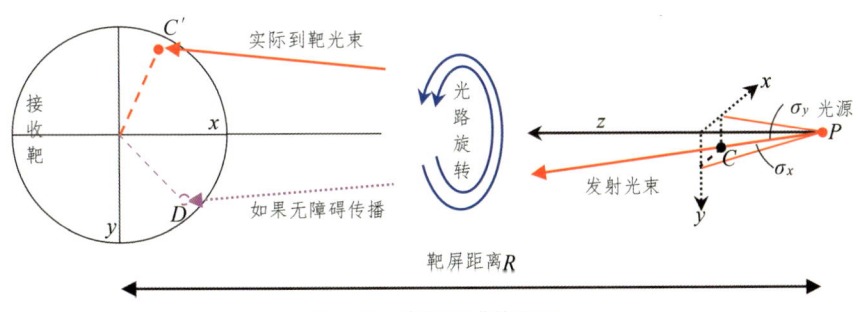

图11-7　偏置形成的原理

旋转矩阵$\Re(\Omega)$的具体形式是瞄准偏置理论的一个重点。目前，已知发射光束在光路中传播过程中会经历$\Omega = B \pm A \pm E$的绕轴旋转，即光束要受以下旋转矩阵的作用。

$$\mathfrak{R}_z(\Omega) = \begin{pmatrix} \cos(B \pm A \pm E) & \sin(B \pm A \pm E) \\ -\sin(B \pm A \pm E) & \cos(B \pm A \pm E) \end{pmatrix} \quad (11\text{-}11)$$

这里省掉了标准三维坐标旋转矩阵 $\mathfrak{R}_z(\cdot)$[见式（2-2）]的第三行和第三列，因为它们是常数 (0,0,1)，讨论 $\mathfrak{R}(\Omega)$ 的具体形式与它们无关，故简写。

实际光路的偏置控制中，影响靶上光斑C'位置的因素除了上面的光束旋转外，还有一个因素：偏置镜M_1的轴向定义，它对 $\mathfrak{R}(\Omega)$ 的影响也很大，下面做细致分析。

偏置镜是偏置光束的控制主体，自偏置镜以后的光束才会偏离主光轴发射，图11-1～图11-5中的光源P严格来讲是指M_1点。作为一个物理器件，偏置镜背后一般有4个作动点，用以推动镜面转动，如图10-7所示，推拉①、④点可以使偏置镜绕σ_x轴转动，推拉②、③点可以使偏置镜绕σ_y轴转动，镜面的转动就控制出射光束往期望的方向偏转。

由于偏置镜在实际系统中的安装和使用方法还没有形成行业标准，所以实际光路中，不能保证σ_x轴、σ_y轴刚好平行于光路坐标系的x轴、y轴，也就是说，$\sigma_x\sigma_y$坐标系与xy坐标系很可能存在旋转关系。除此以外，$\sigma_x\sigma_y$坐标系甚至可能是左手螺旋的，即这两种坐标系除了存在角度旋转以外，还可能存在镜像关系。如此一来，xy坐标系与$\sigma_x\sigma_y$坐标系就存在下面关系

$$\begin{pmatrix} x \\ y \end{pmatrix} = \begin{pmatrix} 1 & 0 \\ 0 & \pm 1 \end{pmatrix} \mathfrak{R}_z(\zeta) \begin{pmatrix} \sigma_x \\ \sigma_x \end{pmatrix} \quad (11\text{-}12)$$

式中，ζ为坐标系旋转角，± 1用来决定旋转后是否还要做镜像操作。

把这组旋转、镜像作用，与前面的光路光束旋转作用相结合，就可以得到综合的旋转关系表达式

$$\mathfrak{R}(\Omega) = \begin{pmatrix} 1 & 0 \\ 0 & \pm 1 \end{pmatrix} \mathfrak{R}_z(\zeta) \mathfrak{R}_z(\Omega) = \begin{pmatrix} 1 & 0 \\ 0 & \pm 1 \end{pmatrix} \begin{pmatrix} \cos(B \pm A \pm E + \zeta) & \sin(B \pm A \pm E + \zeta) \\ -\sin(B \pm A \pm E + \zeta) & \cos(B \pm A \pm E + \zeta) \end{pmatrix} \quad (11\text{-}13)$$

由于B和ζ都是光路初始状态所包含的常数、都由光路布局和镜子安装状态决定，所以把它们合并成新常数B，仍然叫基础方位角。于是，上式变成

$$\mathfrak{R}(\Omega) = \begin{pmatrix} 1 & 0 \\ 0 & \pm 1 \end{pmatrix} \begin{pmatrix} \cos(B \pm A \pm E) & \sin(B \pm A \pm E) \\ -\sin(B \pm A \pm E) & \cos(B \pm A \pm E) \end{pmatrix} \quad (11\text{-}14)$$

这就是地平式跟瞄系统偏置旋转关系式的最终表达式。

在这个式子中，有4个参量待定：3个正负号，1个B角。"偏置关系标定"将主要解决这4个量的确定问题，也是瞄准偏置应用中重要的工作之一，第12章将做专门论述。

有了 $\mathfrak{R}(\Omega)$，发射光束的偏置角与靶面上的光斑落点位置之间的关系就确定下来

$$\begin{pmatrix} x \\ y \end{pmatrix} = \Re(\Omega) \begin{pmatrix} R\sigma_x \\ R\sigma_y \end{pmatrix} = \Re(\Omega) R \begin{pmatrix} \sigma_x \\ \sigma_y \end{pmatrix} \tag{11-15}$$

式（11-15）可计算"对发射光束上施加 $\begin{pmatrix} \sigma_x \\ \sigma_y \end{pmatrix}$ 的偏转量后，在光路的 $\Re(\Omega)$ 旋转作用下，到靶光斑将打在靶上何处"。

把式（11-15）反过来表达，则为

$$R \begin{pmatrix} \sigma_x \\ \sigma_y \end{pmatrix} = \Re^{-1}(\Omega) \begin{pmatrix} x \\ y \end{pmatrix} \tag{11-16}$$

式（11-16）可计算"为了使到靶光斑打在 $\begin{pmatrix} x \\ y \end{pmatrix}$ 位置处，应该给发射光束施加多大的偏置量"。这是偏置计算的核心，即根据希望光束在靶上命中的位置 (x,y)，计算应施加在偏置镜上的偏置量 (σ_x, σ_y)。

总结起来，瞄准偏置技术的两项核心任务如下：

（1）标定偏置旋转关系 $\Re(\Omega)$ 中的4个参量：3个正负号和1个B角。这是第12章的主要内容。

（2）根据 $\Re(\Omega)$ 和希望光束命中的瞄准点空间位置，计算应施加在偏置镜上的偏置量 (σ_x, σ_y)。这是第10章的主要内容。

虽然式（11-16）中有 $\Re(\Omega)$ 的求逆运算符 "−1"，但由于 $\Re(\Omega)$ 尚未标定固化，所以根据旋转变换的可逆原理 $\Re_{\text{axis}}^{-1}(\Omega) = \Re_{\text{axis}}(-\Omega)$，正式的偏置计算模型中都把该逆运算符并入 Ω 的符号中去（仍记为Ω），所以，读者在第10章和第12章看到的偏置算式都是式（11-17），这点请注意理解。

$$R \begin{pmatrix} \sigma_x \\ \sigma_y \end{pmatrix} = \Re(\Omega) \begin{pmatrix} x \\ y \end{pmatrix} \tag{11-17}$$

11.5 斜入射光束的偏置特性

11.5.1 出射光束计算

本节将讨论斜入射光束（即非垂直入射的光束）被偏置镜偏转后，出射光束偏转量的各向同性和正交性问题，即图11-8（a）、（b）中，偏置镜分别绕x轴和y轴旋转等量小角度σ后，出射光束方向Q_{cx}、Q_{cy}相对初始出射方向Q的偏转量是否相等、是否正交的问题。脚标cx、cy分别表示"绕x轴、绕y轴旋转"之意。

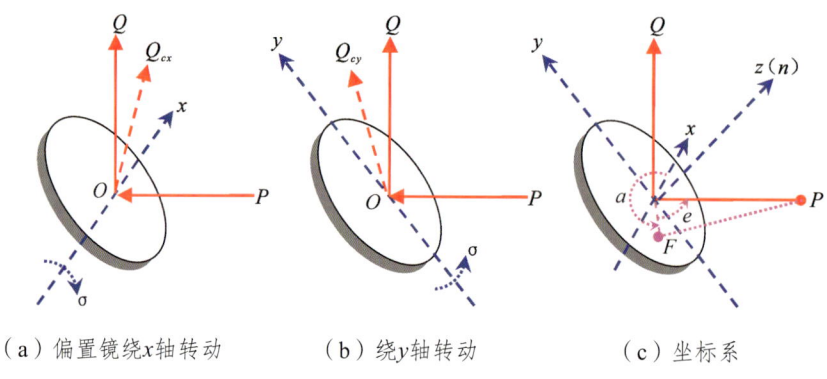

（a）偏置镜绕x轴转动　　　（b）绕y轴转动　　　（c）坐标系

图11-8　镜子转动导致出射光束的偏转

建立如图11-9（c）所示的镜面坐标系：x、y轴在镜面，z轴指向镜面法线n；在入射光线、出射光线上距离原点分别截取单位长度的点作为入点P和出点Q；记P点在镜面的垂足为F点，P相对镜面的仰角为e（光束与镜面法线相夹的入射角自然为$90°-e$），F在镜面上相对x轴正向的方向角为a。于是可得P点的坐标为

$$P = \begin{pmatrix} \cos e \cos a \\ \cos e \sin a \\ \sin e \end{pmatrix} \quad (11\text{-}18)$$

当镜面绕x轴逆时针旋转σ角后，P在新坐标系中的坐标变成

$$P' = \Re_x(\sigma) P \quad (11\text{-}19)$$

由于在镜面坐标系中Q点与P点关于z轴（或法线n）对称，所以新坐标系中Q点坐标为

$$Q' = \begin{pmatrix} -1 & 0 & 0 \\ 0 & -1 & 0 \\ 0 & 0 & 1 \end{pmatrix} P' \quad (11\text{-}20)$$

该点在初始坐标系（指镜子未旋之前的坐标系）中的坐标为

$$Q = \Re_x(-\sigma) Q' \quad (11\text{-}21)$$

上式含义是，把新坐标系回旋σ角即得原坐标系，这是显然的。将上面4个式子依次前者代入后者，得镜子绕x轴旋转情形下的出点Q在初始坐标系中的坐标为（化简过程从略）

$$Q_{cx} = \Re_x(-\sigma) \begin{pmatrix} -1 & 0 & 0 \\ 0 & -1 & 0 \\ 0 & 0 & 1 \end{pmatrix} \Re_x(\sigma) \begin{pmatrix} \cos e \cos a \\ \cos e \sin a \\ \sin e \end{pmatrix} = \begin{pmatrix} -\cos e \cos a \\ -\cos 2\sigma \cos e \sin a - \sin 2\sigma \sin e \\ -\sin 2\sigma \cos e \sin a + \cos 2\sigma \sin e \end{pmatrix} \quad (11\text{-}22)$$

同理，镜子绕y轴旋转情形下的出点Q在初始坐标系中的坐标为

$$Q_{cy} = \Re_y(-\sigma)\begin{pmatrix} -1 & 0 & 0 \\ 0 & -1 & 0 \\ 0 & 0 & 1 \end{pmatrix}\Re_y(\sigma)\begin{pmatrix} \cos e \cos a \\ \cos e \sin a \\ \sin e \end{pmatrix} = \begin{pmatrix} -\cos 2\sigma \cos e \cos a + \sin 2\sigma \sin e \\ -\cos e \sin a \\ \sin 2\sigma \cos e \cos a + \cos 2\sigma \sin e \end{pmatrix} \quad (11\text{-}23)$$

显然，当 $\sigma = 0$ 时，等于镜子不转，这时，Q_{cx}、Q_{cy} 就都是 Q。

$$Q = Q_{cx} = Q_{cy} = \begin{pmatrix} -1 & 0 & 0 \\ 0 & -1 & 0 \\ 0 & 0 & 1 \end{pmatrix}\begin{pmatrix} \cos e \cos a \\ \cos e \sin a \\ \sin e \end{pmatrix} = \begin{pmatrix} -\cos e \cos a \\ -\cos e \sin a \\ \sin e \end{pmatrix} \quad (11\text{-}24)$$

当 $\sigma \ne 0$ 时，式（11-22）、式（11-23）、式（11-24）分别是出点 Q_{cx}、Q_{cy}、Q 的坐标。

11.5.2 各向同性问题

有了 Q、Q_{cx}、Q_{cy} 的坐标以及原点坐标 $O(0,0,0)$，即可求得出 O 与 Q、Q_{cx} 方向的夹角 σ_x，O 与 Q、Q_{cy} 方向的夹角 σ_y，方法参看2.4.6节或13.4.3节的算例，其中以点乘法最为简单。

$$\cos \sigma_x = \frac{Q \cdot Q_{cx}}{|Q||Q_{cx}|} = Q \cdot Q_{cx} = \begin{pmatrix} -\cos e \cos a \\ -\cos e \sin a \\ \sin e \end{pmatrix} \cdot \begin{pmatrix} -\cos e \cos a \\ -\cos 2\sigma \cos e \sin a - \sin 2\sigma \sin e \\ -\sin 2\sigma \cos e \sin a + \cos 2\sigma \sin e \end{pmatrix} \quad (11\text{-}25)$$
$$= \cos^2 e \cos^2 a (1 - \cos 2\sigma) + \cos 2\sigma$$

$$\cos \sigma_y = \frac{Q \cdot Q_{cy}}{|Q||Q_{cy}|} = Q \cdot Q_{cy} = \begin{pmatrix} -\cos e \cos a \\ -\cos e \sin a \\ \sin e \end{pmatrix} \cdot \begin{pmatrix} -\cos 2\sigma \cos e \cos a + \sin 2\sigma \sin e \\ -\cos e \sin a \\ \sin 2\sigma \cos e \cos a + \cos 2\sigma \sin e \end{pmatrix} \quad (11\text{-}26)$$
$$= \cos^2 e \sin^2 a (1 - \cos 2\sigma) + \cos 2\sigma$$

从上面两个式子可以看出，一般情况下 σ_x、σ_y 不会相等，只有下面两种情况会使它们相等：

（1）当 $e = 90°$ 时（P 点在镜面法线上，即光束正入射镜面），$\cos e = 0$。

（2）当 $a = n \times 45°$ 时（P 在镜面的投影点 F 位于 xOy 坐标系的象限角平分线上），$|\sin a| = |\cos a|$。

除此之外，对于一般情形的斜入射光束，偏置镜绕不同方向的转动，导致出射光束的偏转量是不同的，即偏置控制不具有各向同性。

这里还可以顺便得到一个推论：从式（11-25）可以看出，当 $a = 90°$ 或 $270°$ 时，即图11-8（c）中 P 点位于与 x 轴垂直的法平面（yOz 面）上时，$\cos a = 0$，$\cos \sigma_x = \cos 2\sigma$，

$\sigma_x = 2\sigma$，也就是说，"对于与x轴垂直的平面内的入射光束，如果镜面绕x轴转过σ角，反射光束将转过2σ角"。这正是初中物理课本中"入射光不动，镜面转一个角度，反射光将转两倍角度"的结论。

同样，对y轴也可以得到这个结论，只是y轴的法平面（xOz平面）上 $\alpha = 0°$或180°，代入（11-26）式，可得$\sigma_y=2\sigma$。

再次强调，这个"两倍关系"只对与镜子旋转轴垂直的平面上的入射光束才成立，如果入射光束不在镜子旋转轴的法平面上，"两倍关系"不成立，这从式（11-25）和式（11-26）中不难看出来。

11.5.3 正交性问题

考查完各向同性问题，再考查正交性，即如果在Q点处立一块与OQ垂直的接收屏挡住出射光束、形成光斑，那么，屏上看到的光斑从Q点向Q_{cx}方向移动的轨迹与从Q点向Q_{cy}方向移动的轨迹是否垂直？注意：问题表述中用了"Q_{cx}方向、Q_{cy}方向"两个词，而不是"Q_{cx}点、Q_{cy}点"，因为这两个点并不在屏上。注意到这个细节，就不会直接用Q、Q_{cx}的连线矢量与Q、Q_{cy}的连线矢量求夹角的方法来判断两条轨迹的正交性。如图11-9所示，初始状态时，出射光束为OQ，接收屏过Q点、垂直于OQ；当镜面分别绕x、y两个正交方向转动后，出射光束分别转向Q_{cx}方向、Q_{cy}方向，其与接收屏分别交于H点、V点，问QH、QV是否依然正交（垂直）？

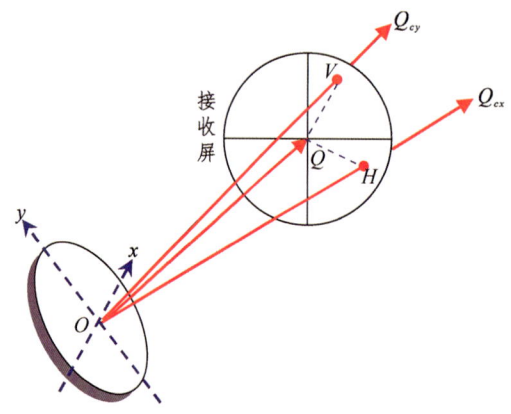

图11-9 偏置的正交性问题

求解步骤：

（1）根据Q点坐标建立接收屏的平面方程。

（2）根据O、Q_{cx}点坐标建立OQ_{cx}射线方程；与屏相交，得H点坐标。

（3）根据O、Q_{cy}点坐标建立OQ_{cy}射线方程；与屏相交，得V点坐标。

（4）根据Q、H、V三点坐标，计算QH矢量、QV矢量。

（5）求QH、QV两矢量的夹角γ。

第（1）步：接收屏的法线$n=(Q^x,Q^y,Q^z)$、屏过点$Q(Q^x,Q^y,Q^z)$（上标x、y、z表示坐标分量），根据点法式得屏的方程

$$n^x(x-Q^x)+n^y(y-Q^y)+n^z(z-Q^z)=0$$
$$Q^x(x-Q^x)+Q^y(y-Q^y)+Q^z(z-Q^z)=0$$

第（2）、（3）步：OQ_c射线方程（用Q_c通指Q_{cx}、Q_{cy}，并引入参量t）

$$\frac{x-0}{Q_c^x-0}=\frac{y-0}{Q_c^y-0}=\frac{z-0}{Q_c^z-0}$$

$$\frac{x}{Q_c^x}=\frac{y}{Q_c^y}=\frac{z}{Q_c^z}=t$$

$$\begin{cases} x=Q_c^x t \\ y=Q_c^y t \\ z=Q_c^z t \end{cases}$$

代入屏的方程求得t，再代回上式求得射线与屏的交点$H(x,y,z)$、$V(x,y,z)$。

$$Q^x(Q_c^x t-Q^x)+Q^y(Q_c^y t-Q^y)+Q^z(Q_c^z t-Q^z)=0$$
$$(Q^x Q_c^x+Q^y Q_c^y+Q^z Q_c^z)t=Q^x Q^x+Q^y Q^y+Q^z Q^z$$
$$t=\frac{Q^x Q^x+Q^y Q^y+Q^z Q^z}{Q^x Q_c^x+Q^y Q_c^y+Q^z Q_c^z}$$

第（4）步：求Q与H、V的连线矢量，$QH=H-Q$，$QV=V-Q$。

第（5）步：参照2.4.6或13.4.2节的方法求**QH**、**QV**两矢量的夹角γ，其中以点乘法最简单。

根据上述计算模型，做了几组典型算例，即向模型中代入几组具体的e、a、σ值，求出Q、O_{ax}、O_{cy}、H、V等各点坐标，进而求得角σ_x、σ_y、γ，以对原问题做直观探讨。计算结果见表11-1。

表11-1 偏置规律的几组算例[①]

序号	输入/°			输出/°			状态描述	各向同性	正交性
	e	a	σ	σ_x	σ_y	γ			
1	90	任意	1	2	2	90	P点在镜面法线上,光束垂直入射镜面,原路反射	√	√
2	40	0	1	1.29	2	90.77	P点在xOz平面(即y轴法平面)内	×	×
3	40	180	1	1.29	2	89.23		×	×
4	40	90	1	2	1.29	89.23	P点在yOz平面(即x轴法平面)内	×	×
5	40	270	1	2	1.29	90.77		×	×
6	40	45	1	1.68	1.68	114.54	P点在镜面的投影点F在xOy象限角平分线上	√	×
7	40	135	1	1.68	1.68	64.38		√	×
8	40	225	1	1.68	1.68	114.54		√	×
9	40	315	1	1.68	1.68	66.55		√	×
10	23	149	1	1.23	1.76	44.98	P点从随意方向(随意的a、e角)入射	×	×
11	68	251	1	1.99	1.87	92.90		×	×
12	60	0	1	1.73	2	90.50	30°入射角,此时最大各向同性差异13.5%	×	×
13	60	135	1	1.87	1.87	81.08	30°入射角,此时最大非正交性差8.92°	√	×
14	80	0	1	1.97	2	90.17	10°入射角,此时最大各向同性差异1.5%	×	×
15	80	135	1	1.98	1.98	88.88	10°入射角,此时最大非正交性差1.12°	√	×

从表中γ列可以看出,除了$e=90°$的情形外,其他情形QH、QV都不正交($\gamma \neq 90°$)。另外,表中的σ_x、σ_y列也展示了各向同性问题,除了$e=90°$和$a=n\times 45°$情形外,其他情形下的偏置都不是各向同性($\sigma_x \neq \sigma_y$)。

所以,把本节归纳起来就是下面两个结论:

---

① 本书除了在本节和10.9节有讨论关于偏置的正交性和各向同性问题外,其他相关章节都是假设"偏置是正交且各向同性的"。为了估计这种假设带来的误差,可以参看表11-1中的第12、13行:当光束入射角不超过30°时,最大各向同性差异为13.5%[=(2−1.73)/2],最大非正交性角差为8.92°[=90−81.08°]。如果这些差异仍不可接受,则应考虑采取必要措施加以改进,包括采用严格的偏置计算模型进行偏置控制,或者把入射角控制到更小,如表中的14、15行,入射角为10°,各向异性和非正交性都很小。

（1）对于斜入射光束，当偏置镜绕镜面不同方向的轴旋转相同角度时，出射光束的偏转量并不相同，即偏置镜对斜入射光束的偏转控制不具备各向同性。

（2）对于斜入射光束，当偏置镜分别绕镜面两个正交的轴旋转一定角度时，出射光束偏转的方向并不正交。

第 12 章 偏置标定方法

瞄准偏置的实际应用中，需要确定偏置旋转关系中各个变量及符号的具体取值，这项工作称为偏置标定。本章在偏置旋转关系成因分析的基础上，进一步讨论偏置标定的具体方法，先对标定原理进行阐述，再归纳、总结、形成偏置标定的基本过程。

12.1 偏置标定的原理与基本方法

12.1.1 术语定义

定标状态：当给偏置镜的 x 轴施加一个正的偏置量时，在出射光接收靶屏上看到的光斑往正右移动；当给偏置镜的 y 轴施加一个正的偏置量时，靶屏上光斑往正下移动。注意：这里约定"正下"，而不是"正上"，在 11.1 节开篇已有解释，目的是使视线坐标系的 z 轴指向目标。

本章以 AE 型地平式跟瞄系统为例进行论述，并假设偏置镜控制具有正交性和各向同性。

12.1.2 偏置标定的目的

根据第 11 章偏置旋转关系的成因，施加在偏置镜上的偏置量 (σ_x, σ_y) 与标定靶上看到的光斑偏移量 $(\mathrm{d}x, \mathrm{d}y)$ 之间的旋转关系都可以统一表达为下式：

$$\begin{pmatrix} \sigma_x \\ \sigma_y \end{pmatrix} = \begin{pmatrix} 1 & 0 \\ 0 & \pm 1 \end{pmatrix} \begin{bmatrix} \cos(B \pm A \pm E) & \sin(B \pm A \pm E) \\ -\sin(B \pm A \pm E) & \cos(B \pm A \pm E) \end{bmatrix} \begin{pmatrix} \mathrm{d}x \\ \mathrm{d}y \end{pmatrix} \quad (12\text{-}1)$$

记 $\Omega = B \pm A \pm E$、$\Re(\Omega) = \begin{pmatrix} 1 & 0 \\ 0 & \pm 1 \end{pmatrix} \begin{pmatrix} \cos(\Omega) & \sin(\Omega) \\ -\sin(\Omega) & \cos(\Omega) \end{pmatrix}$，则上式写成

$$\begin{pmatrix} \sigma_x \\ \sigma_y \end{pmatrix} = \Re(\Omega) \begin{pmatrix} \mathrm{d}x \\ \mathrm{d}y \end{pmatrix} \quad (12\text{-}2)$$

$\Re(\Omega)$ 本质上是一个可能带有镜像关系的坐标旋转矩阵。偏置旋转关系标定的目的就是确定 $\Re(\Omega)$ 表达式中的 1 个 B 角和 3 个 ± 号。

12.1.3 旋转矩阵可能的形式与确定方法

（1）8种基本形式。

根据式（12-1）中各正负号的取值（取正或取负），可得偏置旋转矩阵 $\Re(\Omega)$ 展开式有8种基本形式：

$$\Re_1(\Omega) = \begin{bmatrix} \cos(B+A+E) & \sin(B+A+E) \\ -\sin(B+A+E) & \cos(B+A+E) \end{bmatrix};$$

$$\Re_2(\Omega) = \begin{bmatrix} \cos(B+A-E) & \sin(B+A-E) \\ -\sin(B+A-E) & \cos(B+A-E) \end{bmatrix};$$

（12-3）

$$\Re_3(\Omega) = \begin{bmatrix} \cos(B-A+E) & \sin(B-A+E) \\ -\sin(B-A+E) & \cos(B-A+E) \end{bmatrix};$$

$$\Re_4(\Omega) = \begin{bmatrix} \cos(B-A-E) & \sin(B-A-E) \\ -\sin(B-A-E) & \cos(B-A-E) \end{bmatrix};$$

（12-4）

$$\Re_5(\Omega) = \begin{bmatrix} \cos(B+A+E) & \sin(B+A+E) \\ \sin(B+A+E) & -\cos(B+A+E) \end{bmatrix};$$

$$\Re_6(\Omega) = \begin{bmatrix} \cos(B+A-E) & \sin(B+A-E) \\ \sin(B+A-E) & -\cos(B+A-E) \end{bmatrix};$$

（12-5）

$$\Re_7(\Omega) = \begin{bmatrix} \cos(B-A+E) & \sin(B-A+E) \\ \sin(B-A+E) & -\cos(B-A+E) \end{bmatrix};$$

$$\Re_8(\Omega) = \begin{bmatrix} \cos(B-A-E) & \sin(B-A-E) \\ \sin(B-A-E) & -\cos(B-A-E) \end{bmatrix};$$

（12-6）

前4种对应"±1"中取正号的情形，后4种对应"±1"取负号的情形。对比式（2-2）的标准坐标旋转矩阵 $\Re_z(\cdot)$ 可以看出：前4种是标准的绕z轴坐标旋转矩阵；后4种把矩阵第二行的负号从sin前换到了cos前，本质上会把被乘向量的y分量反向、右旋坐标系镜像成左旋坐标系，产生这种可能性的原因在于偏置镜的轴向定义。

（2）10种特殊形式。

除了上述8种基本形式外，$\Re(\Omega)$ 还有10种特殊形式：根据偏置镜在光路中位置的不同，Ω 可能会与 A、E 无关（取决于偏置镜之后的光路是否经过 A、E 角的旋转关节）。也就是说，在 $\Omega = B \pm A \pm E$ 算式中，A、E 前的系数除了"±1"两种可能外，还可能是0。于是可形成 Ω 的10种特殊形式：

如果 Ω 与 A 无关，则 $\Omega = B \pm E$，这时有4种可能：

$$\Re_9(\Omega) = \begin{bmatrix} \cos(B+E) & \sin(B+E) \\ -\sin(B+E) & \cos(B+E) \end{bmatrix}; \quad \Re_{10}(\Omega) = \begin{bmatrix} \cos(B-E) & \sin(B-E) \\ -\sin(B-E) & \cos(B-E) \end{bmatrix}$$

（12-7）

$$\mathfrak{R}_{11}(\Omega) = \begin{bmatrix} \cos(B+E) & \sin(B+E) \\ \sin(B+E) & -\cos(B+E) \end{bmatrix}; \quad \mathfrak{R}_{12}(\Omega) = \begin{bmatrix} \cos(B-E) & \sin(B-E) \\ \sin(B-E) & -\cos(B-E) \end{bmatrix} \quad (12\text{-}8)$$

如果Ω与E无关，则$\Omega = B \pm A$，这时也有4种可能：

$$\mathfrak{R}_{13}(\Omega) = \begin{bmatrix} \cos(B+A) & \sin(B+A) \\ -\sin(B+A) & \cos(B+A) \end{bmatrix}; \quad \mathfrak{R}_{14}(\Omega) = \begin{bmatrix} \cos(B-A) & \sin(B-A) \\ -\sin(B-A) & \cos(B-A) \end{bmatrix} \quad (12\text{-}9)$$

$$\mathfrak{R}_{15}(\Omega) = \begin{bmatrix} \cos(B+A) & \sin(B+A) \\ \sin(B+A) & -\cos(B+A) \end{bmatrix}; \quad \mathfrak{R}_{16}(\Omega) = \begin{bmatrix} \cos(B-A) & \sin(B-A) \\ \sin(B-A) & -\cos(B-A) \end{bmatrix} \quad (12\text{-}10)$$

如果Ω与A、E都无关，则$\Omega = B$，这时有2种可能：

$$\mathfrak{R}_{17}(\Omega) = \begin{bmatrix} \cos(B) & \sin(B) \\ -\sin(B) & \cos(B) \end{bmatrix}; \quad \mathfrak{R}_{18}(\Omega) = \begin{bmatrix} \cos(B) & \sin(B) \\ \sin(B) & -\cos(B) \end{bmatrix} \quad (12\text{-}11)$$

8种基本形式，加10种特殊形式，$\mathfrak{R}(\Omega)$共有18种可能性。这18种可能性就代表了AE型跟踪系统偏置旋转关系的最小全集。其中，$\mathfrak{R}_1(\Omega) \sim \mathfrak{R}_{12}(\Omega)$比较常见，形成$\mathfrak{R}_{13}(\Omega) \sim \mathfrak{R}_{18}(\Omega)$旋转关系的跟瞄系统很少。

（3）各种形式之间B角的关系。

将上面18种可能性分成两组，每组9种形式：

第一组：$\mathfrak{R}_1(\Omega) \sim \mathfrak{R}_4(\Omega)$、$\mathfrak{R}_9(\Omega)$、$\mathfrak{R}_{10}(\Omega)$、$\mathfrak{R}_{13}(\Omega)$、$\mathfrak{R}_{14}(\Omega)$、$\mathfrak{R}_{17}(\Omega)$

第二组：$\mathfrak{R}_5(\Omega) \sim \mathfrak{R}_8(\Omega)$、$\mathfrak{R}_{11}(\Omega)$、$\mathfrak{R}_{12}(\Omega)$、$\mathfrak{R}_{15}(\Omega)$、$\mathfrak{R}_{16}(\Omega)$、$\mathfrak{R}_{18}(\Omega)$

每组中，如果在偏置标定过程中，通过调整B角，能使某个$\mathfrak{R}(\Omega)$可以达到定标状态，那么再调整B角，也可以使同组的其他8种形式达到定标状态，即同组的$\mathfrak{R}(\Omega)$，总可以通过设置不同的B_i、B_j角，使$\mathfrak{R}_i(\Omega) = \mathfrak{R}_j(\Omega)$；但不同组的$\mathfrak{R}(\Omega)$，无论怎样调整$B_i$、$B_j$，都不可能使$\mathfrak{R}_i(\Omega) = \mathfrak{R}_j(\Omega)$，因为它们一个是左旋矩阵，一个是右旋矩阵，单纯调整旋转角无法使它们相等。

对于第一组，通过偏置标定，找到B_1值[进而$\mathfrak{R}_1(\Omega)$]能使系统达到定标状态，那么其他形式的B角不用再标定，直接根据B_1可以推算出来，因为它们的$\mathfrak{R}(\Omega)$必须相等，即Ω角必须相等，所以有

$$\begin{cases} B_1 + A + E = B_2 + A - E \\ B_1 + A + E = B_3 - A + E \\ B_1 + A + E = B_4 - A - E \\ B_1 + A + E = B_9 + E \\ B_1 + A + E = B_{10} - E \\ B_1 + A + E = B_{13} + A \\ B_1 + A + E = B_{14} - A \\ B_1 + A + E = B_{17} \end{cases} \quad (12\text{-}12)$$

由此可以解出$B_2 \sim B_{17}$

$$\begin{cases} B_2 = B_1 + 2E - 2k\pi \\ B_3 = B_1 + 2A - 2k\pi \\ B_4 = B_1 + 2(A+E) - 2k\pi \\ B_9 = B_1 + A - 2k\pi \\ B_{10} = B_1 + A + 2E - 2k\pi \\ B_{13} = B_1 + E - 2k\pi \\ B_{14} = B_1 + 2A + E - 2k\pi \\ B_{17} = B_1 + A + E - 2k\pi \end{cases} \quad (k=0或1) \qquad (12\text{-}13)$$

式中"$-2k\pi(k=0或1)$"是因为三角函数的角度减360°时值不变,通过"$-2k\pi$"可以保证所有B角都在$[0,360°)$范围内。

如果在$[0,360°)$范围内无论怎样调节B_1角,都无法使$\Re_1(\Omega)$达到定标状态,则可以肯定第一组中所有形式也都不可能达到定标状态。这时,第二组必能达到定标状态,首先通过调节B_5角使$\Re_5(\Omega)$达到定标状态,然后同组其他形式所需的B角可以根据B_5推算出来

$$\begin{cases} B_6 = B_5 + 2E - 2k\pi \\ B_7 = B_5 + 2A - 2k\pi \\ B_8 = B_5 + 2(A+E) - 2k\pi \\ B_{11} = B_5 + A - 2k\pi \\ B_{12} = B_5 + A + 2E - 2k\pi \\ B_{15} = B_5 + E - 2k\pi \\ B_{16} = B_5 + 2A + E - 2k\pi \\ B_{18} = B_5 + A + E - 2k\pi \end{cases} \quad (k=0或1) \qquad (12\text{-}14)$$

因此,可以得出偏置标定的基本实施思路:对于某个标定靶点,首先尝试0~360°调节B_1,使$\Re_1(\Omega)$达到定标状态;若能成功,则第一组中其余形式的B角可根据B_1直接算出,不用再标,第二组中的形式全部排除;若$\Re_1(\Omega)$不能达到定标状态,则第一组的形式全部排除,再尝试0~360°调节B_5、使$\Re_5(\Omega)$达到定标状态,此时必能成功,然后,第二组中其余形式的B角可根据B_5直接算出,不用再标。

(4)形式的进一步排除与确定。

通过上节的方法描述,已经可以确定$\Re(\Omega)$是两组形式中的哪一组,但同组内9种形式还未具体确定是哪一个。由于同组内的$\Re(\Omega)$可以通过调节各自B角形成等价关系(使Ω值都相同),所以,最终形式的唯一确定不能通过一个标定靶点完成,还必须

借助另一个靶点进一步排除该组内的另8种形式。

假设两个标定靶点分别称为1号靶点和2号靶点。由于靶点的更换（即A、E角的变化）不改变$\mathfrak{R}(\varOmega)$的形式和B角（B角只与光路中镜子的布局及其安装姿态有关，与跟瞄系统指向无关），所以，如果1号靶点已经选出了两组$\mathfrak{R}(\varOmega)$中的某一组，则2号靶点必定也适用于该组，且B角不变。

假设在1号靶点选出的是第一组$\mathfrak{R}(\varOmega)$，那么，在2号靶点，首先尝试$\mathfrak{R}_1(\varOmega)$。注意：这时不能像1号靶点的标定过程那样在0～360°调节，而是只能直接使用1号靶点标得的B_1。如果$\mathfrak{R}_1(\varOmega)$仍能达到定标状态，则$\mathfrak{R}_1(\varOmega)$（以及$B_1$和$\varOmega = B_1 + A + E$的关系）为最终标定结果，其余8种形式被排除。如果$\mathfrak{R}_1(\varOmega)$不能达到定标状态，则依次尝试同组的另外8种形式，必有一种能达到定标状态，该种形式（及其B角和A、E前正负号）即为最终结果，也是唯一正确形式，其余形式被排除。

同理，如果在1号靶点选出的是第二组$\mathfrak{R}(\varOmega)$，那么，在2号靶点依次尝试$\mathfrak{R}_5(\varOmega)$以及该组的其余8种形式，总有且只有一种能使满足定标状态。

从式（12-13）、式（12-14）可以看出，同组的B角之间存在$2E$、$2A$、$2(A+E)$、A、$(A+2E)$、E、$(2A+E)$、$(A+E)$等差量，如果从1号靶点切换到2号靶点时，A、E值的变化使这些量中的某一个为0（比如A增加5°，E减少5°，则$A+E$的变化量就是0），那么在2号靶点将仍然有两种$\mathfrak{R}(\varOmega)$能达到定标状态（因为B_1没变，$\mathrm{d}A+\mathrm{d}E=0$，所以$B_{17} = B_1 + A + E$也不会变；$B_1$能使系统达到定标状态，$B_{17}$自然也能），如此，还是不能唯一确定一种形式。所以，要想用两个靶点唯一确定$\mathfrak{R}(\varOmega)$的一种形式，还必须要求选择两个靶点时，$2E$、$2A$、$2(A+E)$、A、$(A+2E)$、E、$(2A+E)$、$(A+E)$这8个量的变化量不能有为0的情况。考虑到实际观测时靶屏上光斑的可分辨性，这8个量的变化量最好在5°以上，这就是对2号靶点的选址要求。如果不能满足这个要求，将不得不再找3号、4号……来帮助排除同组的$\mathfrak{R}(\varOmega)$。

简言之，在2号靶点的一次标定，可以从1号靶点选出的9种$\mathfrak{R}(\varOmega)$形式中唯一确定一种最终形式，但前提是，这两个靶点之间不能有相近的$2E$、$2A$、$2(A+E)$、A、$(A+2E)$、E、$(2A+E)$、$(A+E)$值，即两点间要有较大的方位差、俯仰差，且差值不能相等。

表12-1对$\mathfrak{R}(\varOmega)$的18种形式以及其间的B角关系进行了汇总。

表12-1 偏置旋转关系的可能形式及其B角的关系

组号	形式序号	旋转关系$\mathfrak{R}(\Omega)$	B角	B角的确定方法
第一组	1	$\mathfrak{R}_1(\Omega) = \begin{bmatrix} \cos(B+A+E) & \sin(B+A+E) \\ -\sin(B+A+E) & \cos(B+A+E) \end{bmatrix}$	B_1	在1号靶点0~360°调节得到
	2	$\mathfrak{R}_2(\Omega) = \begin{bmatrix} \cos(B+A-E) & \sin(B+A-E) \\ -\sin(B+A-E) & \cos(B+A-E) \end{bmatrix}$	B_2	$B_2 = B_1 + 2E - 2k\pi$ ($k=0$或1)
	3	$\mathfrak{R}_3(\Omega) = \begin{bmatrix} \cos(B-A+E) & \sin(B-A+E) \\ -\sin(B-A+E) & \cos(B-A+E) \end{bmatrix}$	B_3	$B_3 = B_1 + 2A - 2k\pi$
	4	$\mathfrak{R}_4(\Omega) = \begin{bmatrix} \cos(B-A-E) & \sin(B-A-E) \\ -\sin(B-A-E) & \cos(B-A-E) \end{bmatrix}$	B_4	$B_4 = B_1 + 2(A+E) - 2k\pi$
	9	$\mathfrak{R}_9(\Omega) = \begin{bmatrix} \cos(B+E) & \sin(B+E) \\ -\sin(B+E) & \cos(B+E) \end{bmatrix}$	B_9	$B_9 = B_1 + A - 2k\pi$
	10	$\mathfrak{R}_{10}(\Omega) = \begin{bmatrix} \cos(B-E) & \sin(B-E) \\ -\sin(B-E) & \cos(B-E) \end{bmatrix}$	B_{10}	$B_{10} = B_1 + A + 2E - 2k\pi$
	13	$\mathfrak{R}_{13}(\Omega) = \begin{bmatrix} \cos(B+A) & \sin(B+A) \\ -\sin(B+A) & \cos(B+A) \end{bmatrix}$	B_{13}	$B_{13} = B_1 + E - 2k\pi$
	14	$\mathfrak{R}_{14}(\Omega) = \begin{bmatrix} \cos(B-A) & \sin(B-A) \\ -\sin(B-A) & \cos(B-A) \end{bmatrix}$	B_{14}	$B_{14} = B_1 + 2A + E - 2k\pi$
	17	$\mathfrak{R}_{17}(\Omega) = \begin{bmatrix} \cos(B) & \sin(B) \\ -\sin(B) & \cos(B) \end{bmatrix}$	B_{17}	$B_{17} = B_1 + A + E - 2k\pi$
第二组	5	$\mathfrak{R}_5(\Omega) = \begin{bmatrix} \cos(B+A+E) & \sin(B+A+E) \\ \sin(B+A+E) & -\cos(B+A+E) \end{bmatrix}$	B_5	在1号靶点0~360°调节得到
	6	$\mathfrak{R}_6(\Omega) = \begin{bmatrix} \cos(B+A-E) & \sin(B+A-E) \\ \sin(B+A-E) & -\cos(B+A-E) \end{bmatrix}$	B_6	$B_6 = B_5 + 2E - 2k\pi$
	7	$\mathfrak{R}_7(\Omega) = \begin{bmatrix} \cos(B-A+E) & \sin(B-A+E) \\ \sin(B-A+E) & -\cos(B-A+E) \end{bmatrix}$	B_7	$B_7 = B_5 + 2A - 2k\pi$
	8	$\mathfrak{R}_8(\Omega) = \begin{bmatrix} \cos(B-A-E) & \sin(B-A-E) \\ \sin(B-A-E) & -\cos(B-A-E) \end{bmatrix}$	B_8	$B_8 = B_5 + 2(A+E) - 2k\pi$
	11	$\mathfrak{R}_{11}(\Omega) = \begin{bmatrix} \cos(B+E) & \sin(B+E) \\ \sin(B+E) & -\cos(B+E) \end{bmatrix}$	B_{11}	$B_{11} = B_5 + A - 2k\pi$
	12	$\mathfrak{R}_{12}(\Omega) = \begin{bmatrix} \cos(B-E) & \sin(B-E) \\ \sin(B-E) & -\cos(B-E) \end{bmatrix}$	B_{12}	$B_{12} = B_5 + A + 2E - 2k\pi$
	15	$\mathfrak{R}_{15}(\Omega) = \begin{bmatrix} \cos(B+A) & \sin(B+A) \\ \sin(B+A) & -\cos(B+A) \end{bmatrix}$	B_{15}	$B_{15} = B_5 + E + 2k\pi$
	16	$\mathfrak{R}_{16}(\Omega) = \begin{bmatrix} \cos(B-A) & \sin(B-A) \\ \sin(B-A) & -\cos(B-A) \end{bmatrix}$	B_{16}	$B_{16} = B_5 + 2A + E - 2k\pi$
	18	$\mathfrak{R}_{18}(\Omega) = \begin{bmatrix} \cos(B) & \sin(B) \\ \sin(B) & -\cos(B) \end{bmatrix}$	B_{18}	$B_{18} = B_5 + A + E - 2k\pi$

12.1.4 基本标定过程

上面的论述中已经涉及对标定过程的论述，总结如下。

（1）首先选择两个标定靶点，并确保两点之间有较大的方位差、俯仰差，将两个靶点分别定义为1号靶点和2号靶点。

（2）对1号靶点，0～360°调节B_1、使$\mathfrak{R}_1(\Omega)$达到定标状态。若能成功，根据表12-1计算$B_i(i=2,3,4,9,10,13,14,17)$；若不能成功，0～360°调节$B_5$，使$\mathfrak{R}_5(\Omega)$达到定标状态，并根据表12-1计算$B_i(i=6,7,8,11,12,15,16,18)$。

（3）对2号靶点，根据1号靶点标定的结果，尝试使用$\mathfrak{R}_1(\Omega)$或$\mathfrak{R}_5(\Omega)$实施偏置（但不能修改上一步已经确定的B_1或B_5），如果仍符合定标状态，则$\mathfrak{R}_1(\Omega)$或$\mathfrak{R}_5(\Omega)$为最终标定结果；如果不能，则依次尝试$\mathfrak{R}_i(\Omega)(i=2,3,4,9,10,13,14,17)$或$\mathfrak{R}_i(\Omega)(i=6,7,8,11,12,15,16,18)$，能使靶上光斑符合定标状态的那种$\mathfrak{R}(\Omega)$为最终标定结果。$\mathfrak{R}(\Omega)$一经确定，对应的$B$角、$A$、$E$前正负号也就被唯一确定下来。

12.2 偏置标定新方法研究

12.2.1 技术分析

理论上讲，要唯一确定式（12-1）中的1个B角和3个正负号，需要在2个以上靶点进行偏置标定，而且要求两个靶点有足够的方位张角和俯仰张角。但由于实际条件限制，找几个有较大仰角差的靶点比较困难（因为靶点都在地面上，仰角多接近0°，高山上的靶点难以到达或受草木遮挡而不适合观测）。因此，如何简化标定流程，或降低标定要求，找到一种替代的偏置标定方法，一直是一个值得研究的问题。要解决这个问题，就需要从深层次上对偏置旋转的规律进行分析。

从11.3节的论述可知，光路的机上部分相对机下部分绕方位轴转动时，会使光斑在上45°镜及其后续所有镜子上产生顺时针或逆时针的转动；另外，由于镜像效应，光束每经过一块反射镜后，其在镜面的旋转方向会改变一次，顺时针变逆时针，或逆时针变顺时针，每两次变化会相互抵消，所以，光路中镜子的数量，就会决定最后靶上光斑的转动方向。

12.2.2 正负号的确定

要确定式中的各个正负号，就得分析A角、E角、偏置镜坐标系对到靶光斑位置的影响。

(1) A 角前的正负号。

由于镜像作用，光路中互相面对的两块镜子上，光斑的转动方向是相反的，所以：

① 从上45°镜（含）至靶面之间，如果有偶数块反射镜，如图12-1右侧所示，则方位角A的增大，会使光斑在靶面上顺时针转；

② 如果有奇数块反射镜，如图12-1的左侧所示，则A增大，会使光斑在靶面上逆时针转。

(2) E 角前的正负号。

由于C镜到靶面之间的光路是固定的，所以不难分析出：

① 如果初始状态下（指观察者站在M_8的位置，靶面在观察者正前方的状态），光线从右侧入射C镜，如图12-1所示，则俯仰角E的增大，会使光斑在靶面上逆时针转动。

② 如果光线从左侧入射C镜，则E增大，会使光斑在靶面上顺时针转动。

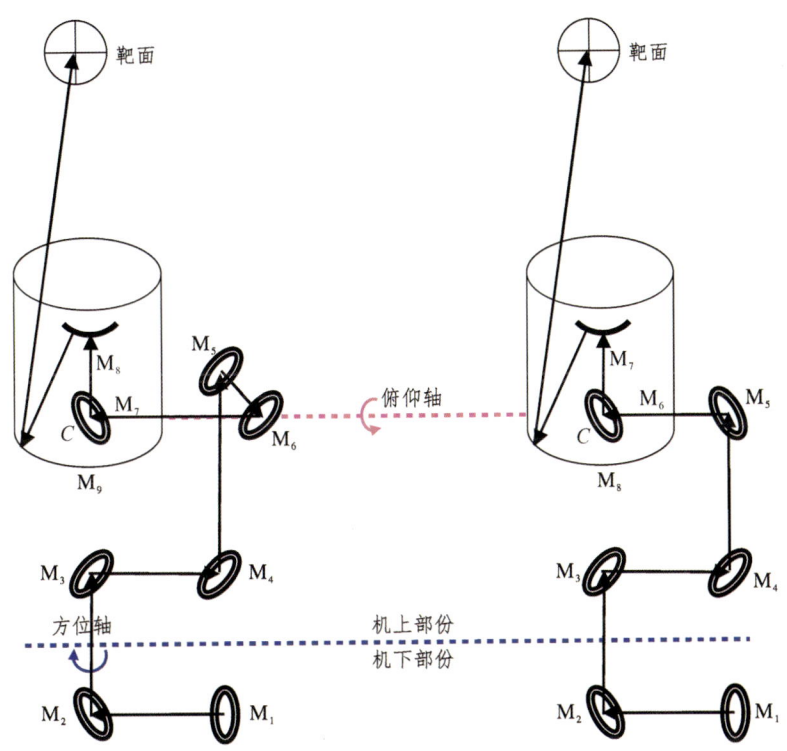

图12-1 两种不同反射镜数量的光路图

(3) 载车朝向的影响。

载车朝向的增大，会导致机下光路整体上在水平面内顺时针转动，这等价于机上光路做逆时针转动，相当于方位角A减小的情形。再根据前面A角对到靶光斑的影响分析，可知载车朝向对到靶光斑的影响。在系统由一个场地转往另一个场地时，如何在不再重新标定的情况下处理B角是必须的，即载车朝向增加或减少一个ΔHeading时，转场前已经标定好的B角必须加上或减去一个ΔHeading角，才能适合新场地使用。

由上述分析可知：A角、E角前的正负号以及载车朝向对到靶偏置光斑的影响可以直接从理论上由正确的光路图分析出来，可以不转向2号靶点再行标定（实际上，2号靶点的作用更多的是对1号靶点偏置标定结果的复核和确认）。

12.2.3　B角的影响因素

B角的成因源于三个方面：光路中镜子的布局与安装方式、载车平台的朝向、偏置镜的轴向定义。

首先，镜子的数量可以根据实际光路很容易分析出来，但前提是拿到的光路图必须是正确的，不然，很容易得到完全相反的分析结果。

其次是载车朝向。这貌似是一个简单的问题，似乎在载车上装一个寻北仪或罗盘之类能测量方位的仪器就行，实则不然，因为这里的"载车朝向"是要代表图12-1中从偏置镜出射的光束朝向。由于光路在载车上的摆放是一个机械安装问题，很难保证这个"光束朝向"与车载罗盘的朝向是平行、垂直或其他任何已知的夹角关系。也就是说，罗盘输出的"航向角"不代表偏置计算中所需的偏置镜出射光束方向，除非能把罗盘的x轴安装得与光束平行，但这在机械安装上是做不到的。

最后是偏置镜的轴向定义。由于偏置镜的使用者和操作手并不关心偏置计算问题，他可以任意定义镜子的x、y轴，甚至都不一定构成右旋坐标系。也就是说，偏置镜的轴向定义具有较大的不确定性。

由于这些原因，可以推知B角很难从纯理论上确定，它与实际的设备安装和使用方式密切相关，所以只能通过标定获得。依此理，可以预计，至少需要1个靶点或与之等效的标定物（如空中载靶无人机），才能唯一、精确标定B角，同时也顺带确定3个正负号。

12.2.4　B角的标定方法

B角的标定分两种情形。

（1）如果偏置镜是机下光路中的一块专门的镜子。

这时，偏置镜只改变出射光束的方向，不改变入射目标光的方向，所以，将形成"正看歪瞄"模式。这时B角与偏置镜的轴向定义及安装方式有关，无法通过理论计算得到，必须通过靶点标定。

（2）如果偏置镜由机上光路中的精跟踪镜来兼任。

这也是一种常见情形。这时，偏置镜不仅改变出射光束的方向，也改变入射目标光的方向（即目标在跟踪图像中的位置），可以形成"歪看正瞄"模式，即根据设定的偏置量，把目标拉歪到一个偏离图像中心的位置，使瞄准点移到中心。这时，偏置量是否正确，可以通过判断瞄准点是否在视场中心来确定：如果给的偏置量不对，则瞄准点不会在视场中心。换言之，根据位于视场中心的瞄准点及其相对跟踪点的位置，可以反算出 $\Re(\Omega)$（及其B角和各个正负号）。为此，就需要一个在ATP跟踪图像中可见的跟踪点和瞄准点，这可以通过在靶点放置两个灯泡来模拟，但由于靶点距离太近，目标的尺度相对需要的两目标角距（如50 μrad）太大，由此算得的B角误差太大。也可以通过观测天空中的一对"双星"（此处仅指观测方向角距很小的两颗恒星）来代替，由此对应的B角精度取决于双星角距和精跟踪图像精度。假设选择一对角距2′的双星进行观测，且设精跟踪图像目标提取精度为1 μrad，则图像中双星连线矢量精度为1 μrad × 2/2′ ＝ 0.2°（第一个2表示矢量两端点均有误差，所以总误差加倍）。如果能在保持图像处理精度的情况下进一步扩大视场角、并增大双星角距，则双星连线矢量精度可以进一步提高，B角的标定精度也就进一步提高。如果要通过双星观测的方式来标定B角，需要选择一些特定的双星目标，考虑因素主要包括合适的观测方向、双星星等、双星角距等几个方面。

12.2.5 新方法归纳

（1）从实际、正确的光路图出发，可以从理论上分析偏置计算式中A、E角前的正负号，以及系统转场时载车朝向变化对B角的影响和B角的精确算式；由此，偏置标定所需的靶点数量可以降到1个。

（2）从上45°镜至最终靶面之间反射镜数量的奇偶性，会改变方位角A前的正负号：如果有偶数块反射镜，则A角的增大，会使光斑在靶面上顺时针转；如果有奇数块反射镜，则A角增大，会使光斑在靶面上逆时针转。

（3）C镜上光斑从左侧还是右侧入射，会改变俯仰角E前的正负号：如果光线从右侧入射C镜，则E角的增大，会使光斑在靶面上逆时针转动；如果光线从左侧入射C镜，则E角增大，会使光斑在靶面上顺时针转动。

（4）载车朝向的增大等价于A角的减小。

（5）B角的精确值必须通过标定才能获得，至少需要1个靶点：如果偏置镜是机下光路中的专门镜子，形成正看歪瞄模式，必须靠靶点才能完成B角标定；如果偏置镜由精跟踪镜兼任，形成歪看正瞄模式，则可以通过"双星"观测的方法由精跟踪图像解算得到，精度取决于双星角距和精跟踪图像处理精度，预计可以达到0.2°的精度。

第13章 其他相关计算理论

本章介绍与本书内容相关的几个计算理论，包括超定方程求解、数据拟合等。解超定方程在交会测量和动平台上跟瞄系统的姿态标定中要用到，数据拟合在实时数据的平滑处理，以及通过拟合外推补偿数据延时带来的误差等方面要用到，它们都是算法走向实用的重要技巧。

13.1 超定方程的求解

13.1.1 问题内涵

这里所说的"超定方程求解"仅指这样一种需求：已知自变量 U 与因变量 W 满足以下关系式：

$$UV = W \tag{13-1}$$

式中，U 为自变量；W 为因变量；V 为系数向量，未知。现通过大量实验，获得很多个 U 和对应的 W 的实验数据，需要根据数据反算系数向量 V。由于实验数据个数一般大于向量 V 中未知数个数，上式就成了关于 V 的超定方程。

对这种需求情形，解的一般形式为

$$V = (U^{\mathrm{T}} U)^{-1} U^{\mathrm{T}} W \tag{13-2}$$

式中，上标"T"表示矩阵转置，"–1"表示方阵求逆。

13.1.2 姿态矩阵标定

本例源于 8.4 节关于"观测系姿态矩阵的标定"的需求，即下式中的 $\Re(u,v,w)$。

$$\begin{pmatrix} -\sin e \sin a \\ \cos e \\ \sin e \cos a \end{pmatrix} = \Re(u,v,w) \Re_y(\gamma) \Re_x(\beta) \Re_z(-\theta) \begin{pmatrix} \cos E \sin A \\ \cos E \cos A \\ \sin E \end{pmatrix} \tag{13-3}$$

式中，A、E 为目标在"东-北-天"地平坐标系中的坐标，属实时变化量，根据目标 GPS 数据或天文计算求得；θ、β、γ 为承载平台相对地平系的三轴姿态角（航向角、俯仰角、横滚角），属实时变化量，由陀螺或惯导等姿态测量传感器给出；u、v、w 为跟瞄系统在承载平台上的安装姿态角，一经机械安装固定，就是不变量，通过提前标定得到；$\Re(u,v,w)$是关于u、v、w的姿态旋转矩阵。

注：u、v、w也可称为航向角、俯仰角、横滚角，但属主或定语与θ、β、γ不同，前者是"跟瞄系统相对承载平台的"，后者是"承载平台相对大地地平坐标系的"。

标定姿态矩阵$\Re(u,v,w)$是实现动平台跟踪引导的前提和关键，很多实验表明，$\Re(u,v,w)$标定的细致程度和精度直接影响动平台目标跟踪引导的总体精度。$\Re(u,v,w)$标定的方法如下：在三维空间选取一个已知位置的标定点（如地面标志物、建筑物的角点、天上的恒星等），算出它们在跟瞄系统所在地地平坐标系中的方位角A、俯仰角E，结合陀螺实时测得的平台姿态角θ、β、γ，即可算得式（13-3）右侧除$\Re(u,v,w)$以外的部分。同时，人工操作跟瞄系统指向目标，得到跟踪架输出的观测角a、e，于是可得到上式左侧的值；左右结合，就可以得到关于$\Re(u,v,w)$的三个方程式，但$\Re(u,v,w)$是$3\times 3=9$元素矩阵，有9个未知数（虽然不都是独立的），方程式个数不够。于是选取更多的标定点，得到更多的方程式，而未知数个数并不增加。所以，空间三个以上非共线的标定点，即可建立9个以上方程式，即可解出$\Re(u,v,w)$。为了使得到的解更可信，往往采用很多标定点，比如n个点，得到$3n$个方程式，用它们可以解出精度良好的$\Re(u,v,w)$矩阵，即完成跟瞄系统的姿态标定。

由于标定过程中，除了$\Re(u,v,w)$未知，其余都已知（或通过计算而已知），所以作符号代换如下：

记式子左侧向量的计算结果为

$$\begin{pmatrix} x \\ y \\ z \end{pmatrix} = \begin{pmatrix} -\sin e \sin a \\ \cos e \\ \sin e \cos a \end{pmatrix} \quad （13-4）$$

记式子右侧除$\Re(u,v,w)$以外部分的计算结果为

$$\begin{pmatrix} X \\ Y \\ Z \end{pmatrix} = \Re_y(\gamma)\Re_x(\beta)\Re_z(-\theta) \begin{pmatrix} \cos E \sin A \\ \cos E \cos A \\ \sin E \end{pmatrix} \quad （13-5）$$

$\Re(u,v,w)$展开记为

$$\Re(u,v,w) = \begin{pmatrix} r_{11} & r_{12} & r_{13} \\ r_{21} & r_{22} & r_{23} \\ r_{31} & r_{32} & r_{33} \end{pmatrix} \quad （13-6）$$

于是式（13-3）变成

$$\begin{pmatrix} x \\ y \\ z \end{pmatrix} = \begin{pmatrix} r_{11} & r_{12} & r_{13} \\ r_{21} & r_{22} & r_{23} \\ r_{31} & r_{32} & r_{33} \end{pmatrix} \begin{pmatrix} X \\ Y \\ Z \end{pmatrix} \quad (13\text{-}7)$$

对于 $i = 1 \cdots n$ 个标定点，会有 n 个 $(x, y, z)_i$ 和 n 个 $(X, Y, Z)_i$，得如下 n 个关系式组

$$\begin{pmatrix} x_1 \\ y_1 \\ z_1 \end{pmatrix} = \begin{pmatrix} r_{11} & r_{12} & r_{13} \\ r_{21} & r_{22} & r_{23} \\ r_{31} & r_{32} & r_{33} \end{pmatrix} \begin{pmatrix} X_1 \\ Y_1 \\ Z_1 \end{pmatrix}$$
$$\begin{pmatrix} x_2 \\ y_2 \\ z_2 \end{pmatrix} = \begin{pmatrix} r_{11} & r_{12} & r_{13} \\ r_{21} & r_{22} & r_{23} \\ r_{31} & r_{32} & r_{33} \end{pmatrix} \begin{pmatrix} X_2 \\ Y_2 \\ Z_2 \end{pmatrix} \quad (13\text{-}8)$$
$$\cdots$$
$$\begin{pmatrix} x_n \\ y_n \\ z_n \end{pmatrix} = \begin{pmatrix} r_{11} & r_{12} & r_{13} \\ r_{21} & r_{22} & r_{23} \\ r_{31} & r_{32} & r_{33} \end{pmatrix} \begin{pmatrix} X_n \\ Y_n \\ Z_n \end{pmatrix}$$

这 n 个关系式组无法组合成式（13-1）的形式[因为简单纵向联立的话，中间公共部分是 3×3 矩阵，最右边是 $3n \times 1$ 矩阵，这两个矩阵无法相乘（矩阵乘法的条件：前矩阵的列数＝后矩阵的行数）]，也就是说无法通过提取公共矩阵形成式（13-1），也就无法使用式（13-2）求得解。为此，通过填0、构造矩阵，将式（13-7）调整成如下形式

$$\begin{pmatrix} X & Y & Z & 0 & 0 & 0 & 0 & 0 & 0 \\ 0 & 0 & 0 & X & Y & Z & 0 & 0 & 0 \\ 0 & 0 & 0 & 0 & 0 & 0 & X & Y & Z \end{pmatrix} \begin{pmatrix} r_{11} \\ r_{12} \\ r_{13} \\ r_{21} \\ r_{22} \\ r_{23} \\ r_{31} \\ r_{32} \\ r_{33} \end{pmatrix} = \begin{pmatrix} x \\ y \\ z \end{pmatrix} \quad (13\text{-}9)$$

于是，n 个标定点可以组成如下关系式

$$\begin{pmatrix} X_1 & Y_1 & Z_1 & 0 & 0 & 0 & 0 & 0 & 0 \\ 0 & 0 & 0 & X_1 & Y_1 & Z_1 & 0 & 0 & 0 \\ 0 & 0 & 0 & 0 & 0 & 0 & X_1 & Y_1 & Z_1 \\ X_2 & Y_2 & Z_2 & 0 & 0 & 0 & 0 & 0 & 0 \\ 0 & 0 & 0 & X_2 & Y_2 & Z_2 & 0 & 0 & 0 \\ 0 & 0 & 0 & 0 & 0 & 0 & X_2 & Y_2 & Z_2 \\ & & & & \vdots & & & & \\ X_n & Y_n & Z_n & 0 & 0 & 0 & 0 & 0 & 0 \\ 0 & 0 & 0 & X_n & Y_n & Z_n & 0 & 0 & 0 \\ 0 & 0 & 0 & 0 & 0 & 0 & X_n & Y_n & Z_n \end{pmatrix} \begin{pmatrix} r_{11} \\ r_{12} \\ r_{13} \\ r_{21} \\ r_{22} \\ r_{23} \\ r_{31} \\ r_{32} \\ r_{33} \end{pmatrix} = \begin{pmatrix} x_1 \\ y_1 \\ z_1 \\ x_2 \\ y_2 \\ z_2 \\ \vdots \\ x_n \\ y_n \\ z_n \end{pmatrix} \quad (13-10)$$

式（13-10）最左边是$3n$行×9列矩阵，中间是9行×1列矩阵，满足矩阵乘法条件，相乘结果为$3n$行×1列矩阵，正是右边矩阵的维度。记左、中、右三部分分别为U、V、W，则刚好构成关系式$UV=W$，即式（13-1），于是可用式（13-2）求得系数向量V，即$r_{11}\sim r_{33}$，则姿态旋转矩阵$\Re(u,v,w)$得解。

上述解算过程的关键技巧在于通过填0把式（13-7）变成式（13-9），然后就可以对多个方程进行联立。这种处理技巧在求矩阵参数时经常用到，如马颂德的《计算机视觉》一书中介绍的相机参数标定中也是如此。

需要说明的是，本节所讲述的姿态矩阵标定方法，对不同构型的跟瞄系统都适用，并不要求(x,y,z)、(X,Y,Z)必须是式（13-4）~式（13-5）那样，这几个式子仅仅是本例跟瞄系统中的表达，如果是其他构型的跟瞄系统，式子会有所不同，但求姿态旋转矩阵的过程却都一样。

上述用超定方程求解姿态矩阵的方法有一个弊端：不能保证结果矩阵的"模长"为1。按理论，综合姿态矩阵是若干个基本旋转矩阵的级联相乘，由于每个基本旋转矩阵的模长都是1[参见式（2-2）]，所以综合姿态旋转矩阵的模长也应该为1，但前面的解法不能保证结果满足这一点，所以，实际应用中应注意它带来的负面影响，特别是当几个标定点的位置数据本身就不准时，这种解法的结果误差可能很大。

一种避免这个问题的办法是遍历法，它的原理很简单：建立$\Re(u,v,w)$的数学表达式，然后直接在u、v、w三个姿态角各自可能的范围内按一定步长遍历所有可能的值，记录取哪组值时标定点的理论方向（方位、俯仰角）与实际观测值之间差异最小。然后以该组u、v、w值代入$\Re(u,v,w)$的表达式，算得姿态旋转矩阵的具体值。这种方法要求建立正确、显式的$\Re(u,v,w)$表达式，如$\Re(u,v,w)=\Re_y(-90°+w)\Re_x(v)\Re_z(u)$是某倒伏式跟瞄系统的姿态旋转矩阵；而前面的超定方程解法则不用建立$\Re(u,v,w)$的显式表达式。

需要注意的一点是，不管用哪种方法标定姿态矩阵，一般来说，标定结果都会有一定的偏向性。标定点多的方向，用标定结果进行实际跟踪引导时，这个方向的引导精度明显较高；而没有标定点的方向引导精度会相对较低。所以，标定点的选择最好在空间各个方向上都有分布，而不是集中在某一个方向上，如在地平方位360°范围内选取8～10个甚至更多个不同方向的标定点，而且越多越好；俯仰方向上因受限于空间高度的可达性，有条件的话，能找到4～5个高度不同的标定点最好。

13.2 最小二乘拟合

最小二乘拟合的本质也是求解超定方程，但可以不用高等数学中的超定、欠定、正定和矩阵等方法。

13.2.1 直线拟合

设自变量x与因变量y满足线性关系 $y = Ax + B$，但不知道系数A、B是多少；现通过大量实验获得很多 x_i 和 $y_i(i=1\cdots n)$值，想用它们拟合出系A和B。求解过程如下。

关系式为

$$y = Ax + B \quad (13\text{-}11)$$

总误差为

$$\varepsilon = \sum_{i=1}^{n}(y - y_i)^2 = \sum(Ax_i + B - y_i)^2 \quad (13\text{-}12)$$

系数A、B的最优解使得总误差ε最小，所以ε对A、B的偏导数为0。

$$\begin{cases} \dfrac{\partial \varepsilon}{\partial A} = 2\sum(Ax_i + B - y_i) \cdot x_i = 0 \\ \dfrac{\partial \varepsilon}{\partial B} = 2\sum(Ax_i + B - y_i) \cdot 1 = 0 \end{cases} \quad (13\text{-}13)$$

展开、化简

$$\begin{cases} \sum(Ax_i^2 + Bx_i - x_i y_i) = 0 \\ \sum(Ax_i + B - y_i) = 0 \end{cases} \quad (13\text{-}14)$$

$$\begin{cases} A\sum x_i^2 + B\sum x_i - \sum x_i y_i = 0 \\ A\sum x_i + nB - \sum y_i = 0 \end{cases} \quad (13\text{-}15)$$

第一子式乘n，第二子式乘$\sum x_i$，以消元B，求得A

$$\begin{cases} An\sum x_i^2 + Bn\sum x_i - n\sum x_i y_i = 0 \\ A(\sum x_i)^2 + nB\sum x_i - \sum x_i \sum y_i = 0 \end{cases} \quad (13\text{-}16)$$

$$A[n\sum x_i^2 - (\sum x_i)^2] = n\sum x_i y_i - \sum x_i \sum y_i \tag{13-17}$$

$$A = \frac{n\sum x_i y_i - \sum x_i \sum y_i}{n\sum x_i^2 - (\sum x_i)^2} \tag{13-18}$$

代回式（13-15）求得B

$$B = \frac{\sum y_i - A\sum x_i}{n} \tag{13-19}$$

所以，直线拟合的最小二乘结果为

$$\begin{cases} A = \dfrac{n\sum x_i y_i - \sum x_i \sum y_i}{n\sum x_i^2 - (\sum x_i)^2} \\ B = \dfrac{\sum y_i - A\sum x_i}{n} \end{cases} \tag{13-20}$$

图13-1为直线拟合示例。

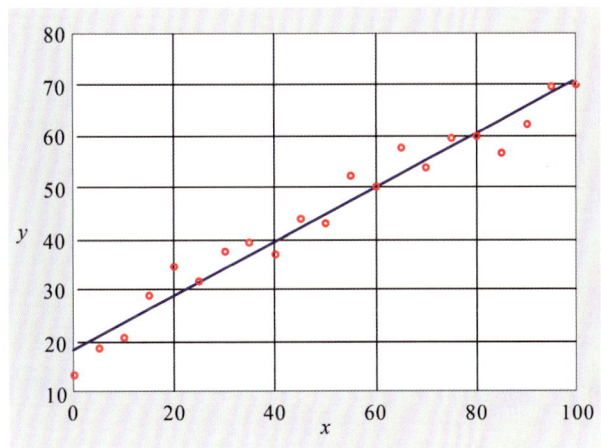

图13-1 直线拟合示例

13.2.2 抛物线拟合

关系式为

$$y = Ax^2 + Bx + C \tag{13-21}$$

总误差为

$$\varepsilon = \sum_{i=1}^{n}(y - y_i)^2 = \sum (Ax_i^2 + Bx_i + C - y_i)^2 \tag{13-22}$$

A、B、C的最优解使总误差ε最小，所以ε对最优系数A、B、C的偏导数为0。

$$\begin{cases} \dfrac{\partial \varepsilon}{\partial A} = 2\sum(Ax_i^2 + Bx_i + C - y_i) \cdot x_i^2 = 0 \\ \dfrac{\partial \varepsilon}{\partial B} = 2\sum(Ax_i^2 + Bx_i + C - y_i) \cdot x_i = 0 \\ \dfrac{\partial \varepsilon}{\partial C} = 2\sum(Ax_i^2 + Bx_i + C - y_i) \cdot 1 = 0 \end{cases} \quad (13\text{-}23)$$

展开、化简

$$\begin{cases} \sum(Ax_i^4 + Bx_i^3 + Cx_i^2 - x_i^2 y_i) = 0 \\ \sum(Ax_i^3 + Bx_i^2 + Cx_i - x_i y_i) = 0 \\ \sum(Ax_i^2 + Bx_i + C - y_i) = 0 \end{cases} \quad (13\text{-}24)$$

$$\begin{cases} A\sum x_i^4 + B\sum x_i^3 + C\sum x_i^2 - \sum x_i^2 y_i = 0 \\ A\sum x_i^3 + B\sum x_i^2 + C\sum x_i - \sum x_i y_i = 0 \\ A\sum x_i^2 + B\sum x_i + nC - \sum y_i = 0 \end{cases} \quad (13\text{-}25)$$

第一子式乘n，第三子式乘$\sum x_i^2$，联立消去C

$$\begin{cases} An\sum x_i^4 + Bn\sum x_i^3 + nC\sum x_i^2 - n\sum x_i^2 y_i = 0 \\ A(\sum x_i^2)^2 + B\sum x_i \sum x_i^2 + nC\sum x_i^2 - \sum x_i^2 \sum y_i = 0 \end{cases} \quad (13\text{-}26)$$

$$A[n\sum x_i^4 - (\sum x_i^2)^2] + B[n\sum x_i^3 - \sum x_i \sum x_i^2] - [n\sum x_i^2 y_i - \sum x_i^2 \sum y_i] = 0 \quad (13\text{-}27)$$

第二子式乘n，第三子式乘$\sum x_i$，联立消去C

$$\begin{cases} An\sum x_i^3 + Bn\sum x_i^2 + nC\sum x_i - n\sum x_i y_i = 0 \\ A\sum x_i \sum x_i^2 + B(\sum x_i)^2 + nC\sum x_i - \sum x_i \sum y_i = 0 \end{cases} \quad (13\text{-}28)$$

$$A[n\sum x_i^3 - \sum x_i \sum x_i^2] + B[n\sum x_i^2 - (\sum x_i)^2] - [n\sum x_i y_i - \sum x_i \sum y_i] = 0 \quad (13\text{-}29)$$

联立式（13-27）和式（13-29）

$$\begin{cases} A[n\sum x_i^4 - (\sum x_i^2)^2] + B[n\sum x_i^3 - \sum x_i \sum x_i^2] - [n\sum x_i^2 y_i - \sum x_i^2 \sum y_i] = 0 \\ A[n\sum x_i^3 - \sum x_i \sum x_i^2] + B[n\sum x_i^2 - (\sum x_i)^2] - [n\sum x_i y_i - \sum x_i \sum y_i] = 0 \end{cases} \quad (13\text{-}30)$$

把6个方括号内的部分分别做符号代换记为a、b、c、d、e、f，于是上式变成

$$\begin{cases} Aa + Bb - c = 0 \\ Ad + Be - f = 0 \end{cases} \quad (13\text{-}31)$$

消元B，求A

$$\begin{cases} Aea + eBb - ec = 0 \\ Abd + bBe - bf = 0 \end{cases} \quad (13\text{-}32)$$

$$A[ea - bd] = [ec - bf] \quad (13\text{-}33)$$

$$A = \dfrac{ec - bf}{ea - bd} \quad (13\text{-}34)$$

代回式（13-31）求得B

$$B = \frac{c - Aa}{b} \quad \text{或} \quad B = \frac{f - Ad}{e} \quad (13\text{-}35)$$

A、B代回（13-25）式的最后一个子式求C

$$C = \frac{\sum y_i - A\sum x_i^2 - B\sum x_i}{n} \quad (13\text{-}36)$$

所以，抛物线拟合的结果为

$$\begin{cases} A = \dfrac{ec - bf}{ea - bd} \\ B = \dfrac{c - Aa}{b} \\ C = \dfrac{\sum y_i - A\sum x_i^2 - B\sum x_i}{n} \end{cases} \quad (13\text{-}37)$$

式中

$$\begin{cases} a = [n\sum x_i^4 - (\sum x_i^2)^2]; & b = [n\sum x_i^3 - \sum x_i \sum x_i^2]; & c = [n\sum x_i^2 y_i - \sum x_i^2 \sum y_i] \\ d = [n\sum x_i^3 - \sum x_i \sum x_i^2]; & e = [n\sum x_i^2 - (\sum x_i)^2]; & f = [n\sum x_i y_i - \sum x_i \sum y_i] \end{cases} \quad (13\text{-}38)$$

图13-2是抛物线拟合示例。

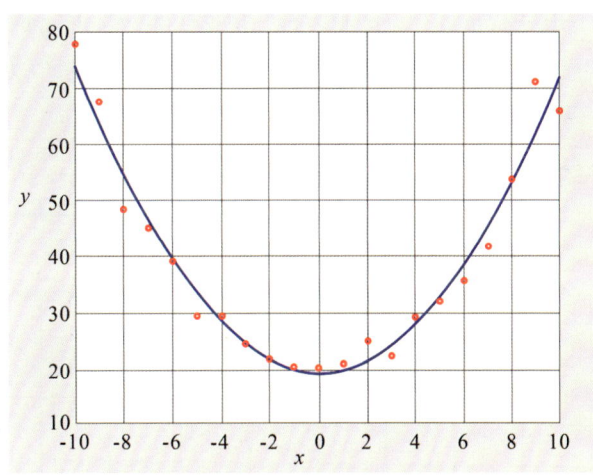

图13-2　抛物线拟合示例

注：在MATLAB中有内置函数P＝polyfit（x，y，n）可以用于直线、抛物线以及更高阶多项式曲线拟合，可以用该函数对本节的算式进行验算。另外，MATLAB中的P＝regress（y，x）函数也可以用于系数拟合，结果一样，但用法和格式有所不同，读者可仔细阅读该函数的帮助文档、练习使用。

13.3 鲁棒拟合

这里所说的鲁棒拟合，其实是指MATLAB中的robustfit（）函数，它和普通最小二乘拟合polyfit（）的最大差别在于，它用离散数据点离拟合线的距离远近计算该点对总误差的权重，越远的点权重越小，越近的点权重越大，拟合过程中用这些权重加权各数据点对拟合线的贡献。如此，明显偏离拟合线的点的贡献会被弱化，明显靠近拟合线的点的贡献会被加强，通过这种机制，可以有效抑制数据点中少量野值点的贡献，防止数据分布主体趋势被个别点明显拉偏。

用图13-3的例子做说明：离散的粉色小圆点是需拟合的数据点，最右边有一个明显的野值点。蓝色虚线是用普通最小二乘法或polyfit（）函数拟合出来的直线，它显然受野值点的吸引，明显偏离离散点的主体走向。通过引入鲁棒机制，改用robustfit（）拟合，得到的结果如红色粗实线所示，可以看出，它更好地表征了离散点的主体走向，较好地抵抗了野值点的吸引，使拟合结果的抗噪性（也称鲁棒性，或健壮性）大大增强。

至于鲁棒拟合的算法公式和计算过程，这里不详细展开，它本质上是一个加权拟合与迭代循环算法，其中权重计算方法有多种，包括andrews、bisquare、cauchy、fair、huber、logistic、ols、talwar、welsch等，读者可以参阅MATLAB中关于robustfit（）函数的帮助文档及源码，编写自己的鲁棒拟合程序。

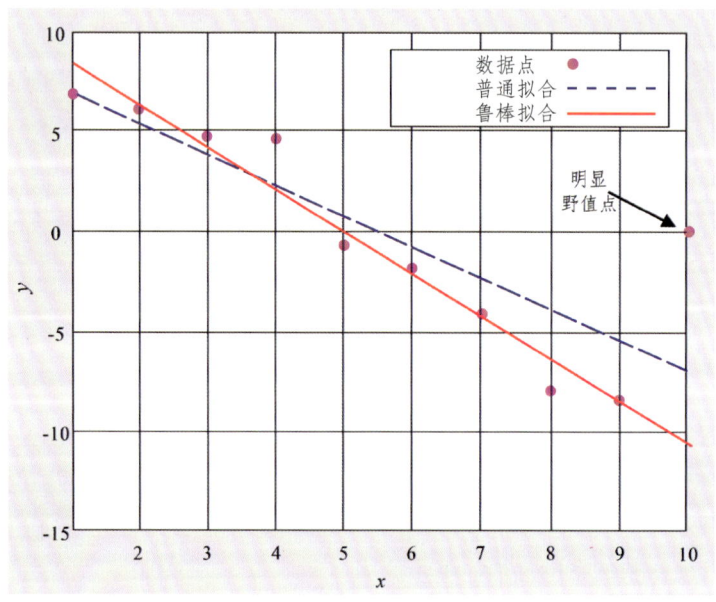

图13-3　鲁棒拟合与普通拟合的对比

注：MATLAB是开源的，大部分计算函数都能在MATLAB安装目下找到源码，即相应的×××.m文件，对研究算法原理非常有用。

数据拟合的作用主要有三点：①对原始数据进行平滑处理，降低数据噪声，保护工作设备（一个噪声很多、毛刺很大的引导数据，可能会引起跟瞄系统发生剧烈振荡、大幅加快设备磨损速度）；②发现因变量与自变量之间的关系，从离散数据点得到显式的解析关系式，可以提升对物理规律的认知；③有了解析式，就可以做数据外推与预测，这对于延时较大的跟踪引导系统是非常必要的，因为延时会带来引导误差，克服延时影响的主要方法就是将目标轨迹F（指x、y、z坐标、方位角A、俯仰角E等）对时间t做拟合，得到$F = f(t)$的解析表达式（如直线、抛物线等），再根据事先统计得到的延时量Δt，用解析表达式预测Δt时间后的F值，即$F_{predict} = f(t_{now} + \Delta t)$，将$F_{predict}$发给跟瞄系统进行跟踪引导，可大大降低引导延时造成的误差。

与简单拟合相比，一种更好、更复杂的数据平滑与外推方法是卡尔曼滤波，它又是另一套完整的理论，读者可以自行阅读相关文献。

13.4 矢量点乘与叉乘

13.4.1 标量与矢量

标量：一个数，或一个值，没有方向可言，如1、0.5、π、46、e等。两个标量，只要数值相等，就是相同标量，如10和$\sqrt{100}$。

矢量：也称向量，n维空间的一条有向线段，有长度和方向两个属性，只有长度、方向同时相等的两个矢量才能称为相同矢量。矢量平移（同时、等量改变它的起止点坐标）后，仍是该矢量，因为长度、方向都没变。

表达矢量有多种方法，如三维空间$Oxyz$坐标系中有一个点A，它可以用坐标表示为$A(x_A,y_A,z_A)$或$A(x_A,y_A,z_A)^T$，原点与它的连线矢量$\overrightarrow{OA}$可以表示为$\boldsymbol{A}=[x_A,y_A,z_A]$或者$\boldsymbol{A}=x_A\boldsymbol{i}+y_A\boldsymbol{j}+z_A\boldsymbol{k}$（$\boldsymbol{i}$、$\boldsymbol{j}$、$\boldsymbol{k}$分别代表$x$、$y$、$z$轴上的单位矢量）。形式上，矢量是矩阵的一列或一行，也可以是说n行1列矩阵或1行n列矩阵。

矢量的模：就是矢量的长度，是一个标量，数值上等于该矢量各分量的值的平方和再开方，以上面的矢量$\boldsymbol{A}$为例

$$|\boldsymbol{A}|=\sqrt{x_A^2+y_A^2+z_A^2} \qquad (13\text{-}39)$$

两矢量的加减法就是对应分量相加减；矢量一般没有除法；矢量的乘法广泛使用，分为点乘和叉乘两种。

13.4.2 矢量点乘

矢量点乘，也称矢量点积、内积、数量积。矢量点乘运算，就是将两个矢量对应分量元素相乘后再求代数和；点乘的结果是一个标量（一个值，一个数）。

设有两个长度为n的矢量 $\boldsymbol{A}=[a_1,a_2,\cdots,a_n]$、$\boldsymbol{B}=[b_1,b_2,\cdots,b_n]$，则其点乘为

$$\boldsymbol{A}\cdot\boldsymbol{B}=a_1b_1+a_2b_2+\cdots+a_nb_n \tag{13-40}$$

显然，点乘满足交换律，即 $\boldsymbol{A}\cdot\boldsymbol{B}=\boldsymbol{B}\cdot\boldsymbol{A}$。

点乘有如下性质：

$$\boldsymbol{A}\cdot\boldsymbol{B}=|\boldsymbol{A}\|\boldsymbol{B}|\cos\theta \tag{13-41}$$

式中，θ为A、B两矢量的夹角。此式含义为，矢量A与B的点乘等于A、B的模长乘积再乘以它们夹角的余弦。

利用上式，可根据点乘判断A、B两矢量的方向关系：

（1）当两矢量趋于同向时，$0°\leqslant\theta<90°$，$\cos\theta>0$，点乘为正。

（2）当两矢量趋于反向时，$90°<\theta\leqslant180°$，$\cos\theta<0$，点乘为负。

（3）当两矢量完全同向时，$\theta=0°$，$\cos\theta=1$，点乘取得正最大值。

（4）当两矢量完全反向时，$\theta=180°$，$\cos\theta=-1$，点乘取得负最大值。

（5）当两矢量互相垂直时，$\theta=90°$，$\cos\theta=0$，点乘结果为0。

根据上式，可以用点乘来反算两矢量夹角

$$\cos\theta=\frac{\boldsymbol{A}\cdot\boldsymbol{B}}{|\boldsymbol{A}\|\boldsymbol{B}|} \tag{13-42}$$

13.4.3 矢量叉乘

矢量的叉乘，又叫叉积、外积、矢量积、向量积。叉乘运算的结果还是一个矢量，而不是标量。叉乘运算主要用于三维矢量，或三维空间，即运算元素和运算结果都是三维矢量（这点不同于点乘，点乘可用于n维矢量）。叉乘结果矢量的方向垂直于两个运算矢量所构成的平面，方向为两运算矢量按右手螺旋法则定出来的大拇指方向。

设有两个三维矢量 $\boldsymbol{A}=[x_1,y_1,z_1]$、$\boldsymbol{B}=[x_2,y_2,z_2]$，或者记为$A=x_1\boldsymbol{i}+y_1\boldsymbol{j}+z_1\boldsymbol{k}$、$A=x_2\boldsymbol{i}+y_2\boldsymbol{j}+z_2\boldsymbol{k}$，其叉乘为

$$\boldsymbol{A}\times\boldsymbol{B}=\begin{vmatrix}\boldsymbol{i}&\boldsymbol{j}&\boldsymbol{k}\\x_1&y_1&z_1\\x_2&y_2&z_2\end{vmatrix}=(y_1z_2-z_1y_2)\boldsymbol{i}+(z_1x_2-x_1z_2)\boldsymbol{j}+(x_1y_2-y_1x_2)\boldsymbol{k} \tag{13-43}$$

或者记为

$$A \times B = [y_1 z_2 - z_1 y_2, \quad z_1 x_2 - x_1 z_2, \quad x_1 y_2 - y_1 x_2] \tag{13-44}$$

叉乘不满足交换律，即 $A \times B \neq B \times A$，因为按叉乘运算式不难证明 $A \times B = -B \times A$ 和 $|A \times B| = |B \times A|$，即调换参加叉乘运算的两矢量顺序，结果矢量的长度不变，但方向反向。

叉乘有如下性质：

$$|A \times B| = |A||B|\sin\theta \tag{13-45}$$

式中，θ 为 A、B 两矢量的夹角。此式的含义为，矢量 A、B 叉乘所得结果矢量的模长等于 A、B 的模长乘积再乘以它们夹角的正弦。

注意：上式与式（13-41）点乘关系式相比，等号左侧加了取模运算|∗|，因为叉乘运算的直接结果是矢量，而上式右侧是标量。

几何上，叉乘结果等于以两运算矢量为邻边的平行四边形面积。

利用式（13-45），可根据叉乘结果判断 A、B 两矢量方向的某些特殊关系：

（1）当两矢量平行，即 $\theta = 0$ 或 $180°$ 时，$\sin\theta = 0$，其叉乘结果的模长为 0。几何意义为，以两重合线为邻边的平行四边形面积为 0。

（2）当两矢量互相垂直，即 $\theta = 90°$ 时，$\sin\theta = 1$，叉乘结果的模长取得最大值。几何意义为，以两已知长度的矢量为邻边的平行四边形中，矩形面积最大。

根据上式，可以用叉乘来反算两矢量夹角

$$\sin\theta = \frac{|A \times B|}{|A||B|} \tag{13-46}$$

如图 13-4 所示，设三维空间 $Oxyz$ 坐标系内有两个点 $A(3,4,1)$、$B(7,5,9)$，现用初等几何、点乘、叉乘三种方法分别求 OA、OB 两边的夹角 θ。

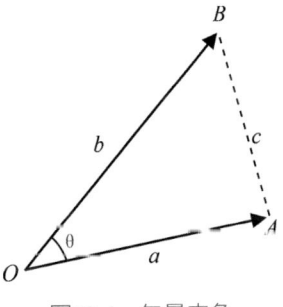

图 13-4 矢量夹角

（1）初等几何法（用三角形余弦定理）。A、B 与原点 $O(0,0,0)$ 构成 $\triangle OAB$，记三边长度分别为 a、b、c，根据 A、B 坐标及两点间距离公式可得

$$a = \sqrt{3^2 + 4^2 + 1^2} = \sqrt{26}$$
$$b = \sqrt{7^2 + 5^2 + 9^2} = \sqrt{155}$$
$$c = \sqrt{(3-7)^2 + (4-5)^2 + (1-9)^2} = \sqrt{81} = 9$$
$$\cos\theta = \frac{a^2 + b^2 - c^2}{2ab} = \frac{26 + 155 - 81}{2\sqrt{26}\sqrt{155}} = \frac{100}{2\sqrt{4030}} = \frac{50}{\sqrt{4030}}$$
$$\sin\theta = \sqrt{1 - \cos^2\theta} = \frac{\sqrt{1530}}{\sqrt{4030}}$$
$$\theta = 38°$$

（2）点乘法。

$$\boldsymbol{A} \cdot \boldsymbol{B} = 3 \times 7 + 4 \times 5 + 1 \times 9 = 50$$
$$\cos\theta = \frac{\boldsymbol{A} \cdot \boldsymbol{B}}{|\boldsymbol{A}||\boldsymbol{B}|} = \frac{\boldsymbol{A} \cdot \boldsymbol{B}}{ab} = \frac{50}{\sqrt{26}\sqrt{155}} = \frac{50}{\sqrt{4030}}$$
$$\theta = 38°$$

（3）叉乘法。

$$\boldsymbol{A} \times \boldsymbol{B} = [4 \times 9 - 1 \times 5,\ 1 \times 7 - 3 \times 9,\ 3 \times 5 - 4 \times 7] = [31,\ -20, -13]$$
$$\sin\theta = \frac{|\boldsymbol{A} \times \boldsymbol{B}|}{|\boldsymbol{A}||\boldsymbol{B}|} = \frac{|\boldsymbol{A} \times \boldsymbol{B}|}{ab} = \frac{\sqrt{31^2 + 20^2 + 13^2}}{\sqrt{26}\sqrt{155}} = \frac{\sqrt{1530}}{\sqrt{4030}}$$
$$\theta = 38°$$

可以看出，三种方法算出来的结果是一样的，而点乘法的运算量最小。

参考文献

[1] 苏毅，万敏．高能激光系统［M］．北京：国防工业出版社，2004．

[2] 张凯，叶一东，王锋．激光导星技术［M］．北京：国防工业出版社，2016．

[3] 陈天江．激光钠导星泵浦参数分析与实验研究［D］．绵阳：中国工程物理研究院，2020．

[4] 游安清，张家如．地平式跟踪系统中目标角速度与角加速度分析［J］．强激光与粒子束，2013（S1）：96-100．

[5] 田俊林，潘旭东，游安清．运动平台目标引导数据解算及误差分析［J］．强激光与粒子束，2014，26（8）：081018-1~5．

[6] 田俊林，付承毓，唐涛．仅有角度观测信息情况下目标机动自适应跟踪算法研究［J］．光电工程，2011，38（10）：57-65．

[7] 田俊林，胡晓阳，游安清．利用自适应卡尔曼滤波实现光电跟踪中的复合控制［J］．光学精密工程，2017，25（7）：1941-47．

[8] 田俊林，付承毓，唐涛．转换观测卡尔曼滤波算法中转换统计量的一种改进计算方法［J］．光电工程，2011，38（8）：20-26．

[9] 田俊林，付承毓，唐涛，等．过程噪声方差实时补偿的非定轨目标跟踪［J］．光电工程，2012，39（1）：68-73．

[10] 邓浩，游安清，田俊林．基于图像分析的摄像头轴偏量标定方法［J］．强激光与粒子束，2014，26（7）：071005-1~4．

[11] 王坤，王磊，游安清．基于局部轮廓特征的无人机头部检测跟踪算法［J］．光学技术，2011，2：178-182．

[12] 雷果，张蓉，王坤．基于背景学习的自适应动态目标检测算法［C］．光电对抗及信息处理技术发展学术交流会，2016：128-132．

[13] 王坤，游安清，王磊．基于Hessian矩阵本征分解的目标中心线提取算法［J］．强激光与粒子束，2013（S1）：24-28．

[14] 王坤,何静,游安清. 光束—靶面入射角非接触式测量方法分析[J]. 强激光与粒子束,2014(10):101010-1~5.

[15] 王坤,游安清,贺喜,等. 基于动态目标结构特征的姿态实时定位方法[C]. 第十届全国光电技术学术交流会,2012:3029-3034.

[16] 王坤,王磊,游安清. 基于形殊点的动态目标"定位"方法研究[C]. 第九届全国光电技术学术交流会,2010:580-584.

[17] 宋海峰,陈兴无,王磊,等. 运动背景下弱小目标的提取算法[J]. 强激光与粒子束,2006,18(10):1625-1628.

[18] 宋海峰,邓浩,张蓉,等. 小角度随机往复振动条件下陀螺姿态测量研究[J]. 兵工学报,2008,29(4):411-414.

[19] 郑黎义,潘旭东,陈兴无,等. 机动目标跟踪的自适应相互作用多模型算法[J]. 强激光与粒子束,2005(9):1328-1330.

[20] 周炳琨,高以智,陈倜嵘. 激光原理[M]. 北京:国防工业出版社,2000.

[21] 中国科学院紫金山天文台. 2000年中国天文年历[M]. 北京:科学出版社,1999.

[22] 甘楚雄,刘冀湘. 弹道与运载火箭[M]. 北京:国防工业出版社,1996.

[23] 林来兴. 空间交会对接技术[M]. 北京:国防工业出版社,1995.

[24] 姚仁昌,唐国梁,宋廷伦. 火箭导弹发射动力学[M]. 北京:北京理工大学出版社,1996.

[25] 李征航,魏二虎,王正涛. 空间大地测量学[M]. 武汉:武汉大学出版社,2010.

[26] 鲍建宽,李秀海,朱继文. 大地测量学[M]. 哈尔滨:哈尔滨地图出版社,2008.

[27] 马文章. 球面天文学[M]. 北京:北京师范大学出版社,2000.

[28] 勃拉日哥. 球面天文学教程[M]. 北京:高等教育出版社,1954.

[29] 郑学塘. 人造地球卫星的运动和预报[M]. 北京:科学出版社,1981.

[30] 刘林. 人造地球卫星轨道力学[M]. 北京:高等教育出版社,1992.

[31] 任萱. 人造地球卫星轨道力学[M]. 长沙:国防科技大学出版社,1988.

[32] 王侠,于相慧,赵明晶,等. 人造卫星轨道要素的计算[J]. 吉林地质,1999(2):66-72.

[33] 杨颂华,向春生,马佳光. 单站短弧段人造卫星轨道预测[J]. 光电工程,2006,33(7):23-27.

[34] 郑宏斌,邵晓鹏,徐军. 人造卫星运行轨道的实时仿真技术[J]. 光子学报,2007(1):109-112.

[35] 于凤军. 引潮力对月球及人造卫星轨道平面的影响 [J]. 大学物理, 2006 (5): 4-6.

[36] 刘亚英. 人造卫星短弧段资料轨道改进的一种计算方法 [J]. 天文学报, 1987 (1): 6-10.

[37] 黄珹, 何妙福. 大气潮对人造卫星轨道的摄动 [J]. 天文学报, 1987 (3): 237-241.

[38] 冯燕来, 刘阳, 车德朝. 卫星轨道计算方法及精度分析 [J]. 指挥信息系统与技术, 2014 (5): 76-81.

[39] 林钦畅. 快速计算人造卫星球谐摄动 [J]. 中国科学E辑: 技术科学, 1996 (4): 297-303.

[40] 刘林, 赵德滋. 人造卫星轨道的日、月摄动 [J]. 南京大学学报（自然科学版）, 1979 (1): 55-66.

[41] 朱仁璋. 太阳光压对人造卫星轨道的摄动 [J]. 中国空间科学技术, 1982 (5): 16-27.

[42] 孙锦龙, 李德范. 大学天文学 [M]. 开封: 河南大学出版社, 2005.

[43] 陆锴书. 大地天文学 [M]. 北京: 测绘出版社, 1987.

[44] 邵华木. 基础天文学教程 [M]. 合肥: 安徽人民出版社, 2008.

[45] 门涛, 史金霞, 徐蓉, 等. 基于低仰角红外测量的蒙气差修正方法 [J]. 红外与激光工程, 2016 (1): 0117004-1~6.

[46] 张捍卫, 栾军, 雷伟伟. 等温大气层对蒙气差影响的再研究 [J]. 测绘科学, 2014, 39 (8): 120-123.

[47] 王成良, 胡胜敏, 饶鹏. 静止轨道卫星红外探测大气透过率与蒙气差分析 [J]. 光学与光电技术, 2013, 11 (4): 33-36.

[48] 茅永兴, 张同双, 朱伟康, 等. 船载星敏感器测星数据蒙气差实时修正方法 [J]. 飞行器测控学报, 2012, 31 (3): 50-53.

[49] 杨晓东, 姜璐. 基于天体红外测量的蒙气差计算方法 [J]. 红外与激光工程, 2002 (2): 121-124.

[50] 苏超, 王安国, 谷树文, 等. 天文定位中的蒙气差修正方法研究 [J]. 导航, 2007, 43 (4): 37-41.

[51] 虞厚柏. 订正蒙气差修正公式 [J]. 舰船光学, 2000, 36 (1-2): 67-68.

[52] 谭碧涛, 景春元, 朱启海, 等. 低仰角蒙气差精密修正的新方法 [J]. 应用光学, 2006 (6): 563-566.

[53] 焦宏伟, 潘良, 张同双. 一种星敏感器蒙气差修正的新方法 [J]. 光学学报, 2015, 35 (9): 0901004-1~8.

[54] 吕炜煜，苑克娥，胡顺星，等. 干旱地区大气折射对光电工程的影响［J］. 红外与激光工程，2015，44（1）：291-297.

[55] 王海涌，林浩宇，周文睿. 星光观测蒙气差补偿技术［J］. 光学学报，2011（11）：1101002-1~6.

[56] 刘宝生，丁静波，施航. 航空天文导航系统定位误差因素研究［J］. 光学与光电技术，2012，10（5）：34-37.

[57] 刘兴法，马佳光，苏赋. 三轴光电跟踪系统的实时引导［J］. 光电工程，2006（12）：1-4.

[58] 庞岳峰，吴小东，牛攀峰. 测控设备引导跟踪数据插值方法［J］. 电子科技，2016（11）：118-121.

[59] 邢晖，朱震，徐代升，等. 空中光电跟踪平台的引导精度分析［J］. 电光与控制，2004（4）：27-33.

[60] 宋小牧. DGPS实时引导和跟踪系统［J］. 系统工程与电子技术，2001，23（3）：69-71.

[61] 姬新阳，黄河，陈庆良，等. 跟踪雷达数字引导系统设计与实现［J］. 测控技术，2018（2）：93-97.

[62] 张辰，杨学友. 一种新型激光经纬仪自动跟踪引导方法［J］. 电源技术，2012（12）：1869-1872.

[63] 王劲松，黎海林. 精密跟踪测量雷达引导系统问题分析［C］. 第24届飞行器测控学术年会，2008（11）：167-170.

[64] 张万君，黄忠华，崔占忠，等. 适用于机动飞行目标跟踪的半自动光学引导系统［J］. 探测与控制学报，2004（2）：39-43.

[65] 林文彬. 精密跟踪测量雷达的数字引导［J］. 现代雷达，2000，22（3）：1-7.

[66] 彭晓刚，冯欣，青平. 光电设备试验中目标跟踪引导的航迹拟合推算［J］. 计算机与数字工程，2017（6）：1067-1070.

[67] 刘兴法，马佳光，徐智勇，等. 神经网络在光电跟踪系统引导中的应用［J］. 光电工程，2006（8）：1-4.

[68] 庞岳峰，谷锁林，王录，等. 基于遥测跟踪信息的光电经纬仪实时引导算法［J］. 无线电工程，2018（12）：1108-1112.

[69] 张贤椿，郭治. 二维搜索雷达引导光电跟踪仪的技术研究［J］. 电光与控制，2009（6）：20-23.

[70] 刘铁军，杨小军，彭伟. 多引导源在光电经纬仪跟踪系统中的应用［J］. 科学技术与工程，2008（15）：4412-4414.

[71] 李樾，陈清阳，侯中喜. 自适应引导长度的无人机航迹跟踪方法［J］. 北京

航空航天大学学报，2017（7）：1481-1490.

[72] 王勋，孔维玮，张代兵，等. 无人机跟踪地面非合作目标的分段引导与控制方法［J］. 中国科学技术大学学报，2012（9）：733-738.

[73] 徐征峰，陈洪斌，刘顺发，等. 视轴偏心三轴跟踪机架指向精度分析［J］. 光电工程，2007（4）：12-16.

[74] 谢强，朱能鸿. 小型光电人卫跟踪仪的ALT-ALT跟踪机架［C］. 2002中国天文望远镜及仪器学术讨论会，2002（9）：151-158.

[75] 徐征峰，陈洪斌，刘顺发. 视轴偏心的三轴跟踪机架运动学动力学分析［J］. 机械设计与制造，2006（11）：10-12.

[76] 张岩，陈宝刚,，李洪文，等. 地平式望远镜跟踪机架结构设计与分析［J］. 应用光学，2020（5）：885-890.

[77] 刘伟超. 精密跟踪瞄准装置［C］. 水面兵器学术交流会，2002（12）：232-237.

[78] 刘兴法，马佳光，陈洪斌，等. 偏距对改进X-Y双轴式光电跟踪系统跟踪性能的影响［J］. 光电工程，2006（5）：1-6.

[79] 刘翔. 舰载光电跟踪视轴稳定技术［D］. 北京：中国科学院研究生院（光电技术研究所），2013.

[80] 孔庆珊. 光电跟踪系统的设计与实现［D］. 哈尔滨：哈尔滨工程大学，2010.

[81] 姬伟，李奇，杨海峰，等. 精密光电跟踪转台的设计与伺服控制［J］. 光电工程，2006，33（3）：11-16.

[82] 徐涛，李博，刘廷霞，等. 车载光电跟踪系统跟踪转台的初始标定［J］. 光学精密工程，2013（3）：782-789.

[83] 瞿建荣，王小齐，段红建. 光电跟踪系统论证与设计［J］. 应用光学，2014，35（2）：173-178.

[84] 吕舒，张涯辉，包启亮，等. 舰载光电跟踪系统视场消旋方法研究［J］. 激光与光电子学进展，2014（4）：042303-1~6.

[85] 沈永良，徐亚飞. 舰载平台下的光电跟踪技术［J］. 火力与指挥控制，2008（7）．13 15.

[86] 张玉碟，柳万胜，罗一涵，等. 一种三轴光电跟踪系统指向误差修正的方法［J］. 光电工程，2014，41（6）：51-55.

[87] 张静，刘敬海. 多光路共窗口的现代光电跟踪系统［J］. 光学技术，2001（4）：350-351.

[88] 刘翔，包启亮. 机动平台光电跟踪系统的自抗扰控制研究［J］. 光学与光电技术，2012，10（5）：24-29.

[89] 黄永梅,付承毓,马佳光. 新型光电跟踪系统的设计与构造[C]. 1999年全国光电技术学术交流会,1999(10):44-49.

[90] 刘小强,寿少峻,刑军智,等. 两轴光电跟踪仪高仰角跟踪盲区分析[J]. 应用光学,2011,32(3):395-400.

[91] 张立群. 运动平台光电跟踪瞄准技术研究[J]. 光电技术应用,2005(4):8-11.

[92] 刘兴法. 三轴光电跟踪系统对地平式天顶盲区出入点的判定方法[J]. 应用光学,2008(4):488-492.

[93] 吉桐伯. 地平式光测跟星系统天顶盲区及跟踪算法研究[D]. 长春:中国科学院研究生院(长春光学精密机械与物理研究所),2004.

[94] 黄建雄,李芳,李雪平. 横滚-俯仰式红外成像导引头盲区跟踪控制方法研究[J]. 上海航天,2016,33(3):74-79.

[95] 王小军,李殿璞,余宏明,等. 顶空无盲区跟踪的舰载倾斜三轴雷达的研究[J]. 哈尔滨工程大学学报,2002,(2):37-42.

[96] 李建荣. X-Y型天线座过顶跟踪分析[J]. 现代电子技术,2010(11):21-23.

[97] 吉桐伯,陈娟,杨秀华,等. 地平式光电望远镜天顶盲区影响因素[J]. 光学精密工程,2003(3):296-300.

[98] 任学民,乔建江. 基于X-Y座架的过顶跟踪控制技术[J]. 数字技术与应用,2012(6):4-6.

[99] 魏海涛,杨俊武,蔚保国,等. 动平台下导航卫星多目标自跟踪方法研究[J]. 无线电工程,2016,(12):39-42.

[100] 宫凯程. 基于动平台的目标跟踪技术研究[D]. 武汉:华中科技大学,2019.

[101] 梁仪权. 动平台地面运动目标的检测跟踪方法研究[D]. 武汉:华中科技大学,2019.

[102] 钱真,彭秀艳,贾书丽,等. 动平台下双目视觉定位标定算法研究[J]. 计算机仿真,2012(10):293-297.

[103] 张瑞钦. 动平台间快速捕获技术研究[D]. 长春:长春理工大学,2014.

[104] 丁家锐. 基于运动平台的多目标检测与跟踪[D]. 西安:西北工业大学,2007.

[105] 郑岩. 运动平台上跟踪系统研究[D]. 长春:吉林大学,2010.

[106] 邓超. 运动平台预测跟踪技术研究[D]. 北京:中国科学院大学(中国科学院光电技术研究所),2018.

[107] 张江波. 运动平台卫星跟踪演示系统设计与实现[D]. 成都:电子科技大学,2017.

[108] 李自怀，刘顺发，扈宏毅，等．运动平台上跟踪系统主镜筒动态特性分析［J］．光电工程，2011，38（8）：73-78.

[109] 马越．运动平台卫星跟踪系统信号处理与实现研究［D］．成都：电子科技大学，2017.

[110] 李锦英，付承毓，唐涛，等．运动平台上光电跟踪系统的自抗扰控制器设计［J］．控制理论与应用，2012（7）：955-958.

[111] 任维．运动平台下光电跟踪系统的抗扰控制技术研究［D］．北京：中国科学院大学（中国科学院光电技术研究所），2020.

[112] 吕舒，张涯辉，包启亮，等．运动平台跟踪系统姿态四元数模型参数插值法［J］．计算机工程与设计，2014（3）：991-994.

[113] 刘勇．基于影像的运动平台自定位测姿［D］．武汉：武汉大学，2012.

[114] 陈玉林．运动平台下目标航迹融合及预测［D］．北京：中国科学院研究生院（光电技术研究所），2016.

[115] 严浙平，黄宇峰．基于卡尔曼滤波的动目标预测［J］．应用科技，2008（10）：28-32.

[116] 杨永建，樊晓光，王晟达，等．基于修正卡尔曼滤波的目标跟踪［J］．系统工程与电子技术，2014（5）：846-851.

[117] 陈刚，王威，狄鹏．基于卡尔曼滤波的动态定位优化［J］．舰船电子工程，2016（5）：60-62.

[118] 寿少峻，陆培国，柳井莉，等．高精度光电弹道测量系统［J］．应用光学，2011，32（5）：822-826.

[119] 马顺南，王玮．靶场外弹道测量系统最优布站方法研究［J］．宇航学报，2008，29（6）：1951-1954.

[120] 朱炬波．弹道测量误差的分形分析［J］．中国空间科学技术，2000（3）：12-15.

[121] 谭碧涛，陈洪斌，王群书，等．光电系统对空间目标探测能力综合评估方法［J］．强激光与粒子束，2014，26（1）：011013-1~6.

[122] 申强，葛脑，彭博，等．基于GPS弹道测量的卡尔曼滤波参数估计算法［J］．北京理工大学学报，2009，29（12）：1048-1051.

[123] 王海南．基于GPS的炮弹外弹道测量方法研究［J］．舰船电子工程，2013，（11）：115-117.

[124] 杨小会，霍鹏飞，王超．基于卡尔曼滤波的GPS弹道测量误差消除方法［J］．探测与控制学报，2012，34（4）：30-33.

[125] 刘缠牢，阮萍，熊仁生，等．交会法多弹道测量误差的综合分析［J］．西安

工业学院学报，2000，20（2）：97-100.

［126］项树林，徐宁. 一种改进的光电经纬仪两站交会测量方法［J］. 应用光学，2009，30（1）：80-83.

［127］顾必良，王黎明，韩焱. 一种高精度外弹道测量系统的设计［J］. 电光与控制，2008，15（9）：87-90.

［128］任朴舟，白效贤，何红丽，等. 异面交会在弹道测量中的应用［J］. 电光与控制，2006，13（5）：58-61.

［129］王文武，王辉，孙枫. 恒星视位置的长期计算法［J］. 哈尔滨工程大学学报，1998，19（6）：35-41.

［130］王文武，孙枫，刘承香，等. 太阳系天体视位置的长期计算法［J］. 哈尔滨工程大学学报，2000，21（5）：18-23.

［131］王安国，贾传荧，孙鹏. 航用行星高精度视位置计算研究［J］. 中国航海，2005（1）：30-34.

［132］王桂如，刘利强. 一种求恒星视位置的新算法［J］. 应用科技，2006，33（2）：36-39.

［133］王丽华. 世界时化地球力学时经验公式的改进［J］. 测绘科学技术学报，2007，24（4）：267-269.

［134］苏超，王安国. 多颗恒星视位置高精度同步计算研究［J］. 导航，2008（3）：17-22.

［135］徐轩彬，单海波，张宁川. 高精度太阳视位置计算［J］，海军大连舰艇学院学报，2010，33（2）：51-53.

［136］冯燕来，刘阳车，车德朝. 卫星轨道计算方法及精度分析［J］. 指挥信息系统与技术，2014，5（5）：76-81.

［137］李丹，于洋. 基于轨道根数的低轨卫星轨道预测算法［J］. 光学精密工程，2016，24（10）：2540-2548.

［138］柳仲贵. 卫星轨道误差的相关性［J］. 飞行器测控学报，2011，30（5）：45-49.

［139］王蔚然，袁宏春. 10.6um激光大气通信的自动瞄准与跟踪［J］. 通信学报，1996，17（2）：62-69.

［140］上海天文台卫星激光测距应用团组. 2005年上海天文台卫星激光测距观测报告［J］. 中国科学院上海天文台年刊，2006（27）：43-48.

［141］上海天文台卫星激光测距应用团组. 2006年上海天文台卫星激光测距观测报告［J］. 中国科学院上海天文台年刊，2007（28）：58-61.

［142］上海天文台卫星激光测距应用团组. 2008年上海天文台卫星激光测距观测报告

[J]. 中国科学院上海天文台年刊, 2009 (30): 33-38.

[143] 朱振华, 冯阳凯, 郭润全. GEO卫星测距系统设计 [J]. 信息技术, 2010 (12): 94-97.

[144] 辛宁, 邱乐德, 周钠, 等. K频段测距系统星间高精度指向控制算法 [J]. 航天器工程, 2016, 25 (2): 32-38.

[145] 车宏, 刘欣, 蔡猛, 等. 光电跟瞄系统瞄准精度测试技术 [J]. 电光与控制, 2010, 17 (9): 34-37.

[146] 温冠宇, 王爽, 安宁, 等. 光行差对高轨卫星激光测距的影响分析 [J]. 红外与激光工程, 2018, 47 (9): 0906001-1~5.

[147] 刘超. 光束闪烁及瞄准误差对无线光通信链路影响机理的研究 [D]. 哈尔滨: 哈尔滨工业大学, 2011.

[148] 张秉华, 熊金涛, 胡渝. 光通信中光束瞄准的误差分析 [J]. 电子科技大学学报, 1998, 27 (5): 478-481.

[149] 李楠, 何友金, 任建存, 等. 基于成像跟踪的激光瞄准 [J]. 海军航空工程学院学报, 2006, 21 (5): 513-516.

[150] 周磊. 基于回波信号的光束瞄准技术研究 [D]. 北京: 中国科学院大学 (中科院光电技术研究所), 2013.

[151] 安宁, 陈煜丰, 刘承志, 等. 基于激光大气传输特性的卫星激光测距系统的最大探测距离 [J]. 光学学报, 2018, 38 (9): 0901003-1~6.

[152] 张宇, 李新阳, 饶长辉. 基于目标照明回光的瞄准误差修正方法精度分析及实验验证 [J]. 中国激光, 2011, 38 (4): 0402011-1~6.

[153] 丁剑, 瞿锋, 李谦, 等. 人卫激光测距中卫星预报需求分析 [J]. 测绘科学, 2010, 35 (2): 5-7.

[154] 徐科华, 马晶, 谭立英. 深空光通信中光束瞄准技术研究 [J]. 光学精密工程, 2006, 14 (1): 16-21.

[155] 李柏良. 提前瞄准角度变化对星间光通信系统性能影响研究 [D]. 哈尔滨: 哈尔滨工业大学, 2019.

[156] 高明, 侯宏录. 外场多光轴瞄准偏差测试的基准光轴建立方法 [J]. 光子学报, 2008, 37 (5): 1029-1033.

[157] 赵有, 刘乃苓. 卫星激光测距的发展和现状 [J]. 测绘通报, 1999 (12): 23-26.

[158] 张忠萍, 杨福民. 卫星激光测距的新进展 [J]. 天文学进展, 2001, 19 (2): 283-288.

[159] 李博, 李博宇, 李兆南. 卫星激光测距精度分析 [J]. 全球定位系统,